青年拔尖人才
TOP YOUNG TALENT
说航空 第一辑

北京航空航天大学科学技术研究院◎组编

人民邮电出版社
北京

图书在版编目（CIP）数据

青年拔尖人才说航空. 第一辑 / 北京航空航天大学科学技术研究院组编. -- 北京 : 人民邮电出版社, 2024.6
ISBN 978-7-115-61033-1

Ⅰ. ①青… Ⅱ. ①北… Ⅲ. ①航空－普及读物 Ⅳ. ①V2-49

中国国家版本馆CIP数据核字(2024)第000986号

内 容 提 要

本书基于北京航空航天大学科学技术研究院组织的“零壹科学沙龙”航空专题研讨活动，在 14 篇由青年拔尖人才基于各自取得的阶段性科研成果所做的科普报告的基础上整理、结集而成。全书主要涵盖了创新结构设计、大飞机减阻流动控制、高超声速飞行的气动奥秘、湍流、涡环演化、多尺度力学、纺织复合材料、飞机结构抗疲劳设计、飞行器结构、空中加油、火焰中的离子风、机舱空气环境、频率选择表面、小行星探测等内容。

本书以通俗的语言介绍航空领域前沿的科技知识，适合广大科技爱好者阅读，也可作为相关专业研究人员的参考书。

◆ 组　　编　北京航空航天大学科学技术研究院
责任编辑　刘盛平
责任印制　马振武

◆ 人民邮电出版社出版发行　　北京市丰台区成寿寺路 11 号
邮编　100164　　电子邮件　315@ptpress.com.cn
网址　https://www.ptpress.com.cn
涿州市般润文化传播有限公司印刷

◆ 开本：700×1000　1/16
印张：17　　2024 年 6 月第 1 版
字数：242 千字　　2024 年 6 月河北第 1 次印刷

定价：79.80 元

读者服务热线：(010)81055410　印装质量热线：(010)81055316
反盗版热线：(010)81055315
广告经营许可证：京东市监广登字 20170147 号

寄语

林群

中国科学院院士

普及科学技术知识、弘扬科学精神、传播科学思想、倡导科学方法，为我国实现高水平科技自立自强贡献力量！

林群

刘大响

中国工程院院士

仰望星空　放飞梦想

脚踏实地　砥砺奋进

刘大响

戚发轫

中国工程院院士

不忘空天报国的初心

牢记空天强国的使命

戚发轫

徐惠彬

中国工程院院士

深化人才发展体制机制改革，激发青年科技人才创新活力。

徐惠彬

赵沁平

中国工程院院士

使我国科技从跟踪追赶世界科技强国，发展为与世界科技强国并跑，进而领跑世界科技，是新时代青年技术创新人才的历史际遇和伟大的历史使命。

赵沁平

王华明

中国工程院院士

交叉融合

開拓創新

王華明

房建成

中国科学院院士

服务国家重大需求，

勇攀世界科技高峰。

房建成

郑志明

中国科学院院士

在强调基础创新的时代，追求推动现代工程技术重大发展的科学原理，比简单占有和应用科技知识更为可贵。

郑志明

向锦武

中国工程院院士

求是惟真

探索尽前

向锦武

苏东林

中国工程院院士

牢记北航人传统，传承电磁人文化，

报效祖国，服务国防。

苏东林

王自力

中国工程院院士

牢记科技强国、航天报国使命责任，

踔厉奋发、创新争先、笃行不怠，

为祖国高水平科技自立自强和人类美好的明天而不懈奋斗。

王自力

钱德沛

中国科学院院士

脚踏实地，不断登攀，

把青春岁月献给亲爱的祖国！

钱德沛

赵长禄

北京航空航天大学党委书记

繁荣学术　求真务实

勇于创新　自立自强

赵长禄

王云鹏

北京航空航天大学校长、党委副书记

中国工程院院士

传承北航空天报国精神

为党育人，为国育才

青年拔尖人才使命光荣

王云鹏

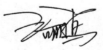

丛书编委会

本书编委会

主　编：潘　翀　李宇航

编　委（按姓氏笔画排序）：

于　洋　马　勇　王　冲　王　雷

田　娇　乐　挺　冯立好　杨嘉陵

李宇航　何　闯　汪朝阳　张　俊

张　奕　陈　松　陈　曦　陈玉丽

赵子龙　段鹏宇　黄晨阳　曹晓东

董雷霆　强　鑫　靳世成　熊　渊

樊宣青　颜世博　潘　飞　潘　翀

FOREWORD 序

党的十八大以来，习近平总书记对高等教育提出了一系列新论断、新要求，并多次对高等教育、特别是“双一流”高校提出明确要求，重点强调了基础研究和学科交叉融合的重要意义。基础研究是科技创新的源头，是保障民生和攀登科学高峰的基石，“高水平研究型大学要发挥基础研究深厚、学科交叉融合的优势，成为基础研究的主力军和重大科技突破的生力军”。

北京航空航天大学（简称“北航”）作为新中国成立后建立的第一所航空航天高等学府，一直以来，全校上下团结拼搏、锐意进取，紧紧围绕“立德树人”的根本任务，持续培养一流人才，做出一流贡献。学校以国家重大战略需求为先导，强化基础性、前瞻性和战略高技术研究，传承和发扬有组织的科研，在航空动力、关键原材料、核心元器件等瓶颈领域的研究取得重大突破，多项标志性成果直接应用于国防建设，为推进高水平科技自立自强贡献了北航力量。

2016年，北航启动了“青年拔尖人才支持计划”，重点支持在基础研究和应用研究方面取得突出成绩且具有明显创新潜力的青年教师自主选择研究方向、开展创新研究，以促进青年科学技术人才的成长，培养和造就一批有望进入世界科技前沿和国防科技创新领域的优秀学术带头人或学术骨干。

为鼓励青年拔尖人才与各合作单位的专家学者围绕前沿科学技术方向

及国家战略需求开展“从 0 到 1”的基础研究，促进学科交叉融合，发挥好“催化剂”的作用，形成创新团队联合攻关“卡脖子”技术，2019 年 9 月，北航科学技术研究院组织开展了“零壹科学沙龙”系列专题研讨活动。每期选定 1 个前沿科学研究主题，邀请 5 ～ 10 位中青年专家做主题报告，相关领域的研究人员、学生及其他感兴趣的人员均可参与交流讨论。截至 2022 年 11 月底，活动已累计开展了 38 期，共邀请了 222 位中青年专家进行主题报告，累计吸引了 3000 余名师生参与。前期活动由北航科学技术研究院针对基础前沿、关键技术、国家重大战略需求选定主题，邀请不同学科的中青年专家做主题报告。后期活动逐渐形成品牌效应，很多中青年专家主动报名策划报告主题，并邀请合作单位共同参与。3 年多来，“零壹科学沙龙”已逐渐被打造为学科交叉、学术交流的平台，开放共享、密切合作的平台，转化科研优势、共育人才的平台。

将青年拔尖人才基础前沿学术成果、“零壹科学沙龙”部分精彩报告内容结集成书，分辑出版，力图对复杂高深的科学知识进行有针对性和趣味性的讲解，以“宣传成果、正确导向，普及科学、兼容并蓄，立德树人、精神塑造”为目的，可向更多读者，特别是学生、科技爱好者，讲述一线科研工作者的生动故事，为弘扬科学家精神、传播科技文化知识、促进科技创新、提升我国全民科学素质、支撑高水平科技自立自强尽绵薄之力。

北京航空航天大学副校长

2022 年 12 月

PREFACE 前言

航空科学与工程学院作为北航最具航空航天特色的院系之一，是北航航空宇航科学与技术一级学科的牵头学院，其前身是飞机系，成立于1952年，首任系主任是“两弹一星功勋奖章”获得者屠守锷教授。航空科学与工程学院主要承担大气层内各类航空器（飞机、直升机、飞艇等）、临近空间飞行器、微小型飞行器等的总体设计、气动、结构、强度、飞行力学、人机环境控制等方面的基础性、前瞻性以及新概念、新理论、新方法研究，曾成功研制了“北京一号”中程旅客机、“蜜蜂”系列轻型飞机、共轴双旋翼飞机等，填补了多项国内空白。

航空科学与工程学院坚持社会主义办学方向，紧扣立德树人根本任务，在教书育人、科研攻关等工作中，不断改革创新、奋发作为、追求卓越，70多年来，持续为国家航空事业培养优秀建设者和领军领导人才，为国民经济和国防事业输送了一大批学术大师、工程巨匠、业界领袖和治国栋梁等杰出人才。

本书内容来源于北航“零壹科学沙龙”航空专题研讨活动的科普报告。近30位青年拔尖人才以通俗的语言，将创新结构设计、大飞机减阻流动控制、纺织复合材料、空中加油、机舱空气环境等航空领域的前沿科学知识娓娓道来。这些内容从一个侧面反映了北航航空领域研究的新成果。希望有志于从事航空领域研究的广大科技工作者能从本书中获得启迪，坚守航空报国志向，勇于创新突破，为航空强国建设贡献力量！更希望本书能够激发广大读者的科学兴趣，促进全民科学素质的提高。

北京航空航天大学航空科学与工程学院党委书记

2024 年 4 月

目录 CONTENTS

目录 CONTENTS

目录 CONTENTS

目录 CONTENTS

目录 CONTENTS

目录 CONTENTS

生物螺旋形貌带来的启示
——创新结构设计

北京航空航天大学航空科学与工程学院

赵子龙　靳世成　杨嘉陵

在浩瀚无垠的宇宙中，旋涡星系内闪耀的群星、宇宙尘埃构成的星云等呈旋涡状排列，构成旋涡星系的旋臂；人类赖以生存的地球环境中，大气旋涡、龙卷风、一些形态各异的建筑也都呈螺旋形貌；乔木的纹理、植物的卷须、动物的角、长瓣兜兰的花瓣、拟南芥的根都按螺旋的轨迹生长；细胞、微管、角蛋白、DNA 和氨基酸分子也具有明显的螺旋构型。图 1 所示为从宇观到宏观、介观、微观，直至纳观尺度上的一些典型螺旋形貌，它们共同构成了丰富多彩的世界。

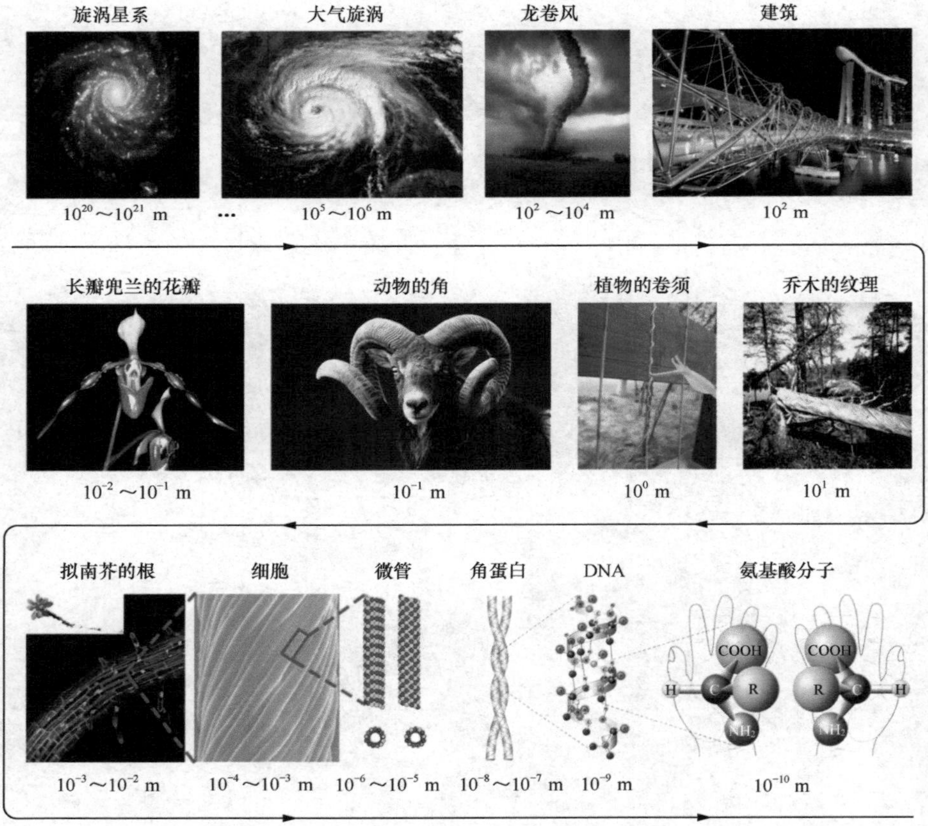

图 1　不同尺度的螺旋形貌 [1]

天然螺旋结构

螺旋结构广泛存在于自然界中。在生物界，人的发旋，独角鲸长牙表面的纹理，园蛛环向丝的外形，蜻蜓翅膀的外沿轮廓，蜗牛、鹦鹉螺等许多软体动物的壳，盘羊、麋羚的角（见图 2）等，都具有典型的螺旋外形。苏格兰动物学家汤普森在其著作《生长和形态》中对多种软体动物的螺旋形态进行了研究，详细论述了它们螺旋生长过程中的几何特征。图 3 所示为德国生物学家海克尔绘制的前鳃亚纲的贝类，从图中可以看到它们也是各种类型的螺旋结构。

图 2　盘羊、麋羚的角 [2]

图 3　前鳃亚纲的贝类 [3]

为了攀援，蓝色旋花的茎［见图 4(a)］与异株泻根的卷须［见图 4(b)］都以螺旋形式生长；为了更高效地占据空间，罗马花椰菜的小花与向日葵的花籽都呈螺旋排列；为了变得更加强韧，高大乔木的纹理与竹子韧皮部的纤维都具有分层螺旋结构。在微观世界里，也有许多具有螺旋形貌的生物结构，如 DNA、细胞、微管以及细菌的鞭毛等。

生物的螺旋形态往往具有重要的力学价值。螺旋结构为支撑树木高大的身躯做出了贡献。在树木的细胞壁中，呈螺旋状排列的纤维素微纤维与细胞轴线的夹角称为微纤维螺旋角。对挪威云杉等乔木的测量结果显示：从树心到树皮，微纤维螺旋角一般会逐渐减小。这种梯度分布的结构特性与树木的生物学功能相适应。对于老树而言，为了支撑起庞大的躯干，需要减小微纤维螺旋角以获得更高的刚度；反之，对于幼树而言，为了在疾风骤雨中适应更大的变形，则需要增大微纤维螺旋角以使结构变得更加柔韧。繁衍是每种生物都必须具备的特性，有的植物利用与螺旋形态相关的机械方法传播种子。例如，芹叶太阳花的种子“坐”在螺丝锥的末端，干瘪的种子柄在汲取了泥土中的水分之后膨胀、解旋，像电动钻子一样将种子推入泥土之中，进行播种，如图 5 所示。

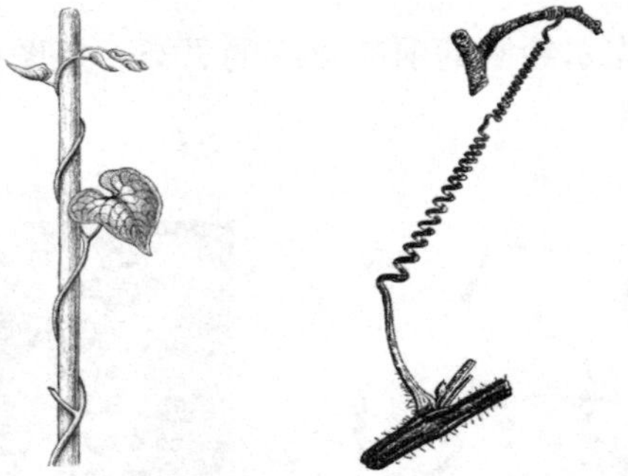

(a) 蓝色旋花的茎　　(b) 异株泻根的卷须[4]

图 4　植物的螺旋形貌

(a)　(b)

(c)　(d)

图 5　芹叶太阳花的自行播种[1]

引发材料出现螺旋形态的原因有很多。例如，生命体生长发育过程中的不对称或不均匀、材料表面应力的各向异性、生长环境中的不对称因素等。紫荆树的豆荚具有转动的结构形态，是由材料的各向异性引起的；DNA 分子形成微纳尺度下的螺旋形貌，往往是在系统的弹性应变能与表面能相互竞争的过程中自发形成的。

螺旋特性会在不同结构层级、不同尺度之间进行传递。许多生物系统在进行自组装或生长的过程中，会伴随螺旋特性从低层级向高层级过渡的现象，并最终形成具有分级螺旋形貌的结构。例如，拟南芥扭转突变体的根或下胚轴以螺旋的形式生长，但其螺旋方向却与表皮细胞皮层微管阵列的螺旋方向相反。分析表明：这种分级的螺旋形式是微管阵列的各向异性生长直接导致的。此外，丝瓜的卷须在吸水 / 脱水过程中的变形，则是亚细胞尺度下的纤维素原纤维的形状改变导致的。对于正在生长的卷须纤维，生长应变与膨胀压力引起的细胞伸长将使纤维素原纤维螺旋角发生变化，进而导致卷须发生扭转并形成宏观上的螺旋形态。

人造螺旋结构

人们善于将螺旋形貌融入宏伟的建筑设计当中。例如，建造于中世纪的意大利比萨斜塔的内部设有近三百级螺旋楼梯。基于车前草的采光原理，美国加利福尼亚州建造了一幢螺旋大厦，其内各个房间均能获得充足的阳光。世界上许多具有螺旋外形的建筑早已成为当地的标志性建筑，如图 6 所示。

21 世纪以来，随着纳米技术的逐渐成熟，小尺度下的人造螺旋材料也越来越多，如今已广泛应用于微纳米电子 / 光学器件等领域。制备具有螺旋形貌的微结构单元是改善材料属性的重要途径，吸引了众多学者的关注。例如，受蝴蝶翅膀螺旋状纳米结构的启发，科学家们通过包埋金属线圈制备出了具有微波吸收功能的光子晶体；以铁、钼、镁、铝的层状双氢氧化物作催化剂可制备出具有延展性的单壁碳纳米管双螺旋结构。

(a) 迪拜的卡延塔

(b) 科威特的眼睛蛇塔

(c) 日本的 MODE 学园螺旋塔楼

(d) 伊拉克的萨马拉螺旋塔

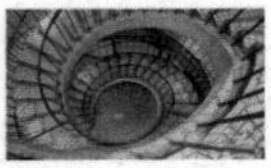

(e) 旋转扶梯

图 6　世界各地的具有螺旋外形的建筑[1]

人们在制备线性形态的微纳米材料时，发现材料可以自发形成多种微观螺旋结构。例如，一些由金属、聚合物或半导体合成的准一维纳米材料（如纳米线、纳米管等）往往能自发形成螺旋形态；利用铁合金催化，对乙炔进行催化热解，可以在玻璃基板上制备出自发扭转的碳纳米螺旋带与弹簧状的碳纳米卷；在制备和抽取碳管束时，能够得到一些自发形成的螺旋结构。材料螺旋形态自发形成的主要原因为微纳尺度下的表面效应。

螺旋形创新结构设计

螺旋形貌存在于自然界和人们生活的方方面面，研发力学性能优异的螺旋结构具有重要的实际应用价值。下面介绍几个典型的螺旋结构——分级螺旋结构、分层螺旋结构、椭圆化螺旋结构和复合螺旋结构，以及基于螺旋结构的创新设计。

1. 分级螺旋结构

近年来，利用低维微纳米材料制备一维宏观体是一个研究热点。受绳索的螺旋形貌启发，将碳纳米管纺成具有分级螺旋结构的纳米管束，可以有效地解决材料从微观到宏观形变过程中比强度和比刚度下降的问题。以此为基础，利用化学气相沉积法和静电纺丝技术，可将碳纳米管、碳纳米纤维等低维纳米材料制成具有良好力学性能的宏观螺旋结构。

除具有良好的比强度和比刚度外，纳米螺旋结构还具有较高的断裂应变与断裂韧性，应用前景广阔。例如，将纳米螺旋结构制成人工肌肉，可以有效地实现肌肉的轴向扭转，并且具备与真实肌肉类似的能量储存功能；将与皮肤中的触觉小体具有相似的几何结构和电学特性的螺旋碳微卷嵌入有机硅聚合物中，可以制备出具有优异感知性能的仿皮肤传感器；相比于传统的层状复合材料，若在制备复合材料的过程中，加入螺旋卷曲的纳米管，可以有效增强层间界面黏附力，提高材料的断裂韧性。

虽然螺旋结构可以实现纳米纤维宏观化，但是所能获得的尺寸依旧有限。为获得更高尺度的纳米材料，还可以进一步将单股纱线加捻制成宏观纳米材料。如图 7 所示，将纳米纤维加捻制成单股纱线，再将单股纱线相互缠绕，就形成了复杂的分级螺旋结构绳索。

(a) 纱线与绳索的螺旋方向相同

(b) 纱线与绳索的螺旋方向相反

图 7　分级螺旋结构绳索 [5]

通过对纳米纤维进行两次加捻，可形成一种“纤维—单股纱线—绳索”形式的分级螺旋结构。为建立跨尺度力学理论模型，赵子龙等研究了纤维 / 单股纱线数量、螺旋角等微结构参数对绳索力学性能的影响规律。如图 8 所示，当单股纱线螺旋角$\theta_p^{(0)}$给定时，绳索的等效刚度E_{eff}随纤维螺旋角$\theta_f^{(0)}$的增大而降低；当纤维螺旋角$\theta_f^{(0)}$给定时，绳索的等效刚度E_{eff}也随单股纱线螺旋角$\theta_p^{(0)}$的增大而降低。

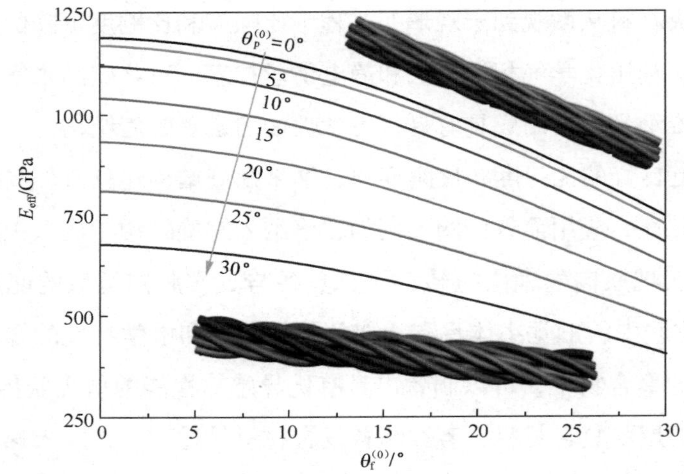

图 8　不同纤维螺旋角和纱线螺旋角下的绳索等效刚度[5]

2. 分层螺旋结构

与分级螺旋结构类似，分层螺旋结构也可以帮助我们制备纳米材料宏观体。许多生物软组织，如血管、肌腱、韧带等，都是由胶原纤维构成的分层螺旋结构。Holzapfel 等观测了人体脑动脉组织，并在血管各层管壁中都观察到了具有螺旋形貌的胶原纤维。Gasser 等在主动脉管壁的中膜内发现胶原纤维呈螺旋阵列。Flamini 等将主动脉管壁划分为 6 层，并测定了猪主动脉管壁不同层的螺旋纤维角。肌腱与韧带是维持关节稳定和人体活动必不可少的结构。肌腱连接骨骼和肌肉，使骨骼在活动的同时保持稳定，并且具有优异的储能机制；韧带则连接相邻的骨骼，并对不同骨骼间的相对运动加以限制。肌腱和韧带都以致密的蛋白多糖作为基质，并通过大量的胶原纤维以螺旋的形式进行强化，形成多纤维的致密软组织结构。Yahia 等通过观察人与犬的髌腱与前十字交叉韧带发现了螺旋排列的胶原纤维。

分层螺旋是结构组装的一种重要方式。分层螺旋结构赋予了生物材料优异的力学特性，并助其实现了一系列重要的生物学功能，使之在复杂的自然环境中得以存活。如图 9 所示，将生物软纤维假定为圆柱形螺旋结构，将每一层纤维称作一根单股，多根单股分层排列，就形成绳索。赵子龙等建立了分层螺旋结构的力学理论模型，揭示了生物软组织独特的非线性力学行为的物理机理。

图 9　具有分层螺旋结构的绳索 [6]

一般地，将多纤维生物软组织的拉伸过程分解为 3 个阶段。在第一阶段，拉伸应变较小，虬结的胶原纤维处于松弛的状态。组织最初的小变形仅会改变纤维的形状，而不致将其绷直。故此时组织的应力 - 应变关系是近似线性的，切线模量很小。在第二阶段，胶原纤维的排列逐渐与载荷方向平行，它们慢慢被绷直，真正开始承载。此时，切线模量会随着拉伸应变的增加而持续增大。在第三阶段，几乎所有的胶原纤维都被绷直，它们主要沿着载荷方向排列，应力 - 应变关系又重新回归线性。如图 10 所示，对于这些分层的绳索，接触模式的转变将会引起材料切线模量的阶跃变化。随着载荷的增大，结构可能会发生一系列的模式转变，进而使得切线模量呈现出分段连续的变化趋势。辅以上述三阶段模型，这一物理机制可以加深对多纤维的生物软组织超弹性行为的理解。

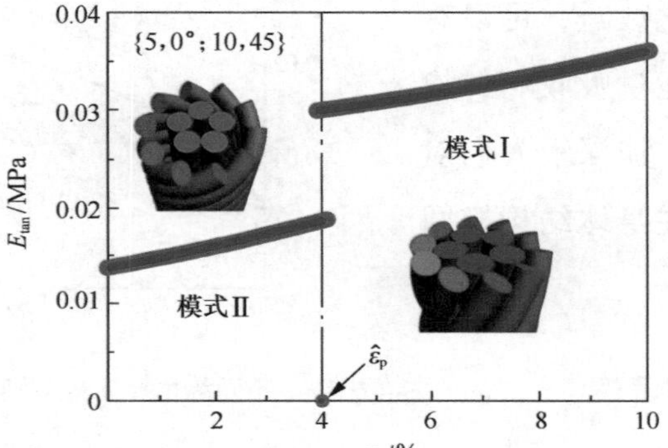

图 10　绳索的切线模量 E_{tan} 随拉伸应变 ε_p 的变化关系 [6]

3. 椭圆化螺旋结构

经过长期的自然演化，许多动物（如脊椎动物中的大部分鱼类，无脊椎动物中的线虫和蠕虫）进化出了圆柱状或近似于圆柱状的体形。这类体形为动物运动提供了便利。为了维持躯体的形态，这些动物的皮肤表层或角质层会包含大量螺旋状纤维。在运动过程中，动物摆动或扭动身体，使纤维长度发生变化，从而储存或释放身体的能量，提高运动效率。

目前，关于螺旋形貌的研究大多是基于圆截面假设。通过对多种陆生动物和水生动物的观察，研究者发现，许多动物的躯体截面近似呈椭圆状。使动物躯体呈现椭圆状的原因各不相同。例如，在重力作用下，陆生动物的身体横截面朝扁椭圆化方向进化，即椭圆短轴垂直于地面。体形的椭圆化常见于蛇类、蠕虫，可以增加身体与地面的接触面积，从而增大摩擦力，促进运动；对于水生动物，重力对体形的影响较小。鱼类等前进的动力主要依靠躯体的左右摆动。为了增加受力面积，它们的身体横截面也有椭圆化的趋势，椭圆长轴垂直于海平面。

靳世成等对椭圆化螺旋结构的力学行为进行了研究。如图 11 所示，当纤维螺旋角给定时，纤维应变的绝对值随椭圆的纵横比（a/b）的增大而增大。纤维应变的绝对值越大，其吸收和释放的能量也越大，具有更优异的储能机制。因此，对圆柱螺旋结构进行椭圆化改进，可以有效提升结构的能量吸收和转换能力。这项工作加深了人们对生命体普遍存在身体结构椭圆化现象的理解。

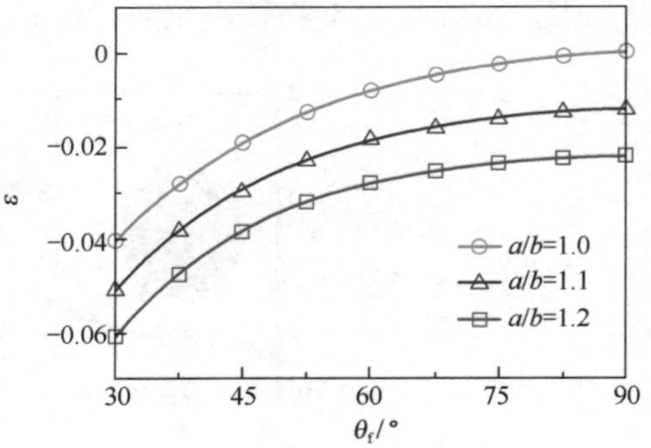

图 11　不同纵横比下应变随纤维螺旋角的变化

4. 复合螺旋结构

材料的延性和变形能力是决定结构安全的重要因素。高载荷作用下的材料往往表现出力学不稳定性，如颈缩、开裂等。这些现象都涉及应变局部化。当应变发生局部化时，结构中的大部分材料都处于低应变状态，从而导致材料利用率低下。抑制应变局部化可以提高材料结构的延性和变形能力，从而提高材料的利用率。因此，许多研究学者都致力于解决这一问题。

颈缩是金属杆件承受拉伸时最常见的一种局部失效形式。颈缩虽然只出现在某一个位置，但却会导致整根杆件失效。为解决这一问题，自然界为我们提供了独特的灵感。

自然界中的结构往往通过不同形式组合而成，具有优异机械性能的同时，还能满足多种重要的生物功能。攀岩植物的螺旋卷须具有独特的几何形状和良好的变形能力，受此启发，赵子龙及其合作者设计出一种新型超延性结构——复合螺旋结构。如图 12 所示，复合螺旋结构主要承载单元为一根普通金属杆件，在杆状表面缠绕了一定数量的螺旋纤维。

图 12　复合螺旋结构[7]

复合螺旋结构具有优异的变形能力。如图 13 所示，实线与虚线分别为复合棒、金属棒的拉力－应变关系。其中，金属棒在点 *A* 开始发生颈缩，在点 *C* 断裂。在弹性范围内，复合棒和金属棒的弹性模量相近。复合棒的断裂应变远远超过金属棒。从 *A*、*B*、*C*、*D* 4 个关键点的应变分布图可知，螺旋纤维有效抑制了金属棒的应变局部化。在复合棒的拉伸过程中，没有观察到明显的颈缩现象。这一设计可以解决工程实际中频繁发生的局部失效问题，为提高工程材料的延性和变形能力提供了一种新的思路。

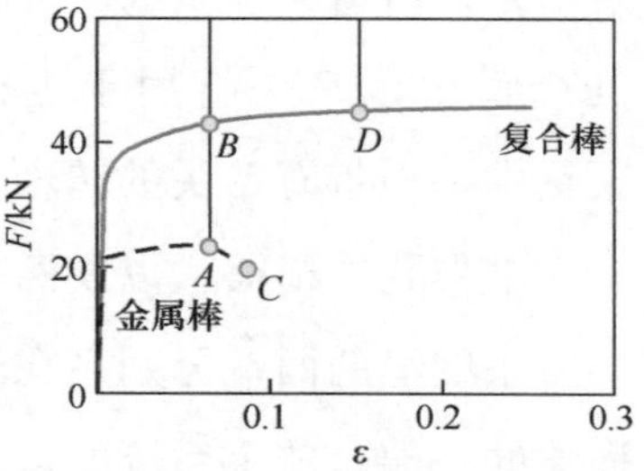

图 13　金属棒与复合棒的拉力－应变关系

可以对复合螺旋结构做以下扩展。一方面，不必将螺旋纤维缠绕在目标材料表面——通过物理或化学方法将螺旋纤维嵌入到目标材料中，也能有效提高材料的变形能力。另一方面，无须将目标材料制成圆柱状。事实上，目标材料可以具有任意的三维形状。该结构设计的基本思路为颈缩区域提供了比其他地方更好的强化效果，从而避免、减少颈缩，或将颈缩转移到其他地方。

基于上述特点，复合螺旋结构能够显著改善材料的变形能力。这项工作有较好的应用前景。例如，在金属电缆和结构梁中使用超韧性材料可以有效避免事故或过载引起的材料断裂。将所提出的延性设计应用于软机械和柔性电子设备，可以赋予材料易于调节的弹塑性特性。此外，这一设计理念还可应用于生物医学领域。例如，通过添加螺旋纤维的方式加固人造骨骼，增强骨骼的变形能力，从而避免骨骼发生脆性断裂。

5. 基于螺旋结构的创新设计

前面列举了几类重要的螺旋结构，下面介绍基于螺旋结构的创新设计。受泵钻启发，我们课题组研发出高效的能量采集装置和离心分离装置（见图 14）。

图 14　受泵钻启发制成的能量采集装置和离心分离装置 [8]

泵钻是易洛魁人发明的一种古老器件，几个世纪以来一直用于生火和钻孔。泵钻由一根带有钻头的转轴、一块飞轮、一根带孔的横梁，以及两条细绳组成。每条细绳的两端分别系在转轴顶部和横梁的一端。整个系统的运动可分为两个阶段——放卷和收卷。每次使用设备之前，先将细绳螺旋缠绕在转轴上，再向下按压横梁，释放后细绳将打开螺旋，从而带动横梁发生旋转，运动过程中产生的扭矩传递到转轴，带动转轴和飞轮旋转；当细绳的螺旋完全打开后，由于惯性的作用，横梁会带动细绳继续旋转，细绳反方向缠绕在转轴上，当横梁静止时，细绳将完全缠绕在转轴上，再次下压横梁将使转轴反方向旋转，不断重复上述过程，就可以实现泵钻的周期性运动，使钻头能够顺时针和逆时针旋转切割材料。

这种结构简单的泵钻在生物医学中有广阔的应用前景。皮肤介入治疗，如打针和输液，是现代医学诊断和治疗的常用方法，但是现在的针头往往会造成一定程度的痛觉体验和机体损伤。因此，人们致力于开发无痛透皮注射技术。通过漫长的自然选择，许多动物进化出了尖锐的刺，如蚊子和蜜蜂的毒刺。这些尖刺具有复杂的层次结构，能够适应多种生物功能，这为仿生针的设计提供了灵感。研究表明，蚊子的刺在插入过程中，伴随有不同程度的振动，这种振动可以有效地减小刺与组织间的摩擦力和切割力，相比于最尖端的人工微针，其造成的创伤小三个数量级。有实验表明，蜜蜂的刺在穿透过程中有一定程度的螺旋旋转，有助于刺尖绕过组织纤维等，从而更容易进行穿透。因此，具有振动和旋转特性的泵钻，有望应用于开发先进的生物医学用针，有效地减小针对人体组织造成的创伤。

泵钻可以有效地将平移运动转化为旋转运动，这一特点可以有效捕捉气流、水流以及其他运动的动能。例如，将泵钻安装在跑步机、运动鞋和下拉式健身器械等设备中，用户的周期运动可以驱动泵钻，使泵钻发生旋转，从而带动飞轮采集能量。借助如激光雕刻、3D 打印和软光刻等先进制造技术，可以轻松设计和制造不同尺寸的泵钻；将飞轮替换成圆盘或特制的旋转器，泵钻便可用于生产有机薄膜和微流体等。此外，泵钻的力学原理有望帮助我们分析和理解一些不寻常的自然现象，如蜜蜂的精细穿透技能、细菌鞭毛的螺旋转动，以及由湿度驱动的种子自埋等现象。

千百年来，人类总是尝试着探寻速度的极限。风力发电机的转速一般为每分钟几转至十几转，电风扇的转速可以达到每分钟上千转。一个有趣的问题是，人力驱动可以使物体旋转到多快呢？赵子龙等给出了一个令人耳目一新的答案。大道至简，用于创造这项世界纪录的材料仅仅是一个带孔的铜片与两根细软的尼龙线。这项研究的灵感来源于历史悠久的转纽扣玩具：将两根细线分别穿过圆盘上的两个小孔，使细线相互缠绕，然后手持细线端部有节律地反复拉伸、释放即可令圆盘不停地做往复转动，如图 15 所示。

图 15　拉线转盘

我们课题组建立了拉线转盘的精细动力学理论模型，全面分析了细线的弹性性能、圆盘的几何尺寸、加卸载的速率、与空气的摩擦等各个因素对圆盘转速的影响。在此基础上，我们选取多种不同的材料开展了系统实验，对此装置进行优化，并通过高速照相机实测。经过不断改进与优化，我们终于将圆盘转速提高至每分钟二十万转，创造了人力驱动圆盘转速新的世界纪录！这一转速远远超过了由美国斯坦福大学学者于 2017 年在《自然》子刊上报道的每分钟十二万五千转的纪录。

进一步，我们用细线串起多个圆盘。在加载的初期，各个圆盘的运动相对独立、无序。随后，细线会逐渐将各盘的运动耦合起来。此时，系统可能出现几种特定的稳定状态：圆盘将在细线的某些特殊位置上转动，并且它们的旋转被同步化。赵子龙等揭示了这一现象的物理机制。该多盘系统在机械波控制方面有着重要的应用。

1831 年，法拉第发明了单极发电机，也称为法拉第圆盘，由一个导电圆盘组成，圆盘盘心和盘边缘各接一电刷，并用导线引出至两接线柱处，作为发电机的两个电极。用手转动圆盘时，发电机便会在低电压下产生电流。受法拉第圆盘启发，我们还基于拉线转盘设计出了新颖的发电装置（见图 16）。在拉线转盘中，高速旋转的圆盘能够产生较大的脉冲电流。永不停息的风与海浪蕴含着巨大的能量。传统的水力发电站利用水流冲击涡轮机叶片将流体的平动转化为涡轮的转动，风力发电也与此类似，而基于拉线转盘设计的发电系统在能量采集方面可能更加高效。该系统有望利用海浪的动能进行发电。此外，拉线转盘的构造简单，制造成本低，可以有效提升能量采集的成本与效率。可以预见，这项成果将在能源采集、机械波控制等领域产生重要影响。

图 16　受拉线转盘启发研制的发电装置 [9]

结语

生物材料力学与仿生学是力学与多学科交叉的前沿领域。相关研究已具备一定的广度和深度。螺旋形貌广泛存在于自然界中，螺旋结构赋予了生命体优异的力学性质，帮助它们实现重要的生物学功能。近年来，生物螺旋形貌引起越来越多科学家的关注，然而，相关的力学理论却不够完善。研究中涉及复杂的几何关系、非线性的力学分析，以及多体、多物理场的相互作用，都颇具挑战性。本文所述的几类螺旋形创新结构设计为将低维微纳米材料制成宏观体提供了新的思路，为研发致动材料、储能元件、柔性机械等提供了理论依据。在未来研究中，科学家们将更多关注生物螺旋结构与复杂多变的环境因素之间的相互作用，关注多尺度螺旋形貌的形成、演变与优化机理。可以预见，对动植物螺旋形貌开展力学研究，将帮助我们更加深入地认识和理解相关的自然现象与生命过程，并指导我们攻克一系列重大科技难题。

参考文献

[1] 赵子龙. 手性材料力学行为的实验与理论研究[D]. 北京: 清华大学, 2016.

[2] BUBENIk G A, A.B. BUBENIK A B. Horns, Pronghorns, and Antlers[M]. New York: Springer, 1990.

[3] HAECKEL E. Art forms in nature[M]. New York: Courier Corporation, 2012.

[4] SACHS J. Text-Book of botany: morphological and physiological [M]. London: Clarendon Press, 1875.

[5] ZHAO Z L, ZHAO H P, WANG J S, et al. Mechanical properties of carbon nanotube ropes with hierarchical helical structures[J]. Journal of the Mechanics and Physics of Solids, 2014(71), 64-83.

[6] ZHAO Z L, LI B, FENG X Q. Handedness-dependent hyperelasticity of biological soft fibers with multilayered helical structures[J]. International Journal of Non-Linear Mechanics, 2016(81): 19-29.

[7] WU Y F, LI P D, ZHAO Z L. Ultraductile bar with bioinspired helical strands[J]. Journal of Structural Engineering, 2022(In press).

[8] ZHAO Z L, ZHOU S, FENG X Q, et al. Pump drill: A superb device for converting translational motion into high-speed rotation[J]. Extreme Mechanics Letters, 2017(16): 56-63.

[9] ZHAO Z L, ZHOU S, XU S, et al. High-speed spinning disks on flexible threads[J]. Science Report, 2017(7). DOI: 10.1038/s41598-017-13137-1.

赵子龙，北京航空航天大学航空科学与工程学院教授、博士生导师，国家海外高层次青年人才，澳大利亚国家优秀青年人才（ARC DECRA Fellow），北京航空航天大学青年拔尖人才，教育部科技发展中心评审专家、教育部高等学校科学研究发展中心评审专家，国际著名 SCI 期刊 *Engineering Fracture Mechanics* 编委。主要研究方向包括固体力学、生物力学与仿生学、创新结构与器件设计、拓扑优化设计。在国内外重要期刊上已发表 SCI 论文近 40 篇，其中多篇论文入选为期刊封面，被评选为亮点论文、特色论文、编辑推荐论文。成果获美国物理学会、美国生物物理学会等主流学术团体撰文报道。曾获中国力学学会全国优秀博士学位论文奖、北京市优秀博士毕业生、清华大学优秀博士学位论文奖、清华大学航天航空学院“学术新秀”荣誉称号，以及全国徐芝纶力学优秀学生奖等重要学术奖励。除主持国家级人才项目外，还曾主持或参与国家自然科学基金重点项目、国家自然科学基金面上项目、澳大利亚研究理事会 Discovery 项目、北京航空航天大学青年拔尖人才项目等重要科研项目。

靳世成，北京航空航天大学航空科学与工程学院固体力学专业博士研究生。主要研究方向为固体力学、生物力学等。曾获北京航空航天大学“冯如杯”科技大赛三等奖（排名第一）、北京市五星级志愿者、北京市志愿服务指导中心“志愿者之星”、航空科学与工程学院三好学生、优秀共青团员等荣誉。

杨嘉陵，北京航空航天大学航空科学与工程学院教授、博士生导师，教育部“长江学者”特聘教授，享受国务院政府特殊津贴，校学术委员会副主任，校教学指导委员会委员，中国科协工程力学类专业认证委员会委员，国家评奖委员会评审专家，北京力学会荣誉副理事长。2000 年以来历任北航固体力学研究所所长、航空科学与工程学院院长、教育部第 5 届科技委员会学部委员、教育部教学指导委员会力学专业委员会副主任委员、国家自然科学基金委员会数学物理科学部评审组专家、中国力学学会常务理事、中国航空学会理事、北京力学会副理事长等。主要从事冲击动力学、塑性力学、仿生力学、飞行器抗冲撞和防护技术等方面的研究。发表学术论文 150 余篇（SCI 收录 110 余篇），授权专利 30 余项。2000 年获教育部自然科学奖一等奖，2013 年获教育部科学技术进步奖一等奖，2016 年获国家技术发明奖二等奖。主持包括国家自然科学基金重点项目，国防基础研究项目及型号项目在内的等多个研究课题。

师法自然
——仿生技术助力大飞机减阻流动控制

北京航空航天大学航空科学与工程学院

潘 翀 张 奕

你可曾想过，作为当今海洋中顶级掠食者的鲨鱼，其亿万年的进化之路却充满坎坷。二叠纪末的生物大灭绝使得鲨鱼种群几乎全军覆没，仅存的一小部分鲨鱼因其表面大片鱼鳞特异化为具有特殊几何结构的贴体盾鳞而获得了更快的游弋速度，最终在食物匮乏的环境中存活了下来。正是这小小盾鳞，使鲨鱼在游弋速度与灵活性等方面脱颖而出，一步步向上抢夺生态位并最终登上了海洋食物链的顶端。

不仅仅是鲨鱼，上亿年的进化也给予了千万生灵巧夺天工般的体态特征，使其在生存环境中展示出趋于极致的生物特性。它们不仅构成了丰富多彩的自然界，也不断地激发着工程师们的灵感，成为人类在发明创造中不可替代、取之不竭的知识宝库。20 世纪 70 年代末，科学家们再次把目光聚焦于鲨鱼这位海洋霸主的身上，以期破解其持续高速游动的秘诀。此后围绕其开展的大量仿生学研究均表明：鲨鱼或海豚表皮外覆的大面积盾鳞所组成的规则沟槽结构可实现流动控制减阻。这类研究在节约运输能耗与提速高载运速度等领域所体现出的应用潜力引发了学界的广泛研究热情。

如今，基于鲨鱼盾鳞简化而来的二维沟槽结构在湍流边界层中的减阻能力已被学界广泛认同，在其减阻机理、参数设计等领域的研究结果也已较为完善。然而受制于加工制备、清理维护、节能收益等方面的局限，二维沟槽结构在沟槽减阻概念提出后的 40 年内仍未真正走出实验室。得益于材料与先进加工技术的迅猛发展，德国巴斯夫股份公司近年来推出了专用于飞机机体表面的黏性沟槽柔膜——AeroSHARK。在此基础上，汉莎航空、瑞士航空先后宣布将敷装沟槽柔膜的低油耗货机陆续投入使用，这也预示着沟槽减阻技术在逐步走向成熟、走向工程。因此，在沟槽减阻技术大规模应用的前夜，本文将回顾围绕沟槽减阻技术所开展的研究工作，包括介绍其概念来源与仿生原理、减阻效果与流动机理、航空试验与工程应用，并讨论未来沟槽减阻技术的发展与应用前景。

源自鲨鱼盾鳞的仿生学研究

一般认为，表面越光滑的物体在流体中运动时受到的阻力越小，故大多数早期的减阻设计与实验均旨在降低物体表面的粗糙度以获得更低的流体阻力。但是自 20 世纪 70 年代始对水中高速游动的鲨鱼的表皮形貌所开展的仿生学研究表明：鲨鱼皮表面非但不光滑，反而覆盖呈类圆谷状的盾鳞或肤齿结构。在盾鳞内部均具有特殊的沟槽形貌，前后盾鳞的沟槽相互搭接并沿游动方向延伸；此外，不同种类鲨鱼的盾鳞内部的沟槽形状各不相同，即使相同种类的鲨鱼在周身不同部位表皮盾鳞内部的沟槽形状和尺寸也有所区别，如图 1 所示。

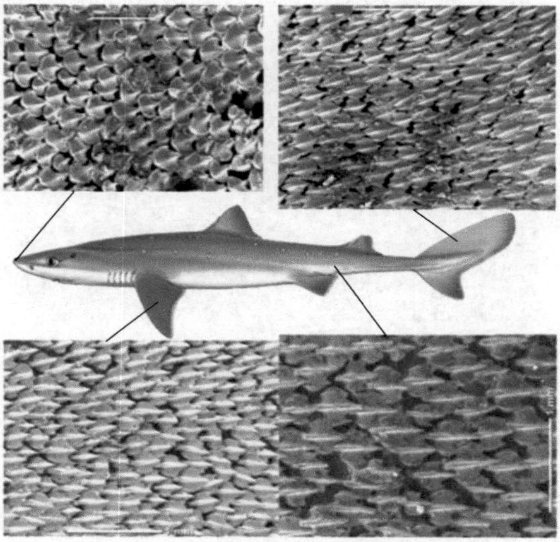

图 1　鲨鱼不同部位表皮盾鳞沟槽形状和尺寸差异

生物学家推测，鲨鱼表皮盾鳞存在的这类沟槽结构，能够优化其体表绕流边界层内的流动结构，延迟湍流的发生或者抑制近表皮的湍流强度，从而减小流动阻力。这一生物学发现，推动生物学界和流体力学界针对鲨鱼表皮盾鳞的减阻效果和减阻机理开展了大量研究，其热度至今不减。Bechert 等最先观察了鲨鱼表皮单个盾鳞的结构特征[1]，并仿制了鲨鱼皮模型，通过流动测力实验证实其获得了约 3% 的减阻率。Gupta 等则研究了鲨鱼盾鳞在流动减阻中的作用，通过使用硅胶表面制备技术制造出仿生柔性鲨鱼表皮，在层流流动中获得了 10% 的减阻率，但在湍流中该仿生鲨鱼皮的减阻率则降低至 2.5%。张德远等分别采用微压印法、微塑铸法、微电铸法及软模成型法等制备工艺，使用聚二甲基硅氧烷为柔性材料对真实鲨鱼皮的微结构进行复刻，所制得的仿生鲨鱼皮的最大减阻率可提升至 24.6%。赵丹阳等使用真空浇铸法获得大尺寸的鲨鱼皮树脂模具，并通过翻模工艺制备出硅胶基的柔性仿生鲨鱼皮，在 0.45 ～ 0.9 m/s 的流速范围内获得了 9.7% ～ 18.6% 的减阻率。Wen 等则通过使用微尺度 3D 打印技术 [2]，在弹性模量为 1 MPa 的柔性塑料箔基底上打印出特征尺度为 2 mm 的仿生鲨鱼皮（见图 2），并在低速水流中节约了 5.9% 的运动能耗。

图 2　使用微尺度 3D 打印技术制备的仿生鲨鱼皮

沟槽的减阻特性

完全复刻鲨鱼皮表面盾鳞阵列所组成的复杂几何结构在加工方面面临的困难较大，近而会进一步限制其大规模的制备与应用。为此，20 世纪 80 年代初，美国国家航空航天局兰利研究中心的 Walsh 等对鲨鱼皮盾鳞阵列结构进行了二维简化 [3]，并最早提出了基于肋条结构的沟槽壁减阻概念。沟槽壁由沿流向延伸的二维突起状肋条与槽道沿展向周期交替排列组成，典型沟槽壁的几何形貌如图 3 所示，基本特征为二维肋条沿展向等间距排列，将垂直于流动方向上的横截面分割成沟槽单元，肋条顶端的宽度小、底部的宽度大，以提供一定的机械强度，并避免在肋条顶端产生局部流动分离。除了图 3 所示的三角形沟槽外，常见的沟槽壁横截面形状还包括刀刃形、U 字形和正弦形等。沟槽的主要特征尺寸包括肋条中心距 s、肋条高度 h 以及槽道的无量纲浸润面积 A_g，如图 4 所示。

图 3　三角形沟槽横截面的扫描电子显微镜（SEM）图像 [3]

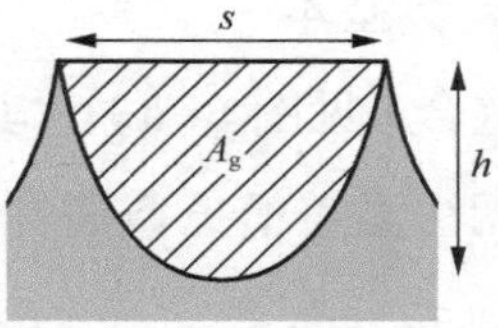

图 4　沟槽截面主要特征尺寸的定义 [4]

使用最小涡黏尺度对沟槽的几何参数进行无量纲化，可以反映出沟槽特征尺度与湍流最小含能涡尺度之间的匹配关系，以便研究沟槽尺寸参数对减阻效果的影响规律。在沟槽减阻效果的参数影响规律和减阻机理研究中，一般选用零压力梯度平板湍流边界层或者充分发展槽道湍流作为简化模型，通过改变来流速度进而改变特征雷诺数与湍流黏性尺度，并最终实现沟槽无量纲尺寸与减阻效果的变化。自 20 世纪 80 年代以来，国内外诸多学者应用热线风速仪（HWA）、激光多普勒测速仪（LDV）、粒子图像测速（PIV）技术等多种测量方法对沟槽壁减阻效果开展了系统的研究，结果表明不同几何特征的沟槽壁的减阻率 D_R（$D_R=1-C_{f沟槽}/C_{f光滑}$，C_f 为摩阻系数）随无量纲间距 s^+ 的变化曲线具有一定的相似性。以顶角为 60° 的正三角形沟槽为例，其沟槽特征尺度 - 减阻率关系曲线如图 5 所示：随着无量纲沟槽间距 s^+ 的增大，沟槽壁的减阻率先增大后减小，最佳减阻率所对应的肋条中心距称为最优减阻间距 s^+_{opt}，此时 s^+_{opt} 为 15 ～ 20。Jiménez 等将沟槽特征尺度小于最优减阻间距、减阻率随沟槽间距单调增加的阶段称为“黏性模态”阶段 [5]，Grüneberger 等进一步用实验证实了黏性模态的线性行为并定义了该阶段内减阻率与沟槽尺寸的线性关系及其斜率 m_s[6]，用于结合 s^+_{opt} 来初步估算该型沟槽的最佳减阻率。随着 s^+ 的进一步增大，沟槽的减阻率逐渐降低并最终呈现增阻的状态（k - 粗糙模态）。

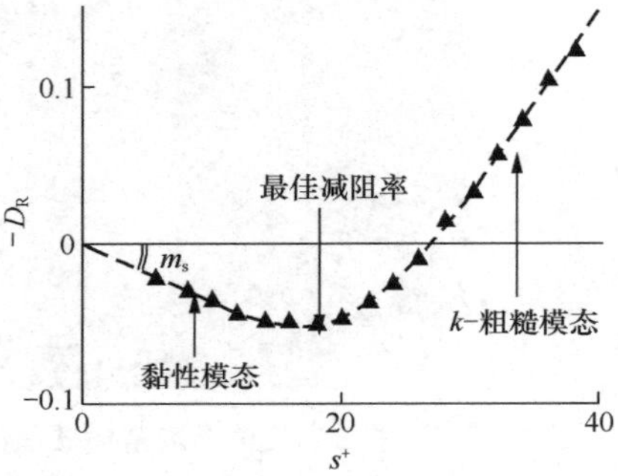

图 5　沟槽特征尺度 – 减阻率关系曲线

虽然不同截面形状沟槽的减阻率曲线随无量纲间距的变化趋势基本一致，但曲线彼此往往难以重合 [见图 6（a）]，其原因为所使用的特征尺寸仅能反映沟槽横向尺度而无法涵盖槽道截面等信息。Jiménez 等提出使用基于槽道无量纲浸润面积 A^+_g 的平均特征尺度 l^+_g（$l^+_g=\sqrt{A^+_g}$）来替代特征尺寸以考虑沟槽截面形状的影响 [5]。此时便可以让不同截面形状的特征尺度 - 减阻率斜率曲线尤其是曲线的黏性模态段彼此靠拢 [见图 6（b）]。此外，在相同的特征尺度下，肋条越薄，减阻效果越好。例如，对于刀刃形的沟槽壁，当其高宽比 h/s=0.5、厚宽比 t/s=0.02 时的最大减阻率约为 10%。但因为刀刃肋条的壁厚太薄，机械强度较差、耐用性不好，一旦刀刃肋条发生弯曲，就会导致流向涡沿展向迁移进而削弱减阻效果，因此缺乏工程实用性。三角形肋条则因其机械加工相对容易，耐用性高而被广泛应用于实验研究中，其最优减阻率随顶角角度的降低而进一步增加，常用的正三角形沟槽壁的最优减阻率约为 5%。

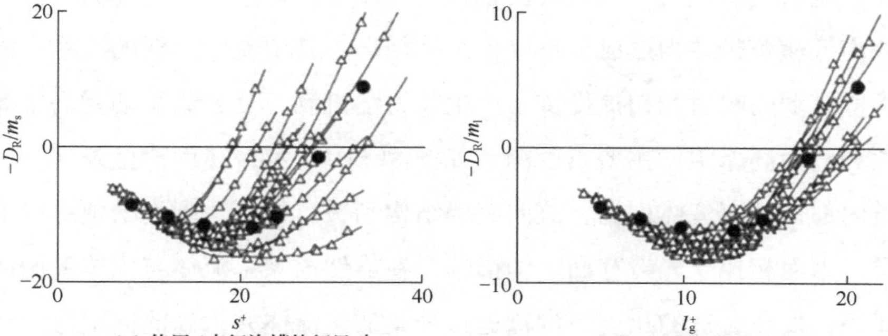

（a）使用s^+表征沟槽特征尺寸　　（b）使用l_g^+表征沟槽特征尺寸

图 6　不同截面形状沟槽的特征尺度 - 减阻率斜率关系曲线（实心黑色圆圈为 Jiménez 等对三角形沟槽壁的数值模拟结果 [5]，正空心三角是 Bechert 等的系列实验结果 [4]，包含了肋板、三角形和 U 字形等不同截面形状的沟槽壁）

沟槽的减阻机理

Bechert 等利用流动可视化方法对沟槽表面的流动状态进行了实验观测 [4]，发现沟槽壁表面上的流动相对于光滑平面而言更加平稳有序，如图 7 所示。基于这一观测，Bechert 等认为沟槽有利于抑制湍流边界层中黏性底层顶部流向涡的横向迁移与失稳，从而降低近壁区流动猝发事件的概率与强度，起到降低不同流层间动量交换、减少壁面摩擦阻力的作用。

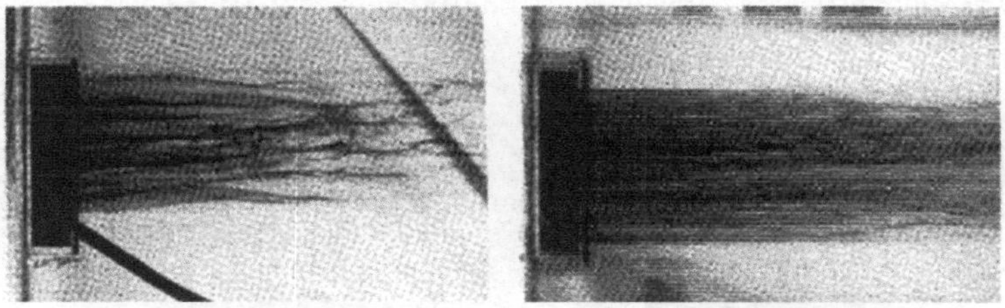

（a）光滑壁面　　（b）沟槽壁面

图 7　光滑平面与沟槽面附近流动状态

这一观点可结合 Lee 等所拍摄的光滑壁和沟槽壁在法向 - 展向截面上

的流动显示照片来进一步说明[7]：如图 8（a）所示，在光滑壁面的近壁流区存在流向旋涡结构，其旋转主轴指向主流方向，这些流向旋涡与缓冲层内的高低速条带结构形成了近壁自维持循环，其中流向旋涡的不稳定演化为近壁流动的喷射和扫掠提供了内生动力学机制，是近壁湍动能的主要生成项和壁面高摩阻的主要贡献源。如图 8（b）所示，在沟槽壁条件下，其槽道内部被低速流体占据，流向旋涡结构则被“排挤”到沟槽顶部以上的流层。因而相比于光滑壁面，沟槽的存在虽然增大了流体与固体壁面的接触面积，但在合适的尺度下沟槽通过聚集低速流体并抬高流向旋涡，反而减少了固体壁面与高速流体的直接接触区域，因此能够降低壁面的摩阻。需要说明的是，Lee 等的流动显示实验也表明：一方面，尽管流向旋涡被“排挤”到沟槽上方，但其仍然能够通过无黏诱导作用在沟槽内部的低速流区中诱导产生二次涡流，这些二次涡流增加了高流层与沟槽内部流体的动量交换，因此在一定程度上降低了减阻效果；另一方面，沟槽内部的二次涡流反作用于高流层的流向旋涡，限制了其展向摆动，从而降低了因流向旋涡失稳而引发湍流喷射事件的概率，有助于降低湍动能的生成和沟槽顶部流区的湍流脉动。此外，在高流层流向旋涡的诱导作用下，肋条尖部区域会出现明显的展向流动，较钝（圆角半径大）的肋条尖部将对展向流动产生显著的阻碍，甚至引发尖部附近的局部流动分离，从而贡献阻力增量。这也为刀刃形沟槽减阻率优于三角形沟槽以及三角形沟槽的减阻率随顶角的增大而减小等现象提供了合理的解释。

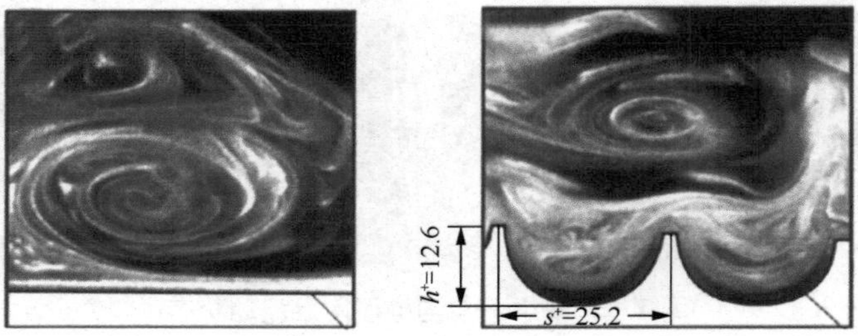

（a）　（b）

图 8　法向－展向截面中光滑壁面和沟槽壁面近壁区流向涡的空间分布情况

进一步地，沟槽壁对近壁湍流结构所产生的影响也已在大量研究中被发现。Choi 等使用热线风速仪在风洞中对刀刃形沟槽壁湍流边界层开展了细致的速度测量 [8]，通过条件采样和条件平均等分析方法发现在统计意义上的沟槽壁上方存在流向旋涡结构，这些被抬高的流向旋涡结构增加了黏性底层的厚度，使得近壁湍流脉动降低 10% 以上、壁面瞬时摩阻脉动的幅值被有效抑制。姜楠等则使用时间解析的二维粒子图像测速技术测量了零压力梯度沟槽壁湍流边界层的速度场，运用相关函数提取了湍流边界层发卡涡和低速条带等典型湍流结构的空间拓扑形态，结果表明：与光滑平板相比，三角形沟槽壁面的湍流结构在流向和法向上的空间尺度均有不同程度的减小，低速条带的间距更宽且展向脉动幅度更小。此外，流体在法向上的运动及湍流结构的抬升受到明显抑制，发卡涡诱导喷射和扫掠的能力降低，从而抑制了近壁湍流的能量与动量输运过程及湍动能生成的自维持机制。针对三角形沟槽壁槽道湍流所开展的直接数值模拟结果则证实流向涡通过诱导近壁面扫掠在壁面产生了局部高摩阻，而一旦沟槽将流向涡结构推至较高流层，则后者只在肋条背脊的一侧会产生高摩阻 [见图 9（a）]，因此在平均意义上降低了沟槽壁面的总摩阻。

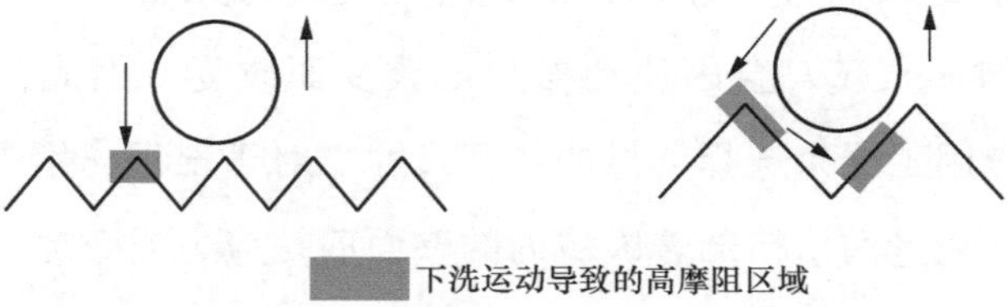

（a）s^+=20，减阻状态　　（b）s^+=40，增阻状态

图 9　流向涡经下洗（或扫掠）在壁面产生高摩阻

目前，学界对于沟槽特征尺寸超过 s^+_{opt} 后导致黏性模态消失及减阻效果降低的原因还存在争议，部分观点认为过大的沟槽中心距导致小尺度流向涡落入槽道中，其不仅增大了高速流体与壁面的接触面积 [见图 9（b）]，且加强了与近壁流体的动量交换，并最终导致摩阻的增加。另有观点则认为当沟槽的特征尺度远超过黏性底层的尺度后，沟槽表现为 k- 粗糙模

态，在肋条顶部与近壁流动相互作用后产生了流向涡为主的新生旋涡的脱落，其进一步增强了近壁湍动能的生成并表现为壁面摩阻增加。Jiménez 等基于沟槽壁面湍流边界层的直接数值模拟分析 [5]，发现当沟槽特征尺度达到 s^+_{opt} 之后，近壁流动开始出现一种类开尔文 - 亥姆霍兹不稳定波的流动行为。国内杨绍琼等在实验中也观察到了类似的现象 [9]：类开尔文 - 亥姆霍兹不稳定波在沟槽的 s^+ 刚刚超过 s^+_{opt} 时出现，此时湍流近壁区原本的流向涡或类马蹄涡结构嵌套在类开尔文 - 亥姆霍兹不稳定波中并形成复杂的多尺度湍流结构。这一现象不仅为过大尺寸沟槽丧失减阻效果提供了新的解释，也充分说明了控制近壁流动的难度，即不当引入的扰动很有可能引发局部流动不稳定性，成为湍流生成的源项，从而增强湍流脉动和壁面摩阻。

沟槽壁的设计与加工

在实际应用沟槽壁进行湍流边界层减阻时，将沟槽的特征尺度 s^+ 或 l^+_g 保持在最佳减阻率尺度（s^+_{opt} 或者 l^+_{gopt}）之下，是获得稳定减阻表现的先决条件。但由于 s^+ 或 l^+_g 使用壁湍流的黏性尺度进行无量纲，故在给定沟槽的物理尺寸时，s^+ 或 l^+_g 会因流动参数的改变而改变。因此，必须根据沟槽壁的具体应用工况来选择沟槽的物理尺寸。对于工程应用中测量方法有限、难以准确测量沟槽待部署区域内的壁面剪切应力或摩擦速度时，合适的沟槽特征尺度常使用下式来估算：

$$s^+ \approx \sqrt{\frac{2}{C_f}} \cdot \frac{v}{U_\infty}$$

式中，U_∞ 为来流速度；v 为来流运动黏性系数，可根据空气温度进行估计；在缺乏精确测量手段时，可简化流动模型并使用各种零压力梯度摩阻系数与各种特征雷诺数的半经验标度律来估算摩阻系数 C_f 和黏性尺度。此外，在无分离的情况下，对于飞机机翼和机身等曲率不大的曲壁湍流边界层，其摩阻系数和相同雷诺数下的平板边界层差异不显著，因此可以忽略曲率对摩阻系数和黏性尺度的影响并依旧使用上述估算方式来选取沟槽的特征尺度。

在中高雷诺数工程应用条件下，沟槽结构的最优特征尺度已降低到微米量级，此时在保证精度和机械强度的前提下加工大幅面微尺寸沟槽壁的工艺与高昂成本已成为影响沟槽壁减阻广泛应用的主要技术障碍。早期的沟槽加工使用工艺简单的车削、铣削等机加工手段来完成，其在保证加工效率的同时可满足大规模制造的需求，然而机加工的沟槽间距上限约 500 μm，无法进一步加工更小尺寸的沟槽，且在加工过程中存在积热、应力、刀痕明显等原因也无法制造较高精度要求的沟槽壁（见图 10）。即便存在诸多缺陷，较低的加工成本使得机加工依旧是中高雷诺数工程应用条件下沟槽的首选加工方法。

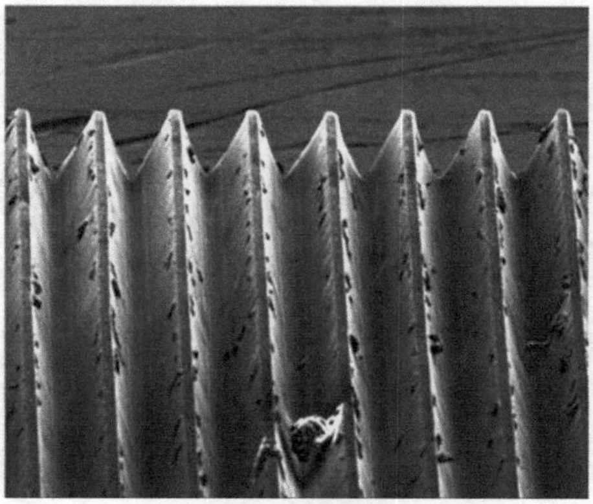

（a）机加工沟槽的照片

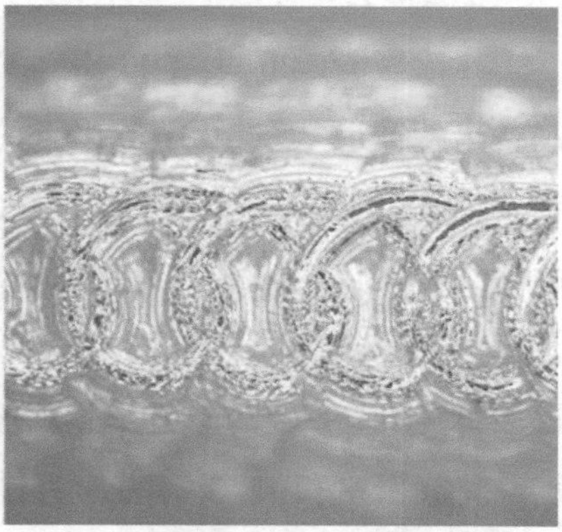

（b）光学轮廓仪下沟槽槽道底部的刀痕

图 10　机加工所得沟槽

先进加工工艺的发展使得制造具有更低特征尺度的沟槽壁成为可能。Lee 等在 21 世纪初使用微机电系统（MEMS）加工方法制备了 s = 200 μm 的梯形截面模板 [见图 11(a)][10]，并使用聚二甲基硅氧烷（PDMS）翻模技术制备出三角形沟槽柔性薄膜 [见图 11(b)]，将该柔性膜贴敷于平板、二维圆柱表面可获得良好的减阻效果。类似的翻模技术也在复刻鲨鱼表皮减阻的仿生学研究中有所应用，其优点在于在现有翻模模板的条件下可大批量生产类似的成品柔性薄膜，且所加工的沟槽膜可直接粘贴在飞行器表面。此外，这类基于电化学的加工方法所制备的沟槽在理论上可达微机电系统中的密耳水平或几十微米的量级，且所加工的表面相较于传统机加工工艺而言更为光滑平整。受模板的加工成本及加工幅面所限，其暂时还无法用于制备大面积柔性沟槽壁。

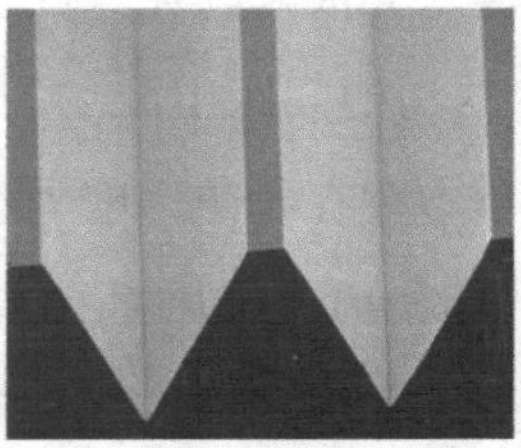

(a) MEMS 加工制备沟槽模板

(b) PDMS 翻模所得沟槽柔性薄膜

图 11　基于电化学的加工方法制备沟槽柔性薄膜

3M 公司在 20 世纪 90 年代发展了微压印工艺，并以乙烯薄膜为基底制备出特征尺寸在 100 μm 以下的三角形沟槽膜，现已推出成品的沟槽胶带并将其用于船壳和飞机表面的流动减阻中。在此基础之上，近年来发展的微细辊压成形工艺则满足了微尺度沟槽对加工精度与加工效率的要求。常见的辊压成形工艺包括辊对辊加工与辊对平板加工两种形式。以辊对辊加工为例：一辊为具有加热功能、加工有沟槽的模具辊，另一辊为光滑辊，将光滑平板 PVC 薄膜作为进料送至轮毂前进行热压，其中光滑辊引导 PVC 进料，模具辊则加热 PVC 薄膜使其融化成型，如图 12 所示。在 PVC 膜被轮毂送出后即自然卸载及冷却固化成型，得到具有规则沟槽的微米级小肋薄膜表面。模具辊可使用线切割、慢走丝、紫外光刻与缠绕钢丝的方法来加工，其加工精度为几百至几十微米。此外，考虑到 PVC 薄膜热压完成后会发生塑性回弹，小肋的真实几何尺寸与轮毂模具的设计尺寸稍有偏差，故应在设计模具辊时适当增加肋条或槽道深度。

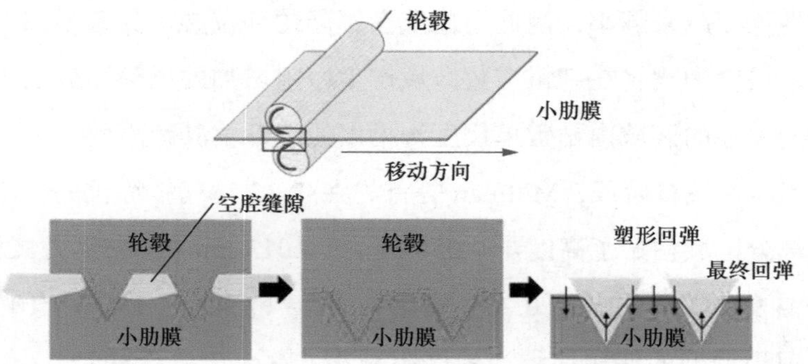

图 12　辊对辊热辊压成形制备沟槽膜原理

除以上的加工方法外，近年来新发展的高能电子束、3D 打印、电解加工等工艺在制备金属基大幅面沟槽壁上表现出显著的优势，满足大型航空器蒙皮加工的实际需求，但在降低残余应力等方面还需要做进一步的研究。在柔性沟槽膜加工方面，皮秒激光加工技术的发展迅速，有望取代压印法成为工程制备沟槽壁面的新手段。2021 年，德国巴斯夫公司推出了专为客 / 货机所使用的 $s = 50\,\mu m$ 微尺度沟槽“AeroSHARK”仿生减阻柔性膜，经飞行试验验证可减少 3% 的燃油消耗，使其成为了继 3M 公司后又一面向市场推出成品沟槽产品的公司。

沟槽壁的航空应用

在实际应用中，沟槽的应用工况往往与实验研究中常用的平板、槽道、简单旋成体等简化流动有所不同。对于航空飞行器而言，工作雷诺数跨度大、压力梯度与流动分离等因素也使壁面摩阻产生的机理更为复杂；其复杂几何外形所产生的非定常流动和表面曲率等因素也会影响沟槽减阻的实际效果（飞行迎角、侧滑角、横向 / 展向流动、部件气动干扰等都会造成当地来流偏离沟槽主方向，使沟槽的减阻效果进一步降低）；在高亚声速飞行中，压缩性效应、激波干扰等也是沟槽壁减阻设计需要重点考虑的因素；大型旅客机的纵向尺度大、特征雷诺数跨度大，从机头向下游运动的流体黏性尺度越来越小，因此沟槽壁在不同的部位必须具备不同的特征尺度，单一尺度沟槽将在高雷诺数区域产生摩阻增加的风险，故在飞行试验中仅在所关注的区域内贴敷单尺度沟槽以便于评估其减阻效果。

在亚声速飞行阶段，McLean 等首先在 T-33 喷气教练机的一个机翼上表面的部分区域粘贴了高度 h=0.030 mm 或 0.013 mm 的 3M 肋片式沟槽膜，并在马赫数 $M_\infty = 0.35 \sim 0.70$、雷诺数 $Re = (1.45 \sim 4.43) \times 10^6$ 的条件下，发现沟槽壁的使用使得当地摩阻减小 6% ～ 7%。类似地，美国国家航空航天局兰利中心在 $M_\infty = 0.30 \sim 0.70$ 条件下的 Learjet 型飞机沟槽减阻飞行试验中取得了 6% 的减阻率。空客公司则于 20 世纪 90 年代开展了跨声速范围的沟槽减阻飞行试验，将 A320 试验机表面积的 70% 都贴覆了沟槽薄膜，最终得到了 2% 的减阻率。而在超声速飞行阶段，美国国家航空航天局在 F-104G 飞机两侧分别覆上尺寸 h=0.033 mm、h=0.076 mm 沟槽的测量壁（见图 13），并在 M_∞=1.2 ～ 1.6、Re=(2 ～ 6) × 10^6 下对比观察沟槽壁、光滑表面的阻力大小，两种沟槽分别得到了 4% ～ 8%、4% ～ 15% 的减阻率。这些飞行试验在不同马赫数、不同雷诺数条件下皆展示了沟槽壁的减阻能力，其所报道的减阻率也与中低雷诺数的风洞试验结果基本吻合，这进一步证实了沟槽壁减阻在旅客机上应用的工程可行性。

图 13　美国国家航空航天局进行的超声速下沟槽壁减阻效果的飞行试验

除了在飞机蒙皮处贴敷沟槽柔膜外，Mitsuru 等提出了一种在飞机表面直接加工沟槽壁的方法：首先使用光敏涂料在机体表面喷涂形成漆膜，然后在其上压印沟槽模具并使用紫外线照射固化成型，最后使用特殊工艺脱模。此方法可有效解决贴敷沟槽膜时容易产生局部壁面缺陷（气泡鼓包等）进而导致沟槽减阻率降低甚至减阻失效的问题。日本航空航天勘探局的试验机在靠近机头的机身处敷装了这种直接成型的沟槽壁（见图 14）并进行了飞行试验。试验中使用皮托管测量平均速度轮廓线从而反映沟槽壁的减阻能力，发现在沟槽最优减阻尺寸附近（s^{+}=17、M_{∞}=0.65）下沟槽壁具有减阻效果（平均速度增大）；而在较大的沟槽间距后（s^{+}=46、M_{∞}=0.50）的条件下，沟槽壁摩阻增大（平均速度减小），这一结论也与中高雷诺数下的沟槽减阻风洞试验的结果相互吻合。

图 14　喷涂贴敷沟槽减阻飞行试验

在国内，中国商用飞机有限责任公司北京民用飞机技术研究中心的试飞小组使用自研特征尺寸 130 μm 的三角形沟槽膜开展了多批次的沟槽减阻飞行试验，在使用油耗估算减阻效果的同时，还使用油流法实时观测沟槽壁下游的表面油膜流动情况以研究在高雷诺数条件下沟槽的减阻效果与机理。试验将等厚的沟槽膜、光滑膜贴敷于机翼弦线距前缘相同位置处，并拍摄其下游油流的运动以计算速度场及摩阻。试验发现流经沟槽后的气流的流向速度更快、机械能损失更少，且沟槽膜抑制了展向分量的速度脉动并呈现出减摩阻效果。

在航空应用方面，2019 年年底，德国汉莎航空与巴斯夫公司首次在一架汉莎波音 747-400 飞机上进行减阻飞行试验，并将 500 m^2 的“AeroSHARK”沟槽膜贴于机身的下半部，在随后超过 1500 飞行小时的预定长途空运服务中减少了约 0.8% 的二氧化碳排放量，证明了在机身表面贴敷沟槽膜的减阻节能效果。在此基础上，汉莎航空货运公司于 2022 年上旬对其全部波音 777F 飞机进行贴膜改造，并估算贴敷了该柔性沟槽减阻膜的机队每年可节省约 3700 t 煤油，降低约 11 000 t 的二氧化碳排放量。同时，瑞士航空公司也宣布将对其所有 12 架波音 777 飞机应用“AeroShark”沟槽膜，预计每年将节省约 4800 t 航空燃油并减少约 15 200 t 二氧化碳排放。

结语

经过几十年的发展，沟槽壁面的减阻能力已经得到了大量的证实，技术成熟度等级已经很高。但因以下几个原因，目前尚未能在民用航空飞行器上得到大规模应用。① 沟槽壁 / 膜的大尺寸加工、敷装和维护成本比较高。由于沟槽特征尺度很小，其机械强度一般不好，对敷装的技术要求也很高；沟槽槽道容易被大气中的粉尘、油污堵塞，需要定期清理；飞机总体设计时需要平衡考虑减阻收益和敷装沟槽壁 / 膜的附加成本。② 在实际应用中取得沟槽壁面最优减阻率的难度很大。民机绕流流场十分复杂，展向流动、激波、局部分离、压力梯度等非设计状态对沟槽减阻能力均会产生影响。现阶段开展的沟槽壁减阻应用研究都处于个案分析阶段，缺乏综合考虑复杂流动多因素影响的沟槽优化设计方法和设计手段，在数值模拟层面以计算网格对沟槽全分辨的大涡模拟（LES）和雷诺平均 N-S 方程（RANS）为主，倘若开展整机级别的沟槽壁面减阻效果数值模拟，其在计算量上开销太大，目前即使在 RANS 层面上也难以实现。③ 沟槽壁的第一轮研究热潮源于20世纪70年代石油危机所造成的石油涨价，目前相对稳定的油价在一定程度上抑制了飞机制造商和航空公司寻求更低气动阻力解决方案的热情。

尽管简单沟槽壁在航空应用中的加工敷装、清理维护、性能模拟、减阻效率等方面仍存在着一定的局限性，但我们必须承认，沟槽壁是迄今为止为数不多的通过飞行试验检验的湍流边界层减摩阻技术之一。沟槽壁自身不改变飞机气动外形、无须额外能源供给、附加质量小、鲁棒性高的优势是其他基于主动流动控制的减阻技术所无法替代的。业界一般认为，使用沟槽壁技术能够给大型旅客机整机减阻1%～1.5%，这与实验室研究所报道的7%～10%的最优减阻率还有一定的距离，这也正是学术界和工业界应该努力填补的差距。为了更好应对飞机飞行的复杂应用工况，满足全球气候变暖加剧环境下对载运工具的节能减阻需求，未来沟槽壁减阻技术需要在新型材料、结构设计、加工工艺、技术交叉及计算模拟等方向开展更广泛、更深入的研究工作。

（1）改善沟槽壁面的加工工艺。针对大型航空器需贴覆大面积沟槽壁面，在提高现有机械加工、高能束加工等去除加工手段的生产效率的同时，可进一步发展高强度、大尺寸的沟槽壁/膜制备技术和加工工艺。例如，热辊压技术和皮秒/飞秒激光加工技术已经显示出了明显的潜力，值得结合沟槽壁加工所需尺度、精度要求探索应用。

（2）提高沟槽壁面的使用寿命。使用聚合物复合材料替代单一金属作为制作表面沟槽的材料，结合材料属性探索高强度的二维、三维沟槽形状，避免加工对沟槽表面微结构的破坏造成的疲劳损伤，从材料使用、形状设计和结构加工三方面改善现阶段沟槽壁在实际应用中所出现的强度低、易磨损和易老化等问题，满足航空器30年寿命的使用要求。

（3）发展异形沟槽结构，进一步提升沟槽壁的减阻能力。新概念异形沟槽概念的提出，不仅基于对自然生物表皮微结构的气动、水动力特性的观察，也依赖于对高雷诺数下湍流边界层高摩阻产生机理的更深入认识。

结合流体力学、仿生学领域最新成果设计异形沟槽壁面，有助于我们解决二维简单沟槽减阻失效迅速、不易清理维护等诸多缺点。近期针对分形沟槽和交替汇聚 - 发散沟槽等的研究工作初步表明：异形沟槽壁能够进一步提升减阻率。但是在减阻效果的优化和风洞 / 飞行试验的验证等方面还有很多工作需要开展。

（4）结合多种流控技术，发展多功能的复合流控壁面。例如，将沟槽壁与超疏水壁相结合，使沟槽壁具备一定的自清洁能力和防除冰能力，以降低后期维护成本、提高飞行安全；将沟槽壁与柔性壁相结合，使其具备抑制边界层流致噪声的能力，以降低巡航阶段的舱内自噪声。

（5）开发飞行器级的沟槽壁减阻效果数值模拟算法或预测模型。发展考虑沟槽对近壁流动影响的 LES 壁模型或近壁湍流 RANS 模型，其无须分辨沟槽内部流动从而降低计算网格量，使得对带沟槽的全机进行 LES 或 RANS 模拟成为可能，可为沟槽壁全机优化设计提供可保证一定精度的快速预测工具。建立考虑沟槽效应的 LES 壁模型或近壁湍流 RANS 模型，需要在更高雷诺数下对沟槽附近的流动结构时空演化特性开展更加细致的观测，这对精细流动测量技术也提出了新的挑战和需求。

参考文献

[1] BECHERT D W , BRUSE M , HAGE W, et al. Biological surfaces and their technological application-laboratory and flight experiments on drag reduction and separation control[C]// 4th AIAA Shear Flow Conference. Reston: AIAA, 1997.

[2] WEN L, WEAVER J C, LAUDER G V. Biomimetic shark skin: design, fabrication and hydrodynamic function[J]. Journal of Experimental Biology, 2014, 217(10): 1656-66.

[3] WALSH M J. Riblets as a viscous drag reduction technique[J].

AIAA Journal, 1983, 21(4): 485-486.

[4] BECHERT D W, BRUSE M, HAGE W, et al. Experiments on drag-reducing surfaces and their optimization with an adjustable geometry[J]. Journal of Fluid Mechanics, 1997(338): 59-87.

[5] GARCÍA-MAYORAL R, JIMÉNEZ J. Hydrodynamic stability and breakdown of the viscous regime over riblets[J]. Journal of Fluid Mechanics, 2011(678): 317-347.

[6] GRÜNEBERGER R, HAGE W . Drag characteristics of longitudinal and transverse riblets at low dimensionless spacings[J]. Experiments in Fluids, 2011, 50(2): 363-373.

[7] LEE S J , LEE S H. Flow field analysis of a turbulent boundary layer over a riblet surface[J]. Experiments in Fluids, 2001, 30(2): 153-166.

[8] CHOI K S. Near-wall structure of a turbulent boundary layer with riblets[J]. Journal of Fluid Mechanics, 1989(208): 417-458.

[9] 杨绍琼, 崔宏昭, 姜楠. 纵向沟槽壁面湍流边界层内类开尔文-亥姆霍兹涡结构的流动显示[J]. 力学学报, 2015, 47(3): 529-533.

[10] LEE S J , LIM H C , HAN M, et al. Flow control of circular cylinder with a V-grooved micro-riblet film[J]. Fluid Dynamics Research, 2005, 37(4): 246-266.

潘翀，北京航空航天大学航空科学与工程学院教授、常务副院长、博士生导师，2018 年入选青年长江学者，2022 年获批国家杰出青年科学基金，现任中国空气动力学会理事、中国力学学会流体力学专业委员会委员、流体力学教育部重点实验室常务副主任。长期从事复杂流场精细测量技术、湍流结构机理和飞行器湍流减阻流动控制技术等研究。曾获国家技术发明奖二等奖、教育部技术发明奖一等奖、国防科技进步奖二等奖、北京市高等教育教学成果奖二等奖等荣誉。

张奕，北京航空航天大学航空科学与工程学院博士研究生。研究方向为湍流与流动控制减阻应用。曾获北京市优秀本科毕业设计、北京市优秀毕业生、校优秀学生干部、优秀团员等荣誉。

探索高超声速飞行的气动奥秘

北京航空航天大学航空科学与工程学院

张 俊 陈 松

1903 年 12 月，莱特兄弟成功实现了人类历史上的第一次载人动力飞行，当时的最快飞行速度仅为 48 km/h。此后的一百多年时间里，飞行器飞行的速度纪录不断被刷新，如今已迈入高超声速的时代。所谓“天下武功，唯快不破”，高超声速技术作为当前航空航天技术发展的制高点，具有广阔的军民两用前景，是一个国家科研水平、经济实力和综合国力的重要体现。“高超声速巡航飞行”和“全球即时达到”的理想目标对飞行器设计提出了更高的要求，由此也带来了一系列严峻的挑战，诸多新的气动问题也超出了人们以往的认知范畴。我们不禁要问，为什么高超声速飞行如此困难？本文将与大家一起探索高超声速飞行的气动奥秘。

什么是高超声速飞行

一般认为，高超声速飞行器是指能够以马赫数大于 5 的速度在临近空间（地面以上 20 ～ 100 km）持续飞行的飞行器。马赫数指流场中某点的速度与该点处的声速之比，马赫数为 5 的速度大约相当于民航飞机巡航速度（按 1000 km/h 计）的 6 倍、高铁速度（按 300 km/h 计）的 20 倍。高超声速飞行器的具体应用形式主要包括助推滑翔、吸气巡航、天地往返等[1]。图 1 所示为美国高超声速飞行器 X-51A 的概念图。在 2013 年 5 月的试飞当中，X-51A 在 B-52 战略轰炸机的携带下到达约 15 000 m 的高空，然后在固体火箭推进器的作用下被加速到马赫数为 4.8，最后抛掉固体火箭、启动超燃冲压发动机。X-51A 最终被加速到马赫数为 5.1 的高超声速，并持续飞行了约 210 s。

若长时间的高超声速巡航飞行得以实现，洲际旅途的用时有可能被缩减到一小时以内，我们就可以很方便地在各个国家旅行、购物，且轻松地当天往返。如果说互联网的普及使我们足不出户就能领略世界各地风光，在虚拟世界里实现了“天涯若比邻”，那么临近空间高超声速飞行器将会帮助人类在现实世界中实现这一梦想。正因为临近空间飞行具有如此宽广的应用前景，世界上主流航空大国都不遗余力地在此领域投入精力展开科学研究，以期在未来的市场中抢占先机。

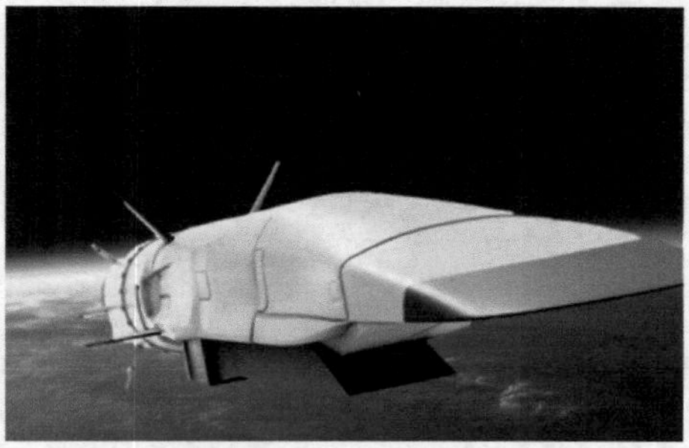

图 1　高超声速飞行器 X-51A 的概念图

高超声速空气动力学的新问题

高超声速飞行器的研究涉及气动、动力、材料、结构、控制等众多学科。飞行器的气动布局是飞行器能否飞行的基础，而气动性能的准确预测则是气动布局设计的关键。然而，与低速流动不同的是，高超声速流动包含了多种复杂的现象，如黏性干扰、稀薄气体效应、高温真实气体效应等[2-3]。其中，高温真实气体效应和稀薄气体效应尤其显著[4]，如图 2 所示。

当飞行器以高超声速在大气层内飞行，其尖化前缘将会产生一道强激波。在激波和黏性摩擦的作用下，飞行器壁面周围空气温度急剧升高，形成严酷的气动加热环境。与此同时，空气的主要成分氮气和氧气将出现转动、振动、离解、复合等一系列物理化学变化，如图 3 所示。此时，传统的“完全气体”假设不再成立，基于该假设的方程系统也会随之失效。气体的这种物理化学性质的改变对流场及飞行器气动性能的影响一般被统称为“高温真实气体效应”[2]。高超声速飞行中所伴随的高温真实气体效应，至今仍是一个活跃的研究领域。只有搞清楚其背后的机理、扫清科学认识上的盲区，我们才能够设计高效的热防护方案，为高超声速飞行器的安全飞行保驾护航。

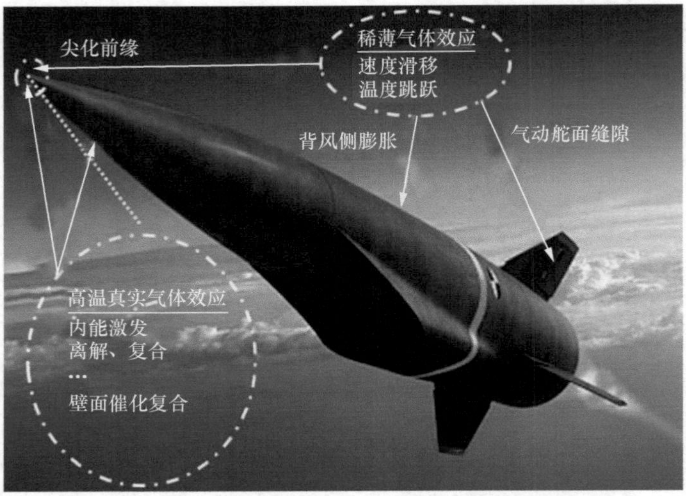

图 2　高超声速飞行器面临高温真实气体效应和稀薄气体效应

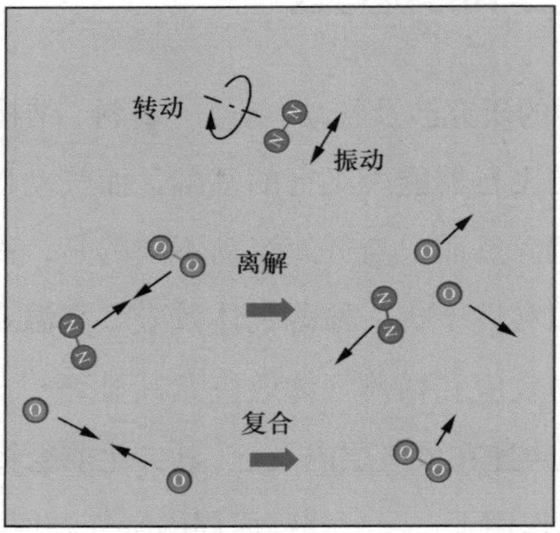

图 3　高温引起的一系列真实气体效应

在高超声速飞行器设计过程中，除了高温真实气体效应外，稀薄气体效应也是一个必须考虑的重要问题。通常，流动的稀薄程度用无量纲参数——克努森数 Kn 表征，其定义为分子自由程（大气分子在两次碰撞的间隔时间里走过的平均距离）λ 与流动特征长度 L 之比。根据 Kn 的大小不同，流动分为连续流域（$Kn<0.001$）、滑移流域（$0.001<Kn<0.1$）、过渡流域（$0.1<Kn<10$）和自由分子流域（$Kn>10$）。在稀薄条件下，大气分子碰撞频率降低，单个分子的个体行为对整个系统的影响开始凸显，许多在连续流域成立的流动规律逐渐失效。与连续流域相比，稀薄流域的流动出现一系列新特征，一般被称为稀薄气体效应 [5]。

在高超声速飞行中，飞行器可能通过多次变轨以改变飞行高度，从而跨越不同流域；即使在同一飞行高度，飞行器不同部位的周围流场也可能出现不同的非平衡状态。基于高升阻比和高机动性的要求，临近空间高超声速飞行器一般采用尖头薄翼的外形设计，其尖化前缘的曲率半径和翼尖厚度可小至毫米量级。对于此类飞行器，即使某一飞行高度对应的全局 *Kn* 较小，尖化前缘等局部区域也可能存在稀薄气体效应，使整个流场呈现典型的跨流域、多尺度特征，给流动模拟带来挑战。我们考虑这样一个飞行器，其整机长度为 10 m，尖化前缘半径为 0.1 m。如图 4 所示，当飞行高度在 52 km 以下时，由于大气分子间碰撞足够频繁，分子自由程远小于该飞行器的流动特征长度，流场中处处呈现连续流域的特性。当飞行高度为 85 km 时，对飞行器整体而言，Kn=0.001，流动属于连续流域；但如果我们关注飞行器尖化前缘附近的流动，此时 Kn=0.1，流动属于过渡流域，受稀薄气体效应影响，壁面附近可能出现速度滑移和温度跳跃等现象。若飞行高度进一步升高至 112 km，此时对飞行器整体而言，Kn=0.1，稀薄气体效应几乎影响了整个飞行器周围的流动模式。

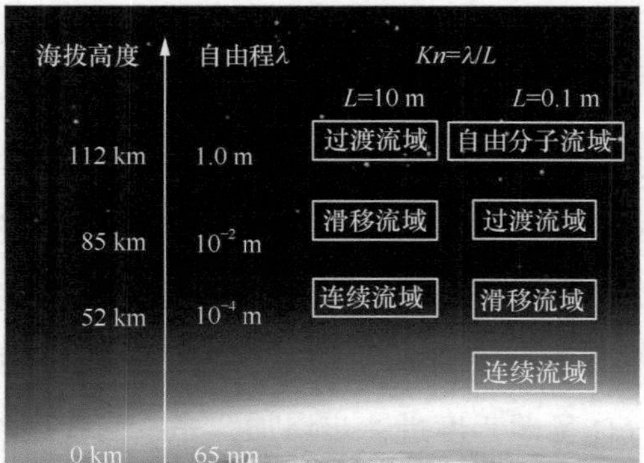

图 4　大气稀薄程度随海拔高度的变化

稀薄气体效应和高温真实气体效应会严重影响气体流动方式，给高超声速飞行的气动力、热的预测带来很大困难。例如，孙泉华等 [6] 的研究表明，临近空间飞行器的升阻比一般随气体稀薄程度的增加而明显下降，一个重要的原因是稀薄气体效应导致飞行器表面的摩擦系数增大。王智慧等 [7] 研究发现，基于连续介质假设的费 - 里德尔（Fay-Riddell）公式计算会明显高估尖化前缘的驻点温度，这也是该公式未充分考虑稀薄气体效应的影响导致的。

计算高超声速空气动力学的新方法——多尺度计算

飞行器气动外形设计是指设计人员应用气动、动力、材料等知识，通过分析和创新，将设计要求转化为一组能够完整描述飞行器外形参数的过程。作为一项工程技术，飞行器气动外形设计的各个阶段都需要相应的试验和计算支撑。在早期的飞行器气动外形设计中，风洞试验是设计人员检验设计是否合格的主要手段。然而，风洞试验周期漫长，且成本高昂，这极大地延缓了飞行器的设计进度。随着计算机技术的蓬勃发展，以及计算方法的不断改进，数值计算已经在很大程度上取代了风洞试验，成为飞行器气动外形设计前期的主要研究手段。相比于风洞试验，数值计算几乎不受场地、时间等因素的限制，在效率、经济性等方面拥有得天独厚的优势。

对气体流动进行准确模拟，需要物理层面准确的数学模型以及算法层面高效的数值格式。基于纳维 - 斯托克斯（N-S）方程的宏观计算流体力学（CFD）方法是求解连续流域流动的标准方法。在滑移流域，稀薄气体效应首先出现在气固边界，此时可通过 N-S 方程加上滑移边界条件对流动进行描述。当气体稀薄程度进一步增加，非平衡程度加剧，N-S 方程描述的本构关系失效，相应的 CFD 方法不再适用。

在稀薄气体领域，以分子动理论和玻尔兹曼方程为基础，已发展出两种比较成熟的计算方法：以分布函数为对象的离散速度方法（DVM）和以离散分子为对象的直接模拟蒙特卡洛（DSMC）方法，前者属于确定性方法，后者属于随机性方法。为保证流动物理的正确性，两种计算方法的网格尺度和时间步长应分别小于分子平均自由程和分子平均碰撞时间。上述两种计算方法在连续 / 近连续区流动的模拟对计算资源要求极高，现阶段难以应用于对三维高超声速连续 / 近连续区流动的模拟。

为高效模拟跨流域和具有局部稀薄气体效应的高超声速非平衡流动，作者近年来与合作者发展了一种统一随机粒子（Unified Stochastic Particle，USP）方法[8]。相较于传统粒子方法（如 DSMC 方法等），USP 方法在分子运动步的控制方程中引入一个近似碰撞项，实现了分子运动和碰撞过程的物理耦合。在具体算法实施中，通过巧妙的数学变换，将分子运动和碰撞过程做解耦处理，从而在不增加算法复杂度的前提下，实现了算法的多尺度特性（见图 5）。因此，USP 方法在稀薄流域和连续流域均能得到准确的结果。基于 USP 方法，作者及其团队开发了具有良好的多尺度性质的数值模拟软件 SPARTACUS（SPARTA Combined with USP）[9]，并在 GitHub 上开源。相关测试结果表明，其综合并行效率与 SPARTA 相当，具有百万核规模并行计算的能力。在功能方面，该软件求解器支持任意 1 ～ 3 维物面内外流场计算、自适应网格，以及 USP 方法本身的多尺度特性（见图 6）。

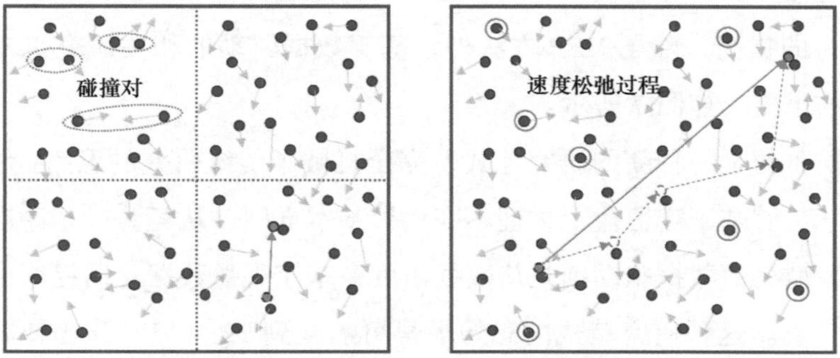

（a）DSMC方法（分子运动+分子碰撞）　（b）USP方法（耦合考虑分子运动碰撞效应）

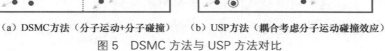

图 5　DSMC 方法与 USP 方法对比

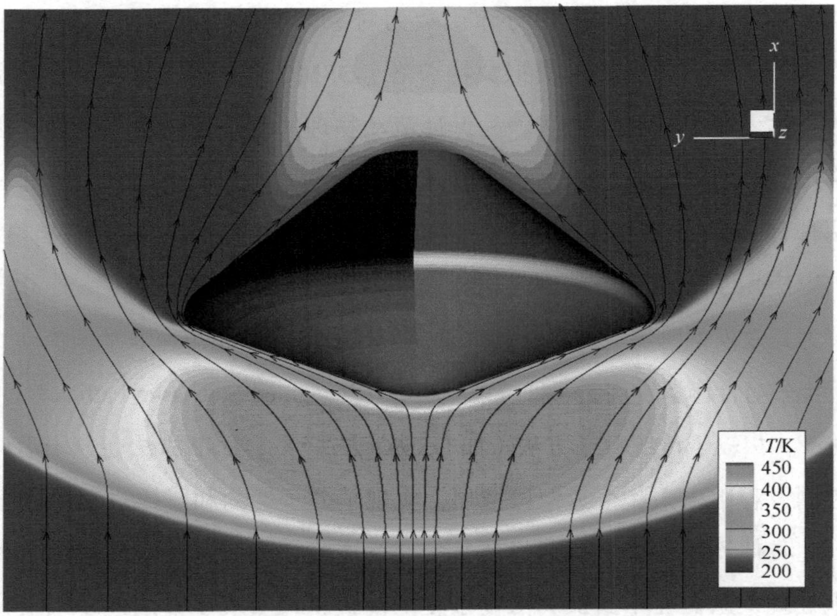

图 6　一种返回舱典型构型的高超声速外流场的三维 USP 模拟

高超声速空气动力学研究的新范式

如前所述，稀薄气体效应和高温真实气体效应的存在，使得高超声速流动的复杂度非常高，导致传统计算方法在该领域的发展遇到了瓶颈，要么精度过低，要么计算成本过高。近些年，随着计算机性能的增强和数据存储能力的提高，除了 USP 方法外，基于数据驱动的相关研究也提供了一种新的思路，如图 7 所示。

数据驱动是一种新的研究范式，完全打破了传统研究的思路：传统研究中，学者们基于守恒律、物理不变性等基本准则，从经验或理论层面构建物理模型，而数据驱动则是从数据出发，基于大量数据总结提炼出潜在的物理模型。这种研究范式的思想最早可追溯到 17 世纪，开普勒通过分析前人观测得到的大量天文数据，总结出了著名的开普勒定律。随着计算机科学的发展，海量数据的生成以及从数据中“总结提炼规律”均可由计算机代替完成。这使得数据驱动解决复杂问题的能力愈发强大，在自然语言处理、计算机视觉以及搜索推荐等领域取得了巨大的成功。鉴于这些成功的应用，许多学者将数据驱动引入高超声速空气动力学研究，充分利用数据驱动的优势解决高超声速流动模拟中的问题。

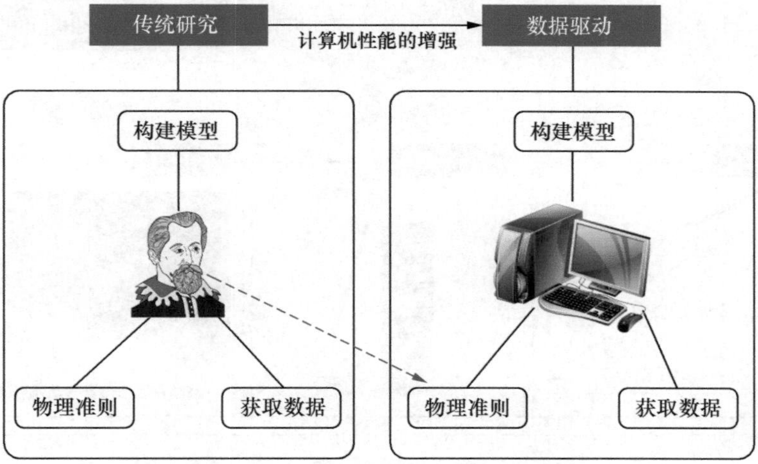

图 7　研究范式的改变

在许多实际工程问题中，需要生成相同物体在不同工况下的流场。例如，在高超声速飞行器气动外形优化的过程中，需要计算同一飞行器在成千上万组不同来流状况下的流场，以便全面评估飞行器的气动特性。如果完全使用传统的计算方法逐一计算，则需耗费大量的计算资源。此外，不同工况下的流场虽然各不相同，但是也存在一定的相似性。那么是否能够利用这些流场内在的相似性，总结出一定的“规律”，快速预测新的工况下的流场呢？答案是肯定的。基于神经网络的流场重构方法（见图 8）[10]采用这一思路预先搭建神经网络，从少量数据中总结出流动工况与流场数据之间的对应规则，当给定新的流动工况时，神经网络基于该对应规则，通过消耗极低的运算资源就能快速输出与之对应的流场数据。得益于神经网络强大的拟合能力，这种方法在大大降低计算成本的前提下，还保证了获得的流场数据与传统方法获得的数据具有相近的精度。

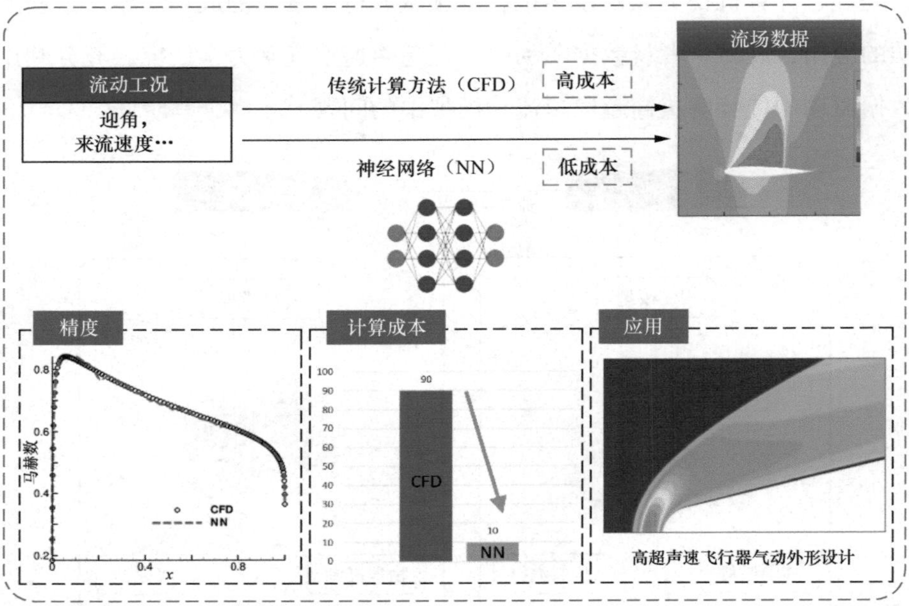

图 8　基于神经网络的流场重构方法

值得注意的是，上述神经网络无法表达成一个具体的数学表达式。我们作为使用者只知道它们好用，但是并不能解释它们为什么好用，因此这种模型也被称为黑盒子模型。与之相反，数据驱动领域还有一类可以用数学式表达的模型，被称作白盒子模型。相较于黑盒子模型，白盒子模型的拟合性能较差，但是可解释性及传播性均更强。

在高超声速流动中，流体微团间物质和能量的传输性质与常温常压状态下的传输性质有所不同。因此，科学研究者在过去几百年间提出的许多经典模型方程在应用于高超声速流动时或多或少都会存在一些问题。最近，有学者提出一种结合粒子模拟和稀疏学习（一种白盒子模型算法）反演流体力学控制方程（见图 9）的策略[11]：首先使用粒子模拟算法模拟微观粒子的运动，进而生成宏观流场数据，其次使用稀疏学习从宏观流场数据中挖掘出流体运动的控制方程。基于该策略，学者们成功反演出高超声速流动中黏性应力及热流密度的表达式，揭示了激波结构中物质和能量的传输性质[12]。

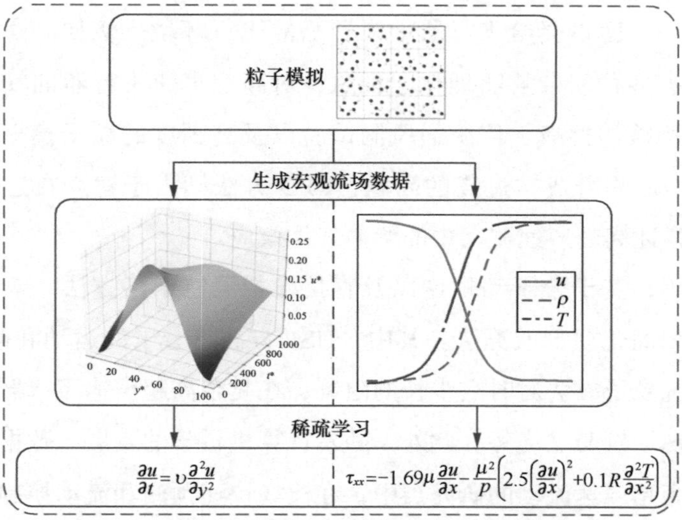

图 9　基于稀疏学习反演流体运动的控制方程

传统的研究工作中，采集数据、总结规律大多围绕人开展，因而人是工作的核心。而在新的研究范式——数据驱动中，计算机取代了人，成为工作的核心，大大提高了解决复杂问题的能力。那么是不是在高超声速流动模拟领域中，数据驱动完全不需要人的参与呢？答案是否定的。由于高超声速流动的高复杂度（来源于多尺度性及高度非平衡性），数据驱动模型是否可以解决实际工程问题还取决于该模型是否满足物理约束。这些物理约束都需要人在计算机进行工作之前告诉计算机。因此未来最理想的研究模式是人与计算机协同配合，各自扮演好自己的角色。人负责提供相关专家建议，计算机负责生成海量数据以及从中挖掘出潜在的模型。

结语

高超声速飞行器由于极高的飞行速度，可使洲际交通缩短至一个小时以内。这不仅在军事领域具有重大战略意义，也在民用领域具有广阔的应用市场。但是任何事物都有两面性，高超声速飞行一方面会带来交通上的便利，另一方面也会给飞行器带来严酷的飞行环境。例如，高超声速流动中包含了多种复杂的物理化学现象，对高超声速飞行器的气动外形设计带来了严峻的挑战。传统的风洞试验以及高精度的粒子模拟方法（如DSMC）均面临着成本过高的问题，CFD 方法则由于建立在连续假设之上而无法描述高超声速流动中的稀薄气体效应。

近些年，基于分子动理论以及直接模拟蒙特卡洛方法，众多学者发展出一系列简化模型或算法。其中，USP 方法将分子的运动和碰撞耦合，突破了传统粒子方法对时空步长的限制，在复杂高超声速飞行器外流场的模拟中体现了较明显优势。此外，随着计算机科学的发展，数据驱动开始被引入到高超声速流动的研究当中，在流场快速预测和流动控制方程反演方面展现了巨大的潜力。然而，USP 方法和数据驱动还处于理论研究阶段，尚未接受实践的检验。USP 方法目前仅适用于模拟单原子分子气体，而实际的大气环境中最主要的气体组分（氮气和氧气）都是双原子气体分子。与此同时，当前基于数据驱动的工作以黑盒子模型为主，聚焦于解决标准理论算例，可解释性和泛化能力均较差；可解释性强的白盒子模型，或是满足物理约束的数据驱动模型依旧十分欠缺。未来，需要针对实际工程问题继续发展完善当前的工作。只有在实现从理论研究到解决实际问题的升华之后，上述方法才能成为揭开高超声速气动奥秘的利器。

参考文献

[1] 闵昌万，付秋军，焦子涵. 史记·高超声速飞行[M]. 北京：科学出版

社, 2019.

[2] ANDERSON J D. Hypersonic and high temperature gas dynamics[M]. Reston: American Institute of Aeronautics and Astronautics, 2000.

[3] BERTIN J J, CUMMINGS R M. Critical hypersonic aerothermodynamic phenomena[J]. Annual Review of Fluid Mechanics, 2006(38): 129-157.

[4] HIRSCHEL E H. Basics of aerothermodynamics[M].Heidelberg, Berlin: Springer, 2015.

[5] BIRD G A, Molecular gas dynamics and direct simulation of gas flows[M]. New York: Oxford Science Publitions, 1994.

[6] 孙泉华, 樊菁, 刘宏立, 等. 稀薄气体效应对高速飞行器气动性能的影响[C]//第一届高超声速科技学术会议论文集. 2008: 12-17.

[7] 王智慧. 尖化前缘气动加热受稀薄气体效应和非平衡真实气体效应的工程理论[D]. 北京: 中国科学院研究生院, 2011.

[8] FEI F, ZHANG J, LI J, et al. A unified stochastic particle Bhatnagar-Gross-Krook method for multiscale gas flows[J]. Journal of Computational Physics, 2020(400). DOI: 10.1016/j.jcp.2019.108972.

[9] MA W, ZHANG J, YU J, Non-intrusive reduced order modeling for flowfield reconstruction based on residual neural network[J]. Acta Astronautica, 2020(183): 346-362.

[10] ZHANG J, MA W. Data-driven discovery of governing equations for fluid dynamics based on molecular simulation[J]. Journal of Fluid Mechanics, 2020(892). DOI: 10.1017/jfm.2020.184.

[11] XING H, ZHANG J, MA W, et al. Using gene expression programming to discover macroscopic governing equations hidden in the data of molecular simulations[J]. Physics of Fluids, 2022(In press).

张俊，北京航空航天大学航空科学与工程学院教授、博士生导师，入选海外高层次人才青年项目。本科毕业于中国科学技术大学，博士毕业于中国科学院力学研究所。曾在中国科学院力学研究所，英国思克莱德大学、爱丁堡大学工作，担任 *Advances in Aerodynamics* 编委、中国力学学会高温气体动力学专业组成员。2019 年获北航“研究生课程卓越教学奖”。主要从事多尺度流动与传热研究，包括临近空间稀薄气体动力学、高超声速和高温气体动力学、液滴动力学等。其代表性工作包括：发展了从稀薄到连续流域的多尺度粒子计算方法（JCP, 2020），提出了从微观分子模拟到宏观控制方程的数据驱动模式（JFM，2020），搭建了从微观气固相互作用模型到宏观滑移边界条件的桥梁（PRE，2021），在流体领域期刊 *Journal of Fluid Mechanics, Journal of Computational Physics*、*Physical Review E* 等上发表论文 50 余篇。目前主持国家自然科学基金面上项目、重大研究计划培育项目，担任军委装备发展部重大基础研究项目的课题负责人、军委科技委基础加强项目的子课题负责人。

陈松，北京航空航天大学航空科学与工程学院副教授、硕士生导师。主要研究方向为高超声速空气动力学、边界层转捩和湍流、化学反应和烧蚀模拟等。参与多项国家自然科学基金委重大研究计划项目。目前主讲中法工程师学院 / 国际通用工程师学院专业必修课空气动力学、飞行力学，以及研究生专业选修课高等飞行力学。

走进湍流的意象世界

北京航空航天大学航空科学与工程学院

陈 曦 段鹏宇

读者朋友，你是否见过徐徐上升的烟流，刚开始稳定有序，却突然在某一刻变得混乱无章，是否搅动过一汪碧水，水面漾起一个个漩涡，向水下伸展，却又逐渐破碎消散，是否见过数亿千米外的木星，那美丽的大红斑，已是持续了几百万年的超大气旋风暴。是的，这些都是自然中的湍流现象（见图 1）。

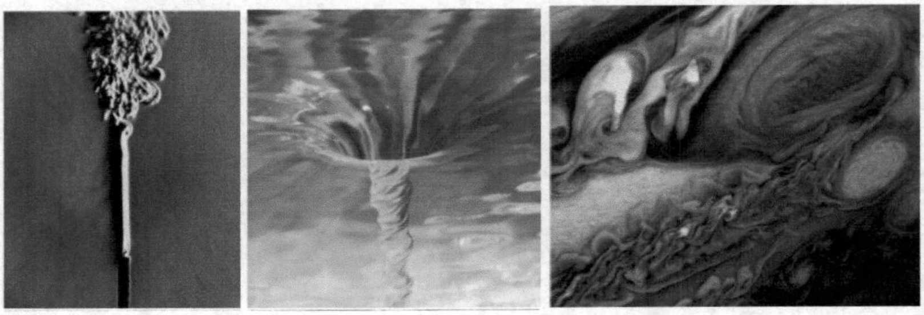

图 1　自然中的湍流现象

事实上，小到呼吸，大到行星的大气运动，再到航空、航天、航海，到处都有湍流的身影。当流体是平稳有序的“分层流动”、各层流体之间互不掺混时，我们称之为层流（Laminar Flow）；当流体混乱无序，出现一系列相互作用的大小涡、掺混显著时，我们就称之为湍流（Turbulence）。也许层流常常被期待，例如平缓的血液循环让我们长寿，但湍流也自有其神用，因为维护地球生态的暖流和季风离不开湍流。正因如此，弄清湍流背后的奥秘是人类孜孜以求的梦想。

中国自古就流传着“混沌初开，乾坤始奠”的传说，用“混沌”一词来表述混乱无序的状态，并且传达了一种美好的认识：当混乱的状态被理清时，整个世界便会天地分明。在西方，科学家、艺术家和工程师达·芬奇曾敏锐地观察到了湍流的混沌现象，并绘制了可视化的手稿。达·芬奇在绘画的同时，还试图通过系统的观察和描述来捕捉自然的本质。在他的手稿中，我们可以看到他对湍流的认识［见图 2（a）］。此外，世界各地的艺术家们也曾用自己的手笔描述过对湍流的直观印象。例如，南宋绘画大师马远的《水图》卷［见图 2（b）］，日本葛饰北斋的浮世绘《神奈川冲·浪里》［见

图 2(c)]，描绘的都是海浪翻滚破裂的景象，传达着湍流现象的美丽和惊人力量。

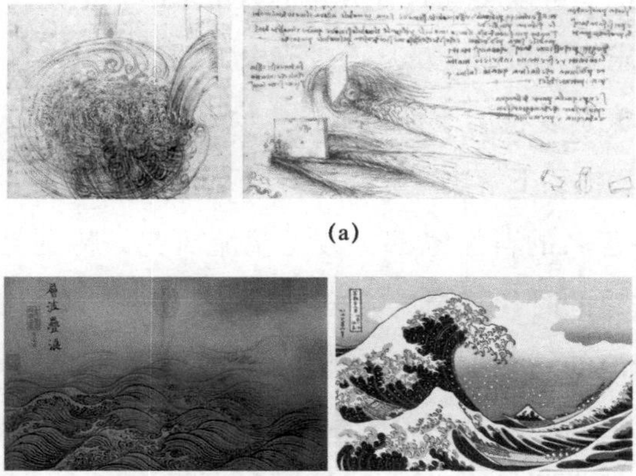

(a)

(b) (c)

图 2　艺术作品里的湍流现象

湍流作为一个科学问题被提出，始于英国科学家雷诺在 1883 年的圆管实验。他发现当管中流体的流速增大后，流动就会从层流转变为湍流。雷诺在他当年的文章中总结这一现象时给出了一个无量纲数来区分层流和湍流 [1]，后人为了纪念雷诺的贡献，把这个无量纲数命名为“雷诺数”：$Re=Ud/\nu$。式中，U 代表流动的速度，d 代表圆管的直径长度，ν 是流体的分子黏性系数。雷诺数表示惯性和黏性的比值，对于描述湍流十分重要。雷诺发现，当这个无量纲数高于临界值时，流动就会极不稳定，最终发展为湍流。在自然界中，大多数流体的黏性与惯性相比都很小，水、空气甚至血液、地壳岩浆中的流动都是如此，而扰动又无处不在，这意味着湍流是自然事物的常态，而层流往往是例外。

读者可能会问，流体的运动是不是也满足牛顿力学定律呢？如果满足的话，那么理解湍流的难点在什么地方呢？研究湍流又能为我们带来哪些新认识呢？实际上，历经一众科学大家（包括欧拉、纳维和斯托克斯）的持续努力，人们在 1823—1845 年间已经发展出了描述黏性流体运动的 N-S 方程。该方程正是由牛顿第二定律得出的。然而，N-S 方程是一个非线性的偏微分方程，其求解过程十分困难。一方面，数学家无法确定其解的存在性和光滑性，想要给出一般性的解析解则更加缺乏有效的方法。另一方面，即便在计算机的帮助下可以实现 N-S 方程的数值求解，但是为了准确掌握流体的运动，势必要求解大量的变量从而带来极大的计算量，这在近二十年才部分实现。物理学家费曼将湍流称为"经典物理的最后一个未解难题"，也就是期望在牛顿力学体系下解决这一问题。

历史上很多著名的科学家都曾涉足湍流研究，特别是在 20 世纪现代物理的大厦被重建的时代，湍流曾被一众人类优秀的科学家攻关。从现在的认识来看，湍流的复杂主要在于其非线性和多尺度上。非线性不仅意味着系统与子系统之间不再是简单的叠加，也意味着强烈的相互作用和长时间的动态行为，而目前人们对非线性问题还没有完全成熟有效的解决办法。多尺度则意味着湍流中同时存在着多个数量级的不同时空尺度的运动，为了准确描述湍流的全貌，必须将这些不同尺度的运动及相互间的作用都理解清楚。尽管面临这些困难，科学家也在不断积累认识，推陈出新，为今天的我们提供了丰富的遗产，也开辟了新的研究道路。今天，我们在这里回顾这些工作，从中自然能够体会到，人类在面对湍流时，进行了怎样的创造和提炼，未来又还会有怎样的前景值得期待。

湍流的能量从哪里来又到哪里去

湍流研究的一个主题，就是它的能量从哪里来、在流动系统中如何传递和转移、最终又流向哪里。对这一问题的回答可以上溯到气象学家理查德森（1881—1953）。1922 年，理查德森提出了湍动能级串（Cascade）的过程，即能量从大尺度注入（例如搅动一缸水）后会向小尺度传递，大涡破碎成小涡，小涡破碎成更小的涡，最后能量在一个很小的尺度上被耗散掉（动能转化成了内能）。为了更好地分析这一过程，泰勒（1886—1975）在 1935 年提出了均匀各向同性湍流这一简化模型，即假设湍流的脉动部分的统计性质在坐标系的平移和旋转下不变。

均匀各向同性湍流的假设启发了后来很多的学者。在20世纪40年代，苏联数学家柯尔莫哥洛夫（1903—1987）进一步把泰勒的均匀各向同性湍流的统计理论拓展到局部均匀各向同性湍流中，并在1941年得到了著名的湍流结构函数的 $-p/3$（p 为统计阶次）定律和湍流脉动能谱中惯性区间的 $-5/3$ 幂律，被称作“K41理论”。K41理论在实验和数值模拟中得到了广泛的验证，被认为是检验流动是否达到湍流状态的标志性特征，现今在心血管流动中也被检测到。至此，我们可以认为湍动能的级串图谱形成了湍流的定量普适规律。

当然，科学总是挑剔的。1944年，著名物理学家朗道对柯尔莫哥洛夫的理论提出了质疑，他认为瞬时湍动能耗散在时空中的分布极不均匀（即存在间歇性），即便在小尺度也存在因湍流大尺度边界环境不同而带来的影响。因此，柯尔莫哥洛夫的结构函数标度律的普适性存疑。1962年，柯尔莫哥洛夫回应了朗道的质疑，对线性标度律进行了对数 - 正态分布的修正，弥补了部分的不足。在1970—1990年，随着分形思想的提出，众多学者发展了间歇性修正的标度律模型，其中就包括2021年诺贝尔物理学奖获得者之一帕里西的随机级串多分形模型。

回顾上面提到的工作，人们对三维湍流系统中的能量流动和转移有了一定的认识。但是自然界中还存在一种特殊的流动，例如从太空的尺度观察地球大气和海洋的运动，它们沿着径向的运动被约束住，因此可以看作二维流动。那么在二维湍流中，能量的传递转移和三维湍流是一样的吗？令人意外的是，二维湍流的许多性质与三维湍流并不相同。美国物理学家克莱茨南发现，二维湍流中存在能量逆级串（Energy Inverse Cascade）和拟涡能的正级串（Enstrophy Cascade）过程，即能量从小尺度向大尺度传递（对应能谱中 $k^{-5/3}$），最终在最大的尺度上耗散；拟涡能则从大尺度向小尺度传递（对应能谱中 k^{-3}），最终在小尺度上耗散。由于能量向大尺度传递，涡也向大尺度汇聚，涡的数量逐渐减少、空间尺度逐渐变大。

上述迥异的能流过程在图 3 所示的二维槽道流数值模拟中得到体现。可以看到，二维槽道湍流中的涡量随时间演化过程中，一系列极小的漩涡逐渐向大尺度汇聚，最终形成两对大涡，这正是能量逆级串的过程。在物理系统中，降低维度通常会带来令人兴奋的新现象，有时维度的减少甚至意味着物理性质的完全不同。二维湍流的研究极大地拓宽了我们探索湍流规律的视野。我们研究的一个具体的课题就是检验在极高雷诺数下，能流耗散是否在壁面有最大值，以及这个最大值的变化规律是否存在界限。

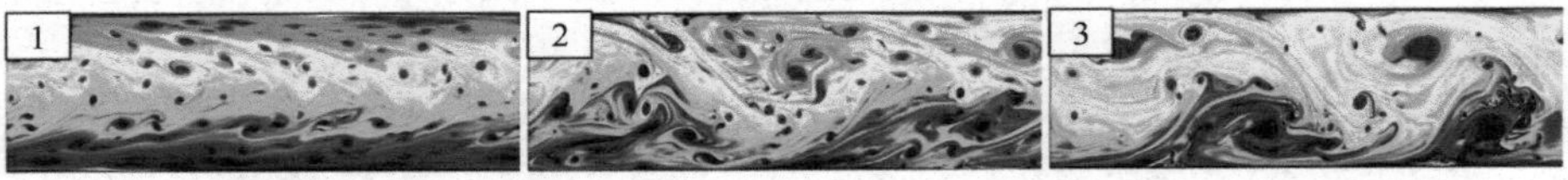

图 3　二维槽道湍流中的涡量随时间演化（颜色深度代表漩涡强度，红蓝二色分别表示右旋和左旋的涡）

湍流的空间分布是什么样子

另外一个湍流研究的主题是其空间分布的流态。从历史上来看，与上述关注能流在各个尺度的传输不同，以普朗特（1875—1953）、冯·卡门（1881—1963）等为代表的德国哥廷根学派，更强调湍流研究与应用的结合，因此对于流体流经固壁的系统做了大量的研究[2]。20 世纪二三十年代，哥廷根学派在实验的基础上归纳总结出的边界层理论和湍流模式理论，极大地促进了航空工业的发展，被誉为流体力学的“黄金年代”。这里所谓的边界层，就是指流体靠近壁面（例如机翼）的一个薄层，在薄层之外黏性可以忽略，而在薄层内由于速度梯度很大必须要考虑分子黏性，这才有摩擦阻力。1904 年，“现代流体力学之父”普朗特建立了这一理论概念。

如图 4 所示，当雷诺数足够大时，边界层会出现湍流。普朗特提出，基于黏性尺度归一，湍流边界层中平均流速具有雷诺数不变的自相似性。普朗特的学生冯·卡门进一步推导出了对数律，从而得到任意雷诺数下的平均流速。后续相关的研究发现：湍流边界层可以分为黏性底层、缓冲层、对数层和尾流区，这在航空航天领域得到了广泛应用。

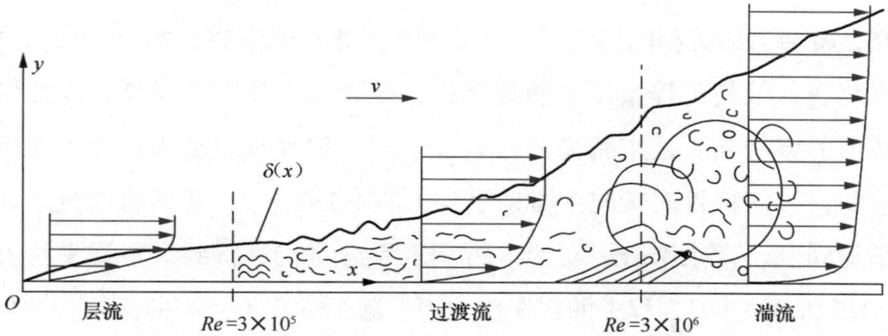

图 4　随着雷诺数 Re 增大，边界层流动从层流到湍流状态发展

边界层理论在平均流速的预测上获得了极大成功，但却没有表述湍流脉动量的变化，这一理论的缺失制约了当前湍流模型对于脉动量的预测精度。针对这一问题，近年来本文作者提出了湍流边界层有限耗散率理论 [3]，发现流体脉动量（如壁面摩擦阻力的脉动强度、最大能量耗散率、最大涡量脉动强度、最大压力脉动强度等）与某有限取值的差呈普适的依赖关系。这表明当雷诺数趋于无穷大时，湍流脉动在靠近壁面的各种极大值或者非零值都会收敛到有限值（见图 5），并且与以往的对数率增长模型趋于发散的认识完全不同。该理论为湍流模型的进一步优化提供了理论基础，并有望在新的湍流模型中给出脉动二阶量的准确预测，因此受到了广泛关注和讨论。

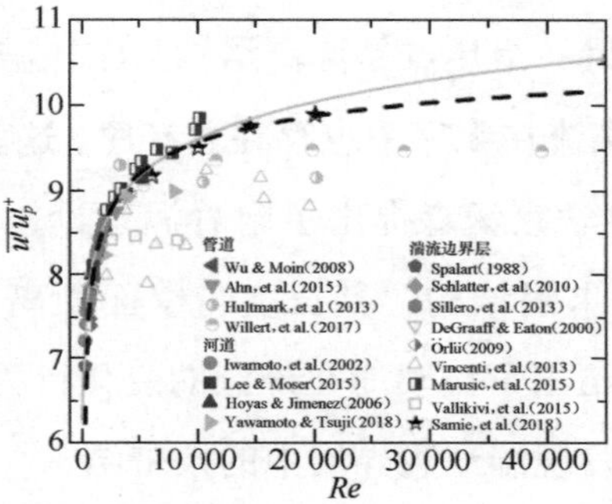

图 5　近壁流向湍流脉动强度峰值随雷诺数的变化（虚线为本文作者的理论）

湍流应用研究中的热点问题

湍流广泛存在于自然界和工程实践中，从湍流的基础研究拓展到应用研究，将会给国防和国民经济的广泛领域带来巨大收益。湍流应用研究的热点之一，就是工程实用的湍流模拟。随着计算技术的发展，人们可以用数值的方法来直接求解离散的 N-S 方程，但计算量浩大。为了便于工程应用，人们将目光转向了雷诺平均方程。1886 年，雷诺将湍流运动分成平均和脉动两个部分，对 N-S 方程取系综平均，得到了雷诺平均方程（RANS 方程），但方程中的雷诺应力项引起了方程不封闭的问题，如何模化雷诺应力使雷诺平均方程封闭就成为了工程模拟的主要任务。

早在 1877 年，波希尼斯克就提出了涡黏性假设，用一个涡黏系数来表征脉动引起的切应力从而模化雷诺应力。但是涡黏系数是未知的，而为了使 RANS 方程的解更可靠，就必须准确给出涡黏系数。在边界层理论的基础上，普朗特于 1924 年提出了混合长度理论，从而得到了第一种实用的涡黏模型——混合长度模型。自此，湍流计算从理论到工程实用的桥梁被搭建了起来。再后来，更多湍流模型被提出，如 k-ε 模型、k-ω 模型、S-A 模型等。除了 RANS 方法外，大涡模拟（LES）、直接数值模拟（DNS）和混合 RANS-LES 方法（如 DES/DDES、SAS 等）也越来越多地应用于相对复杂流动的机理研究，但是这些方法仍然依赖湍流理论的发展和湍流模型的精度。

湍流应用研究的另一个热点是湍流结构与湍流减阻。随着观测数据的积累，学者逐渐发现湍流在无序中也存在着有序，这就是湍流的拟序结构。1956 年，澳大利亚科学家汤森提出了附着涡理论，即湍流边界层内存在大量附着于壁面的发卡涡结构，其长度与壁面距离成正比而数量密度与壁面距离成反比，并给出了湍动能在外区的变化行为。1967 年，Kline 等用氢气泡流动显示法发现湍流边界层中的条带结构。随着对壁湍流拟序结构的认识更加全面，学者们总结了湍流边界层拟序结构的发展图像：近壁速度条带抬升形成马蹄涡，马蹄涡头部失稳带来强烈的湍流脉动和下扫运动，从而触发了新的条带和拟序结构。

湍流拟序结构的研究对人们认识湍流的猝发过程和宏观运动带来了很多启发，如减阻控制这一迫切的工程需求。当前湍流边界层减阻的主要策略就是控制近壁条带结构，以减少湍流向壁面的动量输运。大量研究证实当雷诺数增加时内外区结构存在显著的相互作用，因此研究外区大尺度涡结构对于提出高效的减阻策略具有重要的指导意义。根据本文作者最近发展的有限耗散率理论，外区大尺度结构涡对于近壁面的调制影响在逼近无穷大雷诺数时会逐渐减弱，因此近壁面条带控制方法依然有效。结合大小尺度涡的认识，本文作者提出了流向涡减阻的方法，为高雷诺数减阻提供了新的思路，如图 6 所示。可以看到控制后近壁的条带和涡结构得到控制，摩阻也随之减小。

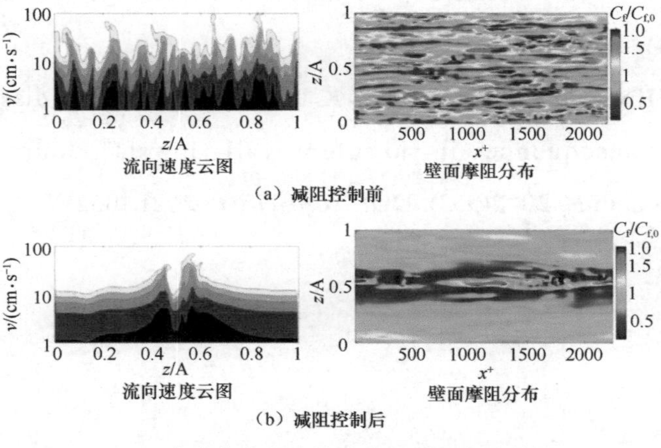

图 6　本文作者提出的流向涡减阻方法效果

结语

湍流是一个百年难题，但它不会永远是一个难题，因为不仅前人的观测和思考在积累，我们自身的智能也在前进。有朝一日的突破会给我们带来极大的欢欣和鼓舞，今日与湍流相伴的分分秒秒也值得留念，因为湍流的意象世界已然精彩。这条百年之路还将会出现怎样的故事，答案将由今天的读者续写。

参考文献

[1] REYNOLDS O. An experimental investigation of the circumstances which determine whether the motion of water in parallel channels shall be direct or sinuous and of the law of resistance in parallel channels. [J]. Philosophical Transactions of the Royal Society of London, 1883(174): 935-982.

[2] DAVIDSON P A, KANEDA Y, MOFFATT K, et al. A voyage through turbulence[M]. Cambridge: Cambridge University Press, 2011.

[3] CHEN X, SREENIVASAN K R. Law of bounded dissipation and its consequences in turbulent wall flows[J]. Journal of Fluid Mechanics, 2022(933). DOI: 10.1017/jfm.2021.1052.

陈曦，北京航空航天大学航空科学与工程学院教授、博士生导师，国家级青年人才，中国力学学会湍流与稳定性专业委员。从事湍流边界层的理论和应用研究，在湍流的分析、模型预测和流动减阻控制上开展了多方位探索并获得了系列发现。在 *Journal of Fluid Mechanics*, *Physical Review Fluids*, *Physics of Fluids*, *Physical Review E*, *Physical Review Research*, *New Journal of Physics*, *Science China* 等期刊上发表 SCI 检索论文 30 余篇，部分论文被 *Journal of Fluid Mechanics* 选为专题文章以及被 *Acta Mechanica Sinica* 选为期刊封面。

段鹏宇，北京航空航天大学航空科学与工程学院博士研究生。

涡环演化的奥秘

北京航空航天大学航空科学与工程学院

冯立好　王　雷

旋涡是空气、水等流体以较快速度运动时形成的一种螺旋形运动现象，在日常生活和自然界中无处不在，如飞机尾流［见图1（a）］、地面形成的龙卷风、海洋中多股洋流相互碰撞形成的涡旋、飞行生物通过翅膀扑动产生的前缘涡等。古往今来，人们一直利用文字或绘画来描述或记录旋涡现象。例如，宋代诗人释绍昙在《浒眼》中描述“万派奔流触断崖，涡漩一窍绝安排”；西方文艺复兴时期艺术家达・芬奇绘制了流入池塘水流中的不同尺度的旋涡结构［见图1（b）］；荷兰画家梵高创作的著名油画《星空》呈现了经典的旋涡结构［见图1（c）］；天文学家利用探测器拍摄到的木星“大红斑”风暴［见图1（d）］，均展现了旋涡的魅力。

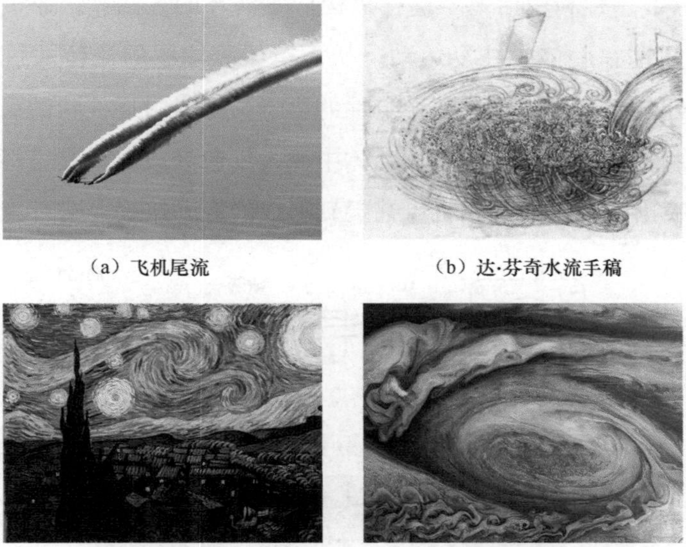

（a）飞机尾流　（b）达·芬奇水流手稿

（c）油画《星空》　（d）木星“大红斑”风暴

图1　不同形式的旋涡现象

对旋涡现象的科学探索可以追溯到19世纪中期，赫尔曼・冯・亥姆霍兹提出了有关旋涡动力学性质的亥姆霍兹定理，即同一涡管（旋涡的基本单元之一）各截面上的旋涡强度均相同；理想流体在正压、质量力有势的条件下，涡管永远由相同的流体质点所组成，且涡管的旋涡强度不随时间改变。根据亥姆霍兹定理，涡管要么终止于流体或者固体边界，要么自行封闭形成涡环（Vortex Ring）[1]，因此，涡环是涡管存在的重要形式之一。由于涡环具有相对简单的几何形态和运动行为，下面将以涡环为例，重点介绍涡环的几种演化行为，从而帮助人们理解更加复杂的旋涡流动现象。

涡环的形成

形成涡环的方法有很多，如海豚戏耍时吹出的环形气泡，甚至原子弹爆炸、火箭升空产生的蘑菇云等都可以形成涡环。为了便于科学研究，在实验室中，通常将流体从某一出口以脉冲的形式喷出射流以产生涡环。图2（a）展示了一种利用活塞－连杆机构产生涡环的方法[2]，通过控制伺服电机驱动活塞在腔体中往复运动，从而挤压腔体中的流体从射流出口喷出，由于开尔文－亥姆霍兹不稳定性的影响，出口附近柱状的涡面会卷起形成涡环。实验中，通过提前在腔体中注入染色液或者荧光染料，并随着涡环一起喷出，利用高速相机可捕捉到形成的涡环结构［见图2（b）］。

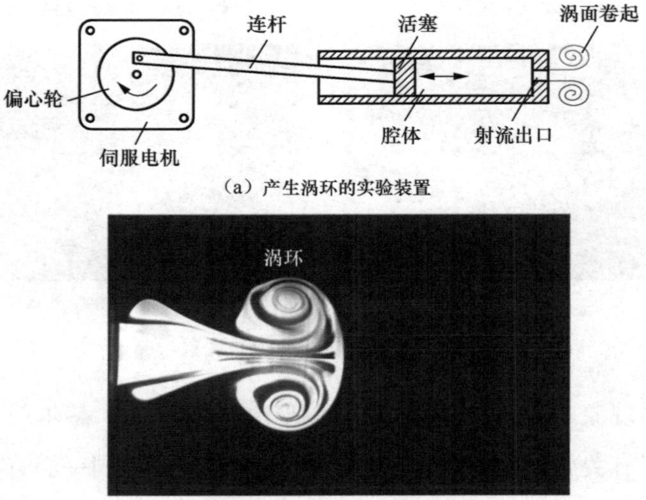

（a）产生涡环的实验装置

（b）利用荧光染料观察到的涡环结构

图2　涡环的形成实验

人们十分关注涡环从形成到向下游演化过程中的动力学行为。这里以圆形涡环（见图 3）[3] 为例介绍涡环随时间演化的行为。涡环在形成过程中通过卷吸周围的流质不断生长，涡环强度也会不断增强，导致涡环的径向位置和环量在初始阶段均随时间增加（见图 4）[4]。当涡环环量增长到最大值时，涡环已充分形成，随后涡环会在自诱导速度下向下游对流。对于理想无黏性的条件，根据亥姆霍兹定理，涡环的强度不再随时间改变，涡环可以运动到无限远。但是，现实中的流体都存在黏性，同时能量会发生耗散，因此涡环的强度会随着时间减弱，环量不断降低 [见图 4(b)]。此外，注意到涡环的径向位置随时间基本不变 [见图 4(a)]，这表明圆形涡环很好地维持了周向形状。

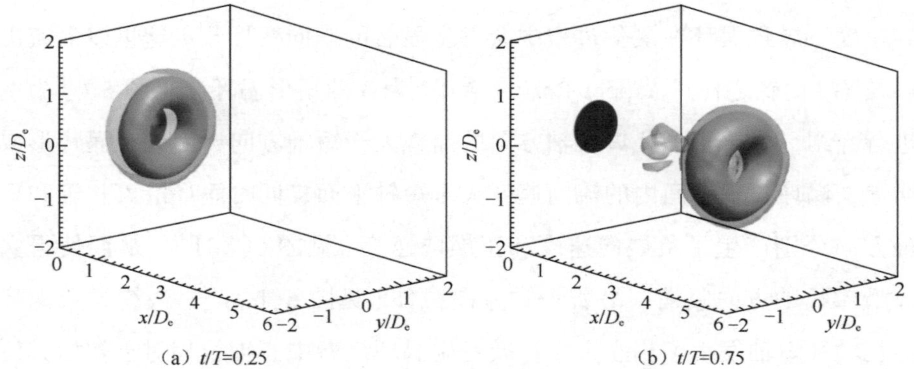

图 3　圆形涡环三维结构随时间的演化

注：D_e 为当量直径；T 为激励周期。

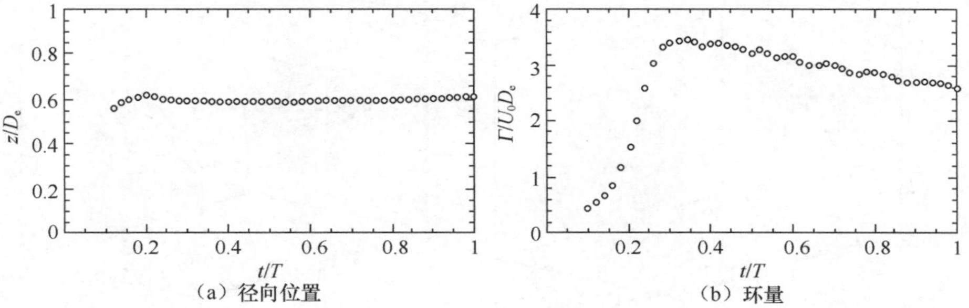

图 4　圆形涡环涡核

注：U_0 为流体出口的平均速度。

涡环“转轴”现象

早期科学研究主要围绕圆形涡环开展，但是，实际流动中形成的旋涡很少是完美的圆形。例如，游动的生物、飞行的鸟类会产生变形的涡环，人体左心室内的流动产生的旋涡也非圆形[5]，因此从 20 世纪后期开始，科研人员开始关注非圆形涡环的演化特性，并发现了涡环“转轴”现象[6]。

根据毕奥－萨伐尔定律，涡环的自诱导速度与当地曲率成正比[7]。对于圆形涡环，涡环沿周向始终具有相同曲率，使得涡环各处的自诱导速度相同，因此涡环在向下游对流中通常可以维持初始形状；但是，对于非圆形涡环，涡环沿周向具有不同的曲率，因此涡环在各处会产生不同的自诱导速度，导致涡环在演化过程中会发生显著的周向变形[8]。这里以射流出口长轴 / 短轴之比（Aspect Ratio，AR）为 3 的矩形涡环（见图 5）[3] 为例进行介绍，由于矩形孔口长轴方向的曲率大于短轴方向，因此在涡环形成初期，涡环长轴平面内的流向速度大于短轴平面，同时涡环沿着长轴和短轴方向分别产生了负展向速度和正展向速度 [见图 6(a)][4]，从而使得涡环沿着长轴方向收缩，沿着短轴方向拉伸 [见图 6(b)][4]，最终导致涡环的长轴和短轴发生了相互交换，或者说涡环绕着中心轴线相对于初始方位旋转了 90°（见图 5)[3]，因此把该过程叫作涡环“转轴”现象。

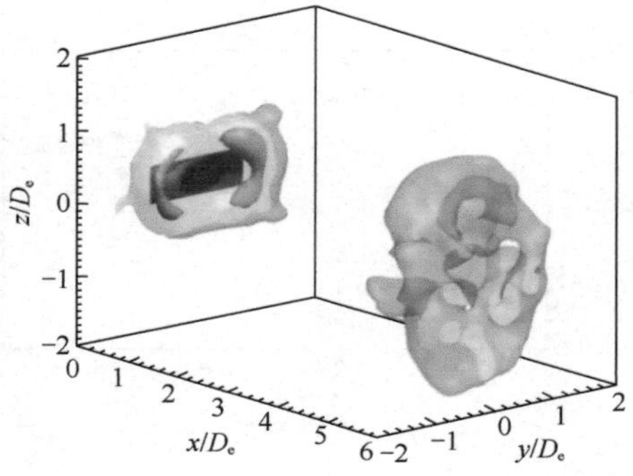

(a) t/T=0.1

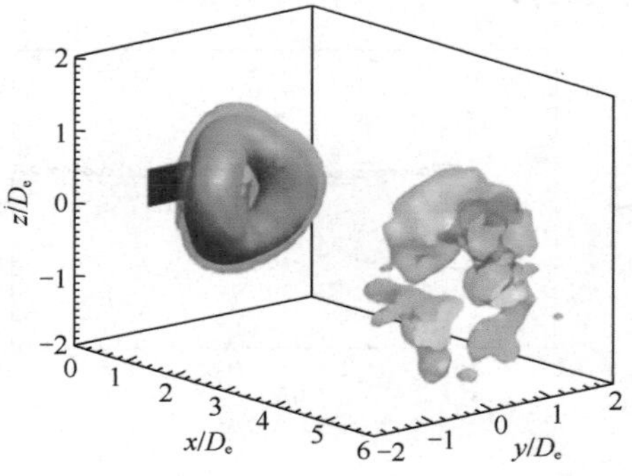

(b) t/T=0.23

图 5　AR = 3 矩形涡环三维结构随时间的演化

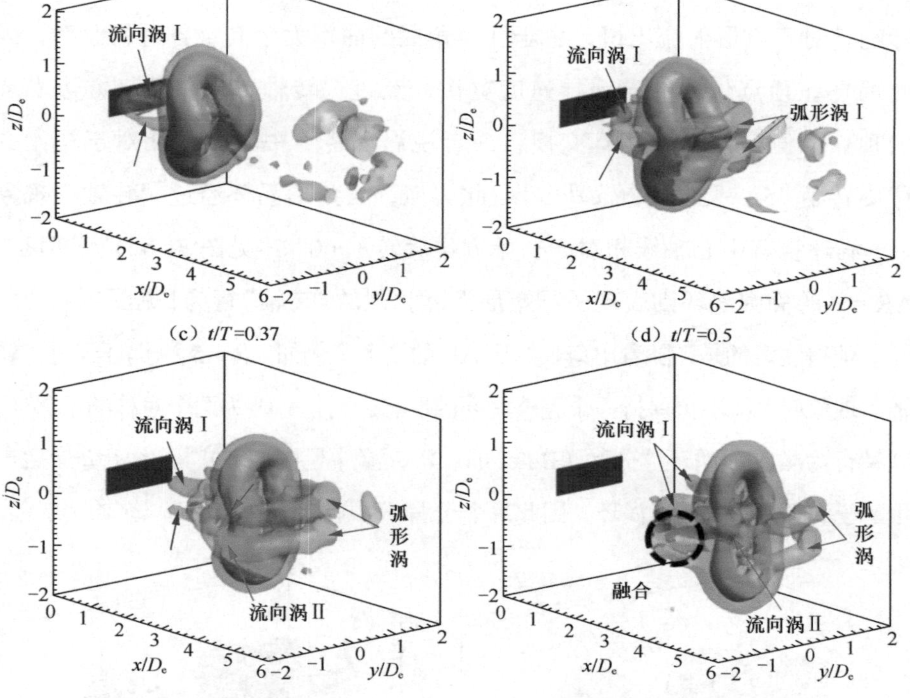

（c）t/T=0.37　（d）t/T=0.5

（e）t/T=0.67　（f）t/T=0.83

图 5　AR = 3 矩形涡环三维结构随时间的演化（续）

除了使涡环发生周向变形外，涡环“转轴”现象带来的另一个影响是产生一系列的旋涡衍生结构，包括形成具有不同空间位置的流向涡、弧形涡等，同时这些旋涡衍生结构间也存在相互作用（见图 5）[3]，从而导致非圆涡环的演化行为比圆形涡环变得更加复杂。

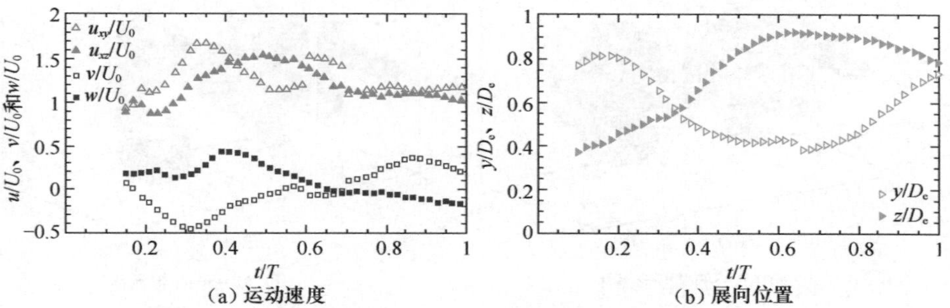

（a）运动速度　（b）展向位置

图 6　AR = 3 矩形涡环涡核

研究进一步发现，射流出口的几何构型对涡环“转轴”现象存在显著影响。对于方形射流出口，由于孔口角区的曲率大于其余各边的曲率，因此涡环在顶点位置的自诱导速度更快，经过“转轴”现象后，方形涡环的顶点和侧边发生了相互交换，或者说涡环绕着中心轴线相对于初始方位旋转了 45° ［见图 7(a)][4]。与此类似，三角形涡环经过“转轴”现象后，涡环绕着中心轴线相对于初始方位旋转了 60° ［见图 7(b)][4]。但是，AR = 3 的椭圆涡环则表现了与矩形涡环相似的“转轴”行为［见图 7(c)][4]。

值得注意的是，随着出口长宽比 AR 的增大（例如 AR = 5），涡环经过“转轴”现象后可能不再保持一个完整涡环的形态，而是分裂为两个对称的子涡环，这种行为被称为涡环“分叉（Bifurcation）”现象［见图 7(d)][4]。由于分叉后产生的子涡环仍是非圆形涡环，因此每个子涡环可能继续产生涡环“转轴”现象。

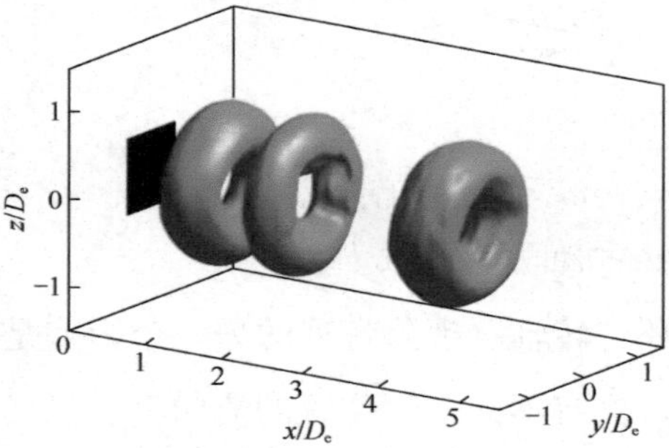

(a) 方形涡环

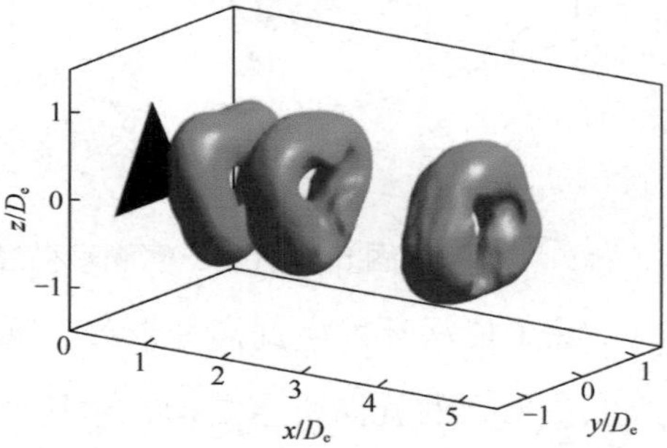

(b) 三角形涡环

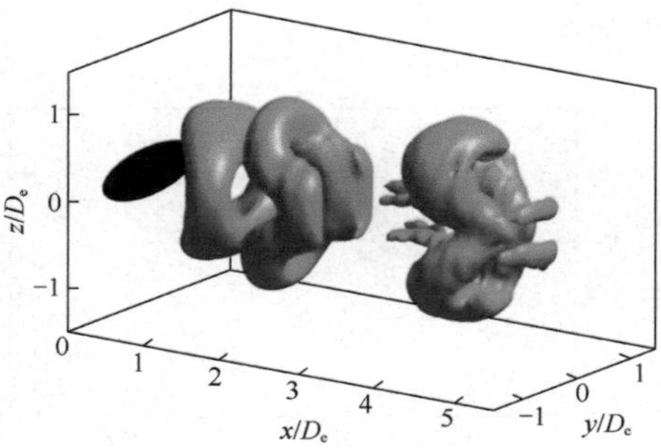

(c) AR=3的椭圆形涡环

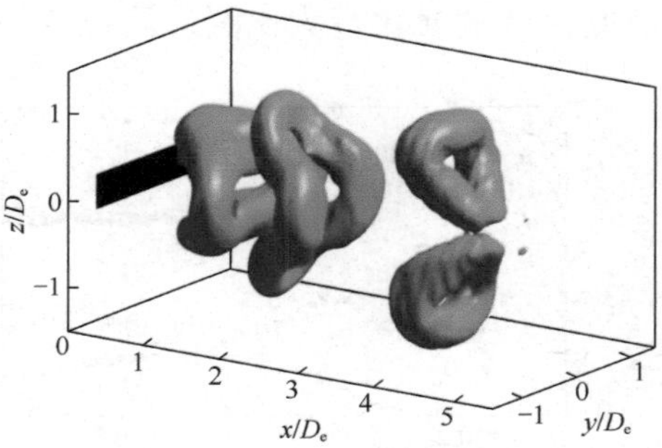

(d) AR=5的矩形涡环

图 7　不同形状涡环三维结构随时间的演化

以上介绍了涡环的自由演化行为。事实上，旋涡在横流、固壁、界面等特定条件作用下的演化行为更贴近实际流动中的旋涡现象。例如，发动机燃烧室内注射的燃料与空气混合、火山喷发的污染物在大气中扩散等涉及旋涡与横流的作用，直升飞机起飞/降落时产生的涡流撞击地面、大规模集成电路采用射流进行散热等涉及旋涡与固壁的作用，而飞行器/船舶的尾迹、大气逆温层中的热对流现象、工业中的两相反应和分离等则涉及旋涡与界面的作用，下面将分别介绍涡环在横流和界面两种条件作用下的演化行为。

涡环与横流作用的行为

实验室中，从带有射流出口的平板相对来流方向垂直或成一定角度喷出射流的方式可以实现涡环与横流的相互作用（见图8）。由于横流的影响，涡环的演化路径相比自由演化时发生了改变，横流会使涡环在流向方向上发生移动，同时改变涡环的形态，反过来涡环也在一定程度上影响平板边界层的发展规律。

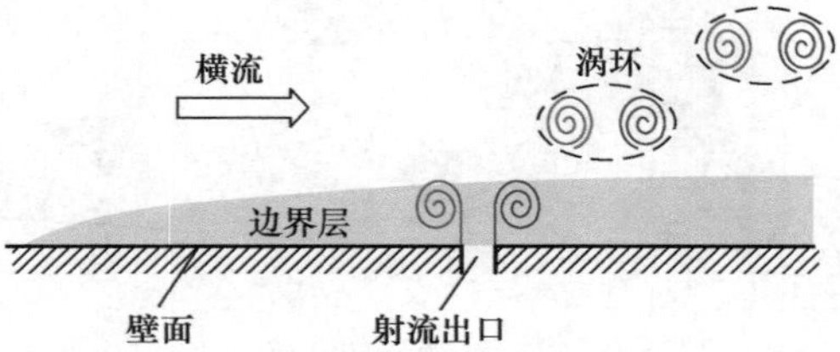

图8　涡环与横流的相互作用

这里以矩形涡环与横流的相互作用为例进行介绍。在横流作用下，矩形射流产生的旋涡结构不再是一个独立的涡环，而是由倾斜的涡环和尾迹二次涡组成[见图9(a)][9]。尾迹二次涡的形成对横流产生了一定的阻挡效果，抑制了涡环下游部分从来流获得动量；相反，涡环上游部分获得了较高的动量，从而具有比下游部分更大的对流速度，因此涡环呈现向下游倾斜的形态。横流的作用使得尾迹二次涡的形态更加复杂，在两条准流向涡之间形成了沿壁面法向不同高度的剪切层涡结构［见图 9(a）中的局部放大图］[9]。此外，由于旋涡局部诱导作用，涡环在壁面附近形成了壁面三次涡，该结构会在其下游一侧诱导下洗速度（见图 9 中蓝色部分 [8]），由于下洗速度有利于外层高速流动向边界层中输运动量，因此可进一步影响边界层从层流向湍流转捩的发展规律。

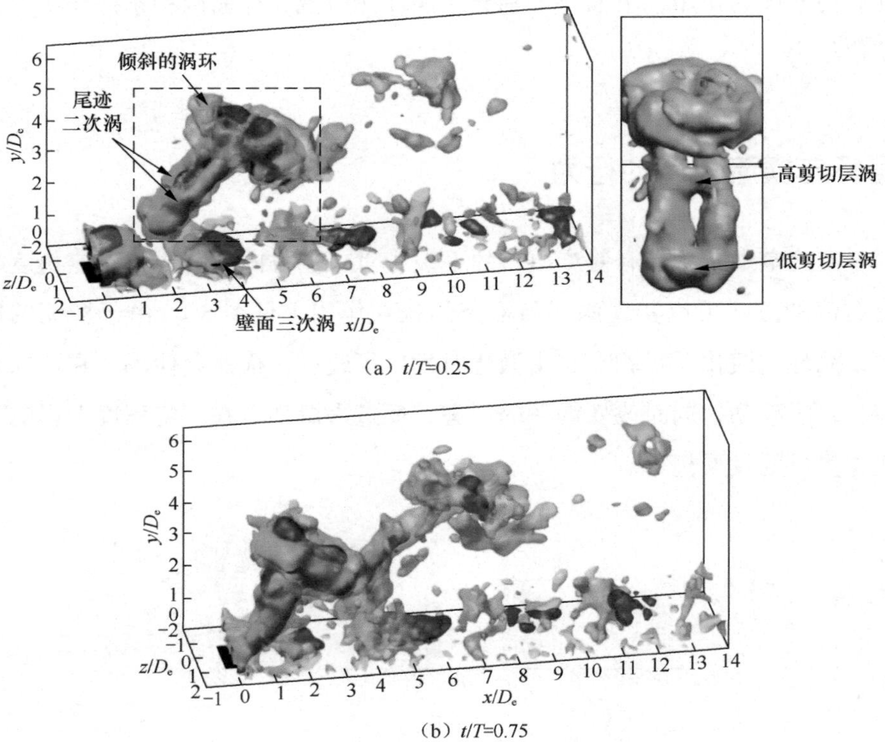

（a）t/T=0.25

（b）t/T=0.75

图 9　横流作用下，矩形涡环三维结构随时间的演化

值得注意的是，即使在横流作用下，非圆形涡环仍然会发生“转轴”现象，此时除了射流出口的几何构型外，出口相对于来流的方位也会影响涡环的“转轴”规律。当矩形出口长轴方向分别与来流垂直（展向型）和平行（流向型）时，涡环的演化行为截然不同。对于展向型，涡环在转轴

过程中沿着流向发生了拉伸，此时相邻涡环部分结构之间由于旋转方向相反会发生“涡量抵消（Vorticity Cancellation）”现象，从而形成了相邻涡环相连接的链式结构［见图 10(a)］[9]；相反，对于流向型，涡环在转轴过程中沿着流向发生了收缩，增大了与下游涡环结构的距离，从而抑制了旋涡间相互作用的发生［见图 10(b)］[9]。

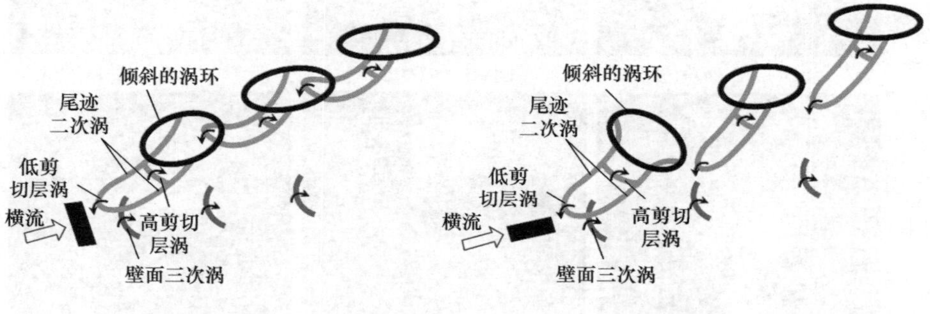

图 10　矩形涡环与横流作用的示意

涡环与界面作用的行为

界面的属性是影响涡环与界面相互作用的重要因素之一。水和油互不相溶，因此水油之间可以形成清晰且稳定的界面，通过在水中产生涡环并垂直撞击到水油分层界面上，可以研究涡环与界面作用的行为。当涡环形成的初始条件为层流时，随着涡环撞击界面，涡环会沿着径向迅速扩张［见图 11(a～c)］[10]。由于涡环运动速度较低，界面的变形很小，此时，涡环的演化行为整体上与涡环撞击固壁相类似[11]。但是，当涡环形成的初始条件为湍流时，涡环的演化行为会有明显的差异。当涡环撞击界面时，涡环仍具有较快的速度，这使得大部分涡环发生收缩并渗入油层当中，同时界面也会产生较大的变形；随后，由于浮力的影响，涡环会改变原来的运动方向返回水层中，并导致涡核的旋转方向与初始反向［见图 11(d～f)］

[10]。

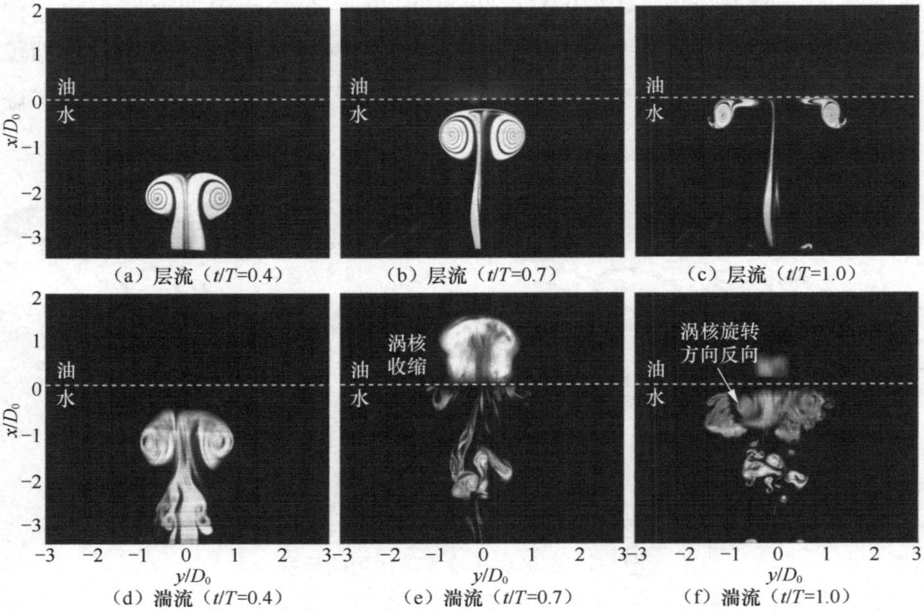

图 11　形成于层流和湍流的涡环撞击水油界面后随时间的演化

在涡环与界面作用的过程中，一个典型的特征是界面上会形成与主涡环旋转方向相反的二次涡环结构，斜压性是导致二次涡环涡量形成的主要机理。根据变密度流动中的涡量输运公式：

$$\frac{\mathrm{d}\omega}{\mathrm{d}t}=\omega\cdot\nabla\boldsymbol{u}+\nu\nabla^2\omega+\frac{1}{\rho^2}\left(\nabla\rho\times\nabla p\right)$$

式中，ρ 为流体密度，p 为流体压力。等式右侧的$\frac{1}{\rho^2}(\nabla\rho\times\nabla p)$项描述了涡量产生的斜压机理。当初始稳定的分层系统（低密度流体在高密度流体之上）被涡环的冲击扰动时，高密度流体部分运动到了低密度流体之上，导致涡环与界面接触位置沿水平方向的密度梯度和沿竖直方向的压力梯度不为零（见图 12）[10]，导致$\frac{1}{\rho^2}(\nabla\rho\times\nabla p)<0$，因此界面上形成了与主涡环涡量相反的二次涡环。需要注意的是，虽然涡环与固壁的作用也会形成二次

涡环，但此时，逆压梯度下边界层的流动分离是造成二次涡环形成的主要机理。

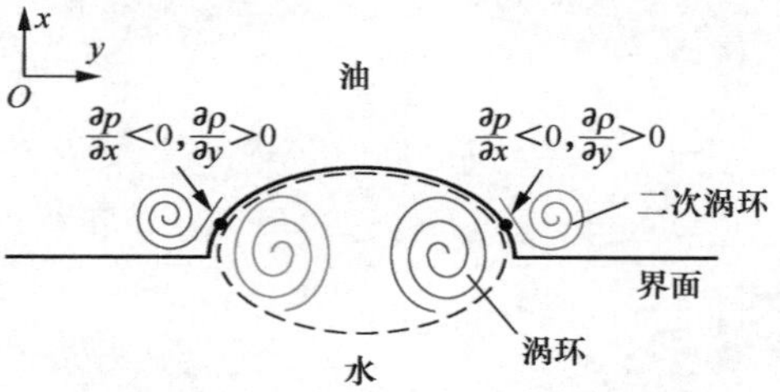

图 12　涡环与水油界面作用的示意

二次涡环在形成以后会绕着主涡环向涡环内侧继续运动，同时二次涡环更快地产生周向失稳现象，涡管出现波状变形［见图 13(a)］[10]。随着二次涡环靠近界面，波状形态的涡管在自诱导作用下发生涡核断裂，进一步演化形成了倒置的发卡涡(Hairpin Vortex)，并通过“重联”(Reconnection)现象附着在界面上［见图 13(b)］[10]。随着新形成的涡环靠近并撞击界面，发卡涡会与涡环产生更加复杂的相互作用［见图 13(c、d)］[10]。

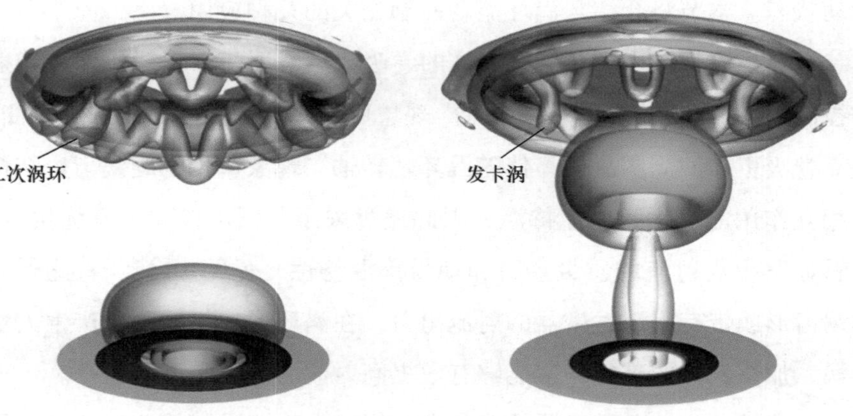

(a) t/T=0.3　　(b) t/T=0.6

图 13　与水油界面作用下，涡环三维结构随时间的演化

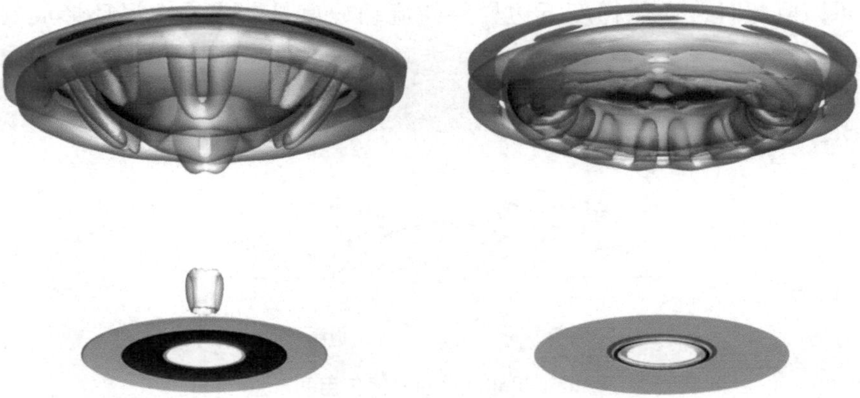

（c）t/T=0.8　　　　（d）t/T=1.0

图 13　与水油界面作用下，涡环三维结构随时间的演化（续）

涡环的应用

由上述涡环演化行为可知，动力学特征对涡环的流动特性起着主导作用，这意味着通过控制涡环的动力学能够改变流场特性，以达到所需要的流动状态。本节将介绍与涡环流动控制相关的几种应用。

涡环在演化过程中对周围流体的卷吸会影响射流掺混，进而影响射流的控制效果。非圆形涡环的“转轴”现象可以使涡环发生显著的三维变形，从而卷吸更多的周围流质，伴随涡环“转轴”现象产生的旋涡衍生结构及其相互作用能够增强射流掺混，因此通过采用非圆出口并进行优化设计，能够显著提高射流的质量卷吸和动量掺混特性（见图 14）[4,12]。此外，采用锯齿形或带有涡流发生器的射流出口，在涡环形成初始阶段产生大量流向涡，加快涡环的破裂，也能够有效提高射流的卷吸和掺混效率。

发动机叶片、电子元器件等常常利用冲击射流进行传热和冷却。研究发现涡环的动力学特性在控制表面散热方面可起到主导作用。相比圆形涡环，方形涡环能够通过提高射流冲击速度和涡环对壁面剪切层的渗透，显著提高表面驻点附近的冷却效果；AR = 5 的矩形涡环则通过涡环显著的周向变形以及旋涡衍生结构的形成，有效增加冲击射流的冷却面积，从而显著提高传热效果，如图 15 所示 [13]。

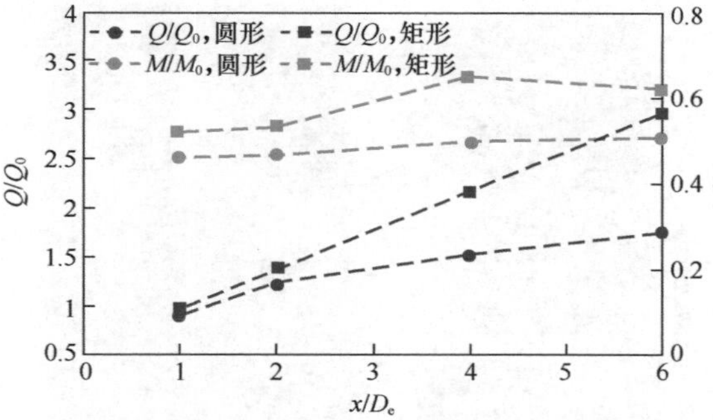

图 14　圆形和矩形射流质量流量 Q/Q_0 和动量通量 M/M_0 对比 [4,12]

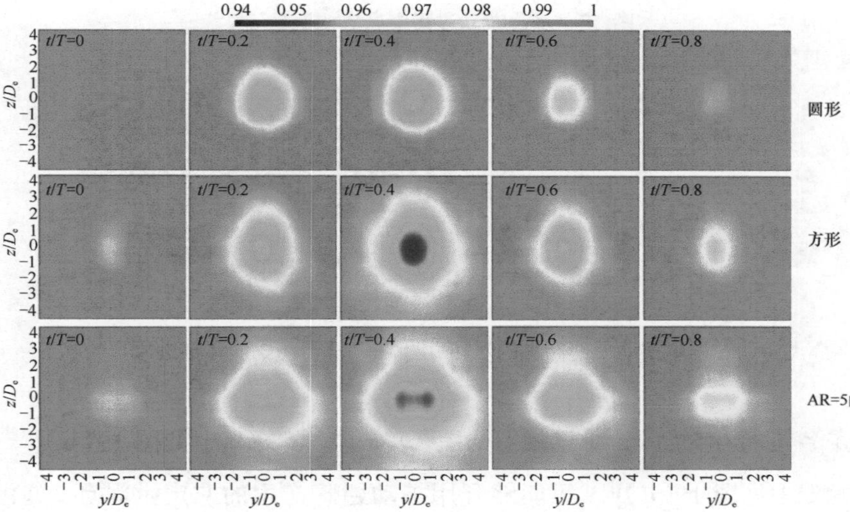

图 15　不同形状射流冲击下，加热平板表面温度随时间变化

通过诱导产生涡环提供推力是水中生物游动的重要方式之一。例如，水母通过周期性收缩舒张产生涡环（见图 16），一方面可以提供游动的动力，另一方面可以帮助捕食周围的浮游生物 [14]；鱼类通过拍动尾巴和鱼鳍产生涡环以提供游动所需的推力（见图 17）[15]。此外，研究发现利用旋涡增强推力机理研制的水下推进装置，能够实现比传统螺旋桨更高的推进

效率（见图 18）。因此，对水中生物涡环推进机制的研究有利于提出更加高效的仿生推进技术。

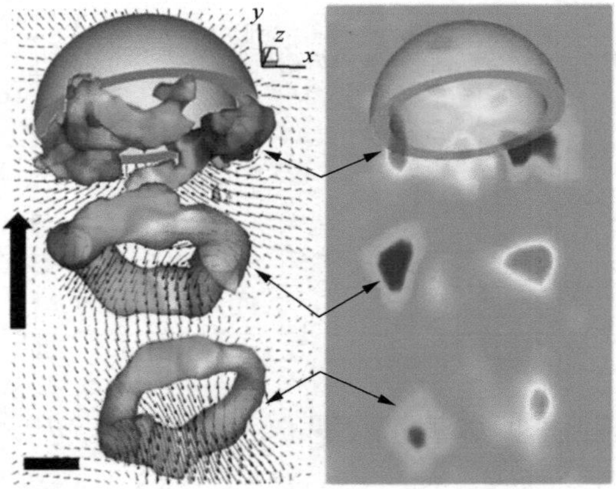

图 16　水母游动过程中产生的涡环

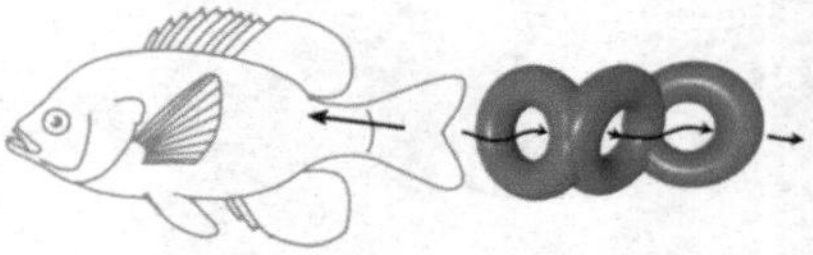

图 17　鱼类游动过程中摆动尾部产生的涡环

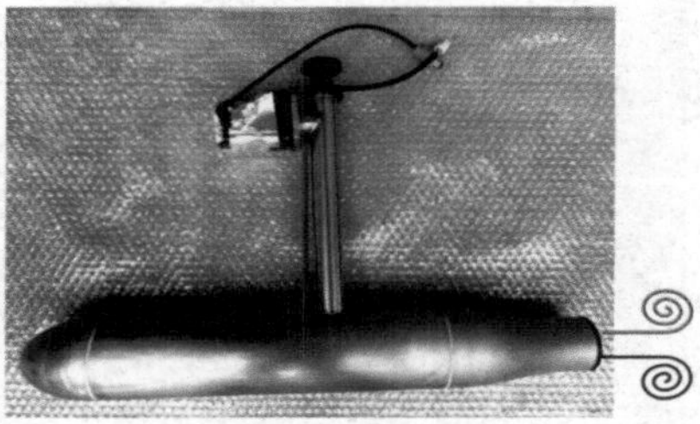

图 18　基于仿生涡环推进原理的水下航行器

许多飞行生物，小到飞蛾［见图 19(a)］[16]、蜂鸟［见图 19(b)］[17]，大到蝙蝠［见图 19(c)］[18] 等能够利用拍动翅膀产生的非定常涡环 / 旋涡提供的高升力，维持在空中悬停或者快速飞行。有意思的是，自然界中一些植物也会有效利用旋涡。例如，蒲公英在冠毛上方形成涡环，并利用涡环运动产生的力帮助种子长距离飞行［见图 19(d)］[19]；枫叶种子在下落过程中能够在表面形成稳定旋涡，并利用旋涡提供的升力长时间停留在空中［见图 19(e)］[20]。因此，对飞行生物或植物利用旋涡增升的机理开展深入研究，有利于研制具有高效气动特性的飞行器。

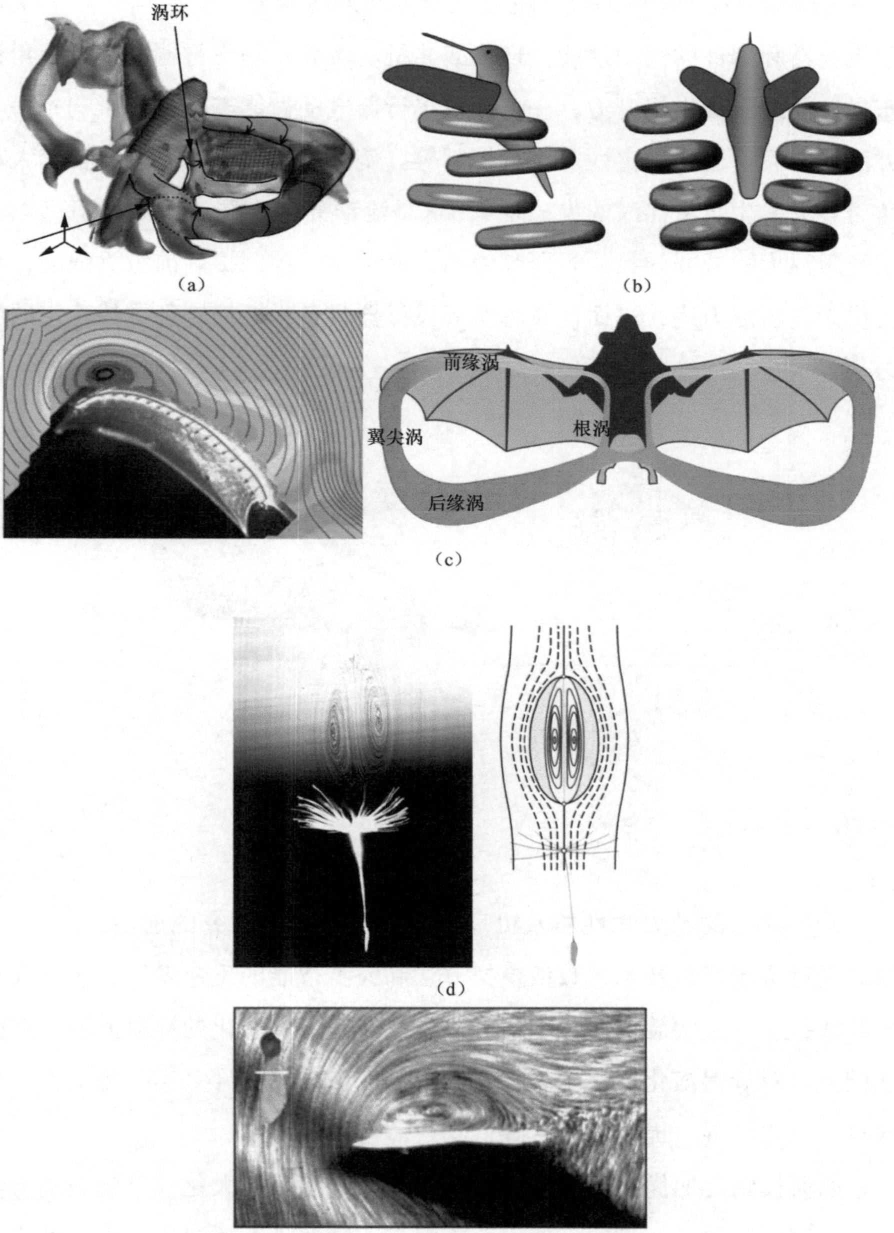

图 19　飞行生物或植物产生的涡环 / 旋涡

旋涡在航空航天领域有着广泛的应用。前缘涡（见图 20）是翼型 / 机

翼 / 飞行器流动 / 运动耦合、流固耦合等现象的典型流动结构[21-24]，决定了飞行器和部件的气动性能。现代战斗机、飞翼布局飞行器等具有三角翼布局，前缘涡提供涡升力，一方面对飞行器气动性能产生重要影响，另一方面影响飞行器的稳定性及飞行控制等。例如，飞翼布局飞行器在较大攻角时容易发生自由摇滚的失稳现象，这是流动分离严重，前缘涡失稳破裂，滚转阻尼力矩减弱导致的。研究表明，通过流动控制提高前缘涡强度，可提供滚转阻尼力矩，进而让飞翼布局飞行器具备力矩控制和维持稳定的能力[24]。

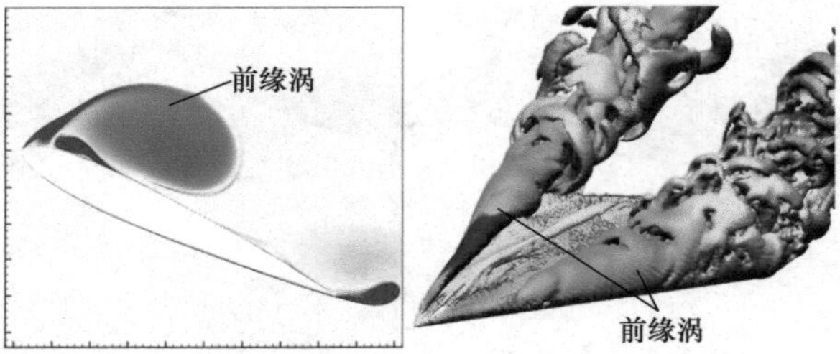

图 20　前缘涡

结语

旋涡演化的动力学性质及机理一直是流体力学研究的前沿。近些年，随着先进流场测试技术、数值模拟方法和人工智能的飞速发展，科研人员已经掌握了一定的旋涡演化基本规律，揭开了旋涡演化的神秘面纱。在此基础上，对旋涡演化规律施以有效的控制已被应用到许多实际流动中，并取得了增强掺混、提高推力、降低噪声等有益效果。

如何找到更加优化的控制方案以实现控制效率最大化，是旋涡动力学流动控制研究的重要方向。然而，旋涡在不同条件下的演化过程受到诸多参数的影响，其规律往往千差万别，给相关工作带来了困难和挑战。此外，受制于实验条件和计算资源的限制，许多存在于自然界、航空航天和工业生产中特殊或者极端条件下的复杂旋涡现象仍然难以模拟，其中的旋涡演化规律也有待进一步探索。

参考文献

[1] SHARIFF, K. & LEONARD, A. Vortex rings[J]. Annual Review of Fluid Mechanics, 1992(24): 235-279.

[2] 王雷. 非圆合成射流涡环演化机理及其与横流作用规律的实验研究[D]. 北京: 北京航空航天大学, 2020.

[3] WANG L, FENG L H, XU Y. Laminar-to-transitional evolution of three-dimensional vortical structures in a low-aspect-ratio rectangular synthetic jet[J]. Experimental Thermal and Fluid Science, 2019(104): 129-140.

[4] WANG L, FENG L H, WANG J J, et al. Evolution of low-aspect-ratio rectangular synthetic jets in a quiescent environment[J]. Experiments in Fluids, 2018, 59(6). DOI: 10.1007/s00348-018-2544-x.

[5] DOMENICHINI F, PEDRIZZETTI G, BACCANI B. Three-dimensional filling flow into a model left ventricle[J]. Journal of Fluid Mechanics, 2005(539): 179-198.

[6] GUTMARK E J, GRINSTEIN F F. Flow control with noncircular jets[J]. Annual Review of Fluid Mechanics, 1999(31): 239-272.

[7] BATCHELOR G K. An introduction to fluid dynamics[M]. Cambridge: Cambridge University Press, 1967.

[8] SHI X D, FENG L H, WANG J J. Evolution of elliptic synthetic jets at low Reynolds number[J]. Journal of Fluid Mechanics, 2019(868): 66-96.

[9] WANG L, FENG L H. The interactions of rectangular synthetic jets with a laminar cross-flow[J]. Journal of Fluid Mechanics, 2020(899). DOI: 10.1017/jfm.2020.430.

[10] WANG L, FENG L H. Dynamics of the interaction of synthetic jet vortex rings with a stratified interface[J]. Journal of Fluid Mechanics, 2022(943). DOI: 10.1017/jfm.2022.379.

[11] XU Y, WANG J J. Recent development of vortex ring impinging onto the wall[J]. Science China Technological Sciences, 2013, 56(10): 2447-2455.

[12] WANG L, FENG L H, WANG J J, et al. Characteristics and mechanism of mixing enhancement for noncircular synthetic jets at low Reynolds number[J]. Experimental Thermal and Fluid Science, 2018(98): 731-743.

[13] WANG L, FENG L H, XU Y, et al. Experimental investigation on flow characteristics and unsteady heat transfer of noncircular impinging synthetic jets[J]. International Journal of Heat and Mass Transfer, 2022(190). DOI: 10.1016/j.ijheatmasstransfer.2022.122760.

[14] GEMMELL B J, TROOLIN D R, COSTELLO J H, et al. Control of vortex rings for manoeuvrability[J]. Journal of The Royal Society Interface, 2015, 12(108). DOI: 10.1098/rsif.2015.0389.

[15] FISH F E, LAUDER G V. Passive and active flow control by swimming fishes and mammals[J]. Annual Review of Fluid Mechanics, 2006(38): 193-224.

[16] SHYY W, AONO H, CHIMAKURTHI S K, et al. Recent progress in flapping wing aerodynamics and aeroelasticity[J]. Progress in Aerospace Sciences, 2010, 46(7): 284-327.

[17] ALTSHULER D L, PRINCEVAC M, PAN H, et al. Wake patterns

of the wings and tail of hovering hummingbirds[J]. Experiments in fluids, 2009, 46(5): 835-846.

[18] MUIJRES F T, JOHANSSON L C, Barfield R, et al. Leading-edge vortex improves lift in slow-flying bats[J]. Science, 2008, 319(5867): 1250-1253.

[19] CUMMINS C, SEALE M, MACENTE A, et al. A separated vortex ring underlies the flight of the dandelion[J]. Nature, 2018, 562(7727): 414-418.

[20] LENTINK D, DICKSON W B, VAN LEEUWEN J L, et al. Leading-edge vortices elevate lift of autorotating plant seeds[J]. Science, 2009, 324(5933): 1438-1440.

[21] LI Z Y, FENG L H, KISSING J, et al. Experimental investigation on the leading-edge vortex formation and detachment mechanism of a pitching and plunging plate[J]. Journal of Fluid Mechanics, 2020(901). DOI: 10.1017/jfm.2020.509.

[22] HU Y W, FENG L H, WANG J J. Passive oscillations of inverted flags in a uniform flow[J]. Journal of Fluid Mechanics, 2020(884). DOI: 10.1017/jfm.2019.937.

[23] LI X, FENG L H. Critical indicators of dynamic stall vortex[J]. Journal of Fluid Mechanics, 2022(937). DOI: 10.1017/jfm.2022.30.

[24] 冯立好，魏凌云，董磊，等. 飞翼布局飞机耦合运动失稳的主动流动控制研究[J].航空学报，2022，43(10). DOI: 10.7527/S1000-6893.2022.27353.

冯立好，北京航空航天大学航空科学与工程学院教授，主要从事流动控制、空气动力学等领域的研究。主持国家自然科学基金优秀青年基金、联合基金重点项目、面上项目、中德科学中心国际合作项目、军委科技委创新特区项目、军委装备发展部快速支持项目等。发表 SCI 论文 60 余篇，在剑桥大学出版社合作出版专著 *Flow Control Techniques and Applications*，授权国家发明专利 10 余项。曾获教育部技术发明奖一等奖、中国力学自然科学奖二等奖、中国空气动力学青年科技奖、FLUCOME 国际优秀青年学者 Nakayama 奖等荣誉。兼任《实验力学》副主编，*Acta Mechanica Sinica*、*Chinese Journal of Aeronautics*、《力学学报》等青年编委。

王雷，2020 年博士毕业于北京航空航天大学航空科学与工程学院流体力学专业，2020 年 7 月至今在北京航空航天大学从事博士后工作。研究方向包括实验流体力学、旋涡动力学、流动控制。主持国家自然科学基金青年科学基金、中国博士后科学基金项目。目前以第一作者在 *Journal of Fluid Mechanics*、*Physics of Fluids*、*AIAA Journal* 等权威期刊上发表 SCI 论文 9 篇。

多尺度力学助推先进材料发展

北京航空航天大学航空科学与工程学院

马　勇　潘　飞　陈玉丽

先进材料是航空航天、国防军事等国家硬实力的重要支撑，更是国家战略性装备升级换代的先导和基础。近些年，随着微纳制造、3D 打印等新兴技术的发展，先进材料呈现出尺度跨度更大、组分材料更多、细微观结构更丰富、多功能集成化和智能化程度更高等特点。这些特点在赋予先进材料优异性能的同时，也给先进材料的性能预测和优化设计带来了诸多困难与挑战，而多尺度力学便是解决这些困难与挑战的“一把利剑”。

先进材料的特点及发展趋势

先进材料是性能更为优异或具有特殊功能（相较于传统材料）的所有材料的总称，包括新出现的具有优异性能或特殊功能的新型材料以及改进后有明显性能提升或产生新功能的传统材料，如石墨烯、碳纳米管、形状记忆合金、自修复材料、高温超导材料、仿生材料、超材料等前沿材料，特种合金、高性能纤维复合材料、新型能源材料、半导体材料等关键战略材料，先进钢铁材料、先进建筑材料、先进轻纺材料等先进基础材料。先进材料的应用会带来装备性能的大幅提升，甚至培育出颠覆性技术。例如，陶瓷基复合材料在 GE9X 发动机中的应用，使得相关部件的质量降低三分之一的同时强度提升两倍；超材料的诞生颠覆了人们对材料物理性能的传统认知，衍生出的负泊松比材料、左手材料、“隐身斗篷”等具有宏观上“违反”物理规律、匪夷所思的超常性能[1]。随着科学技术日新月异的发展，传统材料已不能满足诸多行业的需求，因此人们对先进材料寄予厚望，希望先进材料不仅具有优异的力、光、电、磁、热等性能，同时还能具备多功能集成、智能化、可设计等特性。如何进一步提升材料性能并赋予其“智慧”是目前先进材料发展要解决的关键问题。

提升性能是材料发展永恒的追求。纵观几千年的人类文明史和材料发展史，人类扩充材料库的方式经历了取材自然、冶炼锻造、化工合成等阶段，基于对自然界孜孜不倦的探索、冶炼经验的日积月累和制备工艺的迭代优化，人类的材料库得到了快速扩充，材料性能也得到了前所未有的提升。同时，相关材料的制备工艺已经趋于成熟，仅通过工艺对微观组织进行优化已很难实现材料性能的进一步提升。微纳米材料近些年的研究表明，材料在微纳米尺度通常会表现出远超相应宏观尺度材料的性能，这为先进材料的发展指明了方向，即引入不同组分的微纳米尺度材料来设计多组分、多尺度材料。

赋“智”材料让材料变得“聪明”起来，是智能化发展大潮近些年对先进材料提出的新要求。智能材料意味着材料性能不再单一，而是具有较大范围的可调性。材料级别的智能无疑能够大幅推进智能结构和智能机器的发展，然而如何才能让材料变得“智能”呢？目前实现智能材料的方式可以分为两类：一类是利用某些材料特殊的物理性能实现不同物理场下的变形或变性，如形状记忆合金、形状记忆聚合物、磁致伸缩材料等[2]；另一类则是通过精妙的微观结构设计实现材料的“智能”行为，即智能超材料[3]。后者的“智能”行为源于人工设计的特殊微观结构，能够在一定程度上摆脱材料本身物理化学性质的限制实现更自由的智能材料设计。因此，精巧的微观结构设计是先进材料“聪明”起来的重要途径。

综上所述，如图 1 所示，先进材料的优异性能和特殊功用性主要来源于微纳尺度组分材料的优异性能以及从纳米尺度到宏观尺度的精巧微观结构设计，而多组分 / 多尺度和精巧的微观结构也是当前绝大多数先进材料的共性特点。这些特点为先进材料带来优异性能和“智能”特性的同时，也极大地增加了性能分析和优化设计的难度，给力学分析带来了巨大挑战。

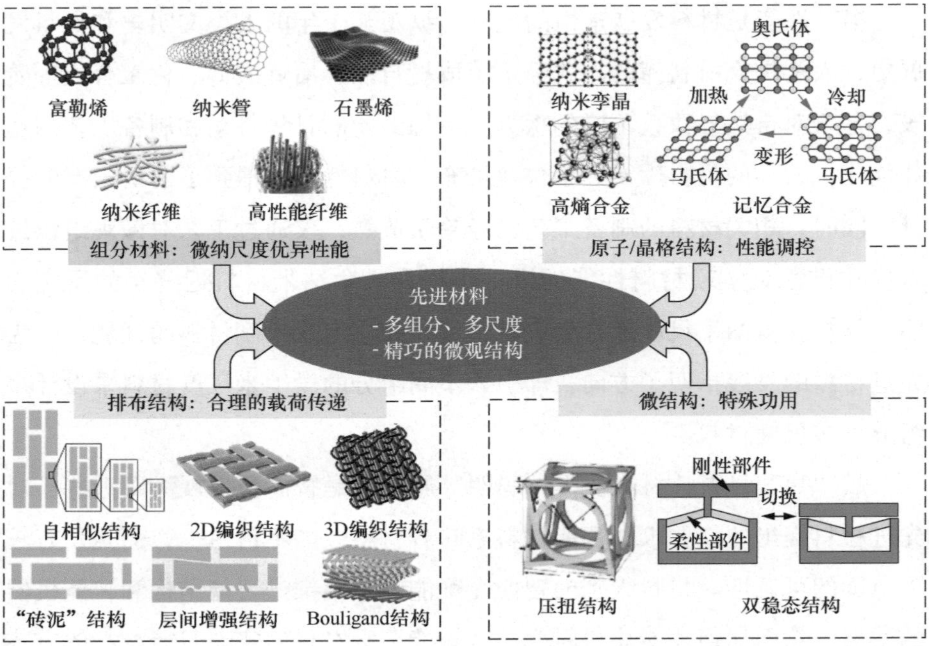

图 1　先进材料的特点及设计思路

什么是多尺度力学

宏观尺度材料 / 结构的力学性能和力学行为通常与其细微观结构特征密切相关，甚至由其细微观结构特征主导。例如，金属材料塑性变形的主要机制是位错滑移，其强度韧性等力学性能与位错密度及相互作用密切相关；脆性材料的失效是微裂纹非稳态扩展引起的，所以脆性材料的强度要远低于相应元素化学键的强度；动物密质骨的优异力学性能源于多个尺度结构特征的协同作用，包括细观尺度胶原纤维的桥联增韧、微观尺度胶原纤维的排列方式以及纳米尺度羟基磷灰石 / 胶原纤维的界面交联等 [4]。因此，仅通过宏观尺度材料的分析难以揭示诸多力学现象背后的机理，无法实现材料更准确的性能预测以及更全面的优化设计。多尺度力学则是综合考虑从纳米到宏观的不同尺度的结构特征，从中分析得到关键的微观结构特征和影响参数，进而基于每个不同尺度的结构特点建立力学模型，并通过一些关键参数和信息将多个尺度联系起来，在综合考虑多个尺度组分材料、排布方式、微观结构等因素的情况下，实现对宏观力学现象全面系统的分析[5]。

多尺度力学分析方法按照分析思路的不同可以分为两大类，即多层级分析方法和并发多尺度分析方法[5]。多层级分析方法是按照不同的时间或空间尺度，将实际问题划分为多个层级，并选取适当的参数获得不同层级之间的联系，进而实现自下而上的性能预测或自上而下的优化设计。并发多尺度分析方法主要针对数值模拟，是指在一个计算实验中同时考虑多个不同尺度的模拟，在连续介质模型中同时引入介观、微观，甚至纳米尺度离散粒子的计算区域，不同尺度区域之间通过建立一定的数学关系进行耦合，从而实现多尺度耦合分析。多层级分析方法是将不同尺度问题进行解耦分析，便于综合利用多种理论分析方法和数值模拟方法，应用起来更加灵活、易于实现；然而其分析结果的合理性依赖于关键结构和关键参数的提取，因此只有对整个问题建立了全面透彻的理解之后方能实现可靠的多尺度分析。并发多尺度分析方法的核心是在关键区域采用原子或分子级的模拟实现准确的分析，在非关键区域采用连续介质模拟或粗粒化模拟大幅降低自由度、减少计算量，从而达到高精度和高效率的平衡。尽管如此，目前计算水平能够实现的并发多尺度模拟仍然十分有限，想要实现普适性的全尺度模拟仍需假以时日。

21 世纪以来，随着人们对微纳米世界认知的深入以及计算能力的大幅提升，多尺度力学得到了快速的发展和应用，尤其是多尺度计算力学有了一些实质性进展。目前，针对不同的空间、时间尺度，已有许多较为成熟的数值模拟方法可用于多尺度分析。如图 2 所示，根据结构特征尺度和特征时间的不同，物质的尺度自下而上大致可以划分为量子尺度、原子尺度、介观尺度以及宏观尺度[5]：量子尺度（约 10^{-10} m，约 10^{-12} s），主要研究化学键的形成与断裂、电子结构的变化等量子范畴的现象，主要分析方法包括密度泛函理论（DFT）、从头算分子动力学（AIMD）等在内的第一性原理方法；原子尺度（约 10^{-9} m，10^{-9} ～ 10^{-6} s），主要研究原子、原子团间的键或非键相互作用，主要分析方法有蒙特卡洛法（MC）、分子动力学模拟（MD）以及原子尺度有限元法（AFEM）等方法；介观尺度（约 10^{-6} m，$10^{-6} \sim 10^{-3}$ s），主要研究介于宏观连续介质与微观离散粒子之间组织结构的变形及失效，主要分析方法包括耗散动力学（DPD）、近场动力学（PD）、粗粒化法（CG）等；宏观尺度（约 10^{-3} m，约 1 s），研究对象可以看作连续介质，主要分析方法包括有限元法（FEM）、扩展有限元法（XFEM）、边界元法（BEM）、有限体积法（FVM）等。这些方法的发展与成熟，为多尺度力学分析的开展奠定了理论基础，对于许多宏观尺度的力学问题而言，只有综合运用上述方法进行多尺度的深入分析，才有可能揭示问题的本质，进而提出解决问题的有效方法。

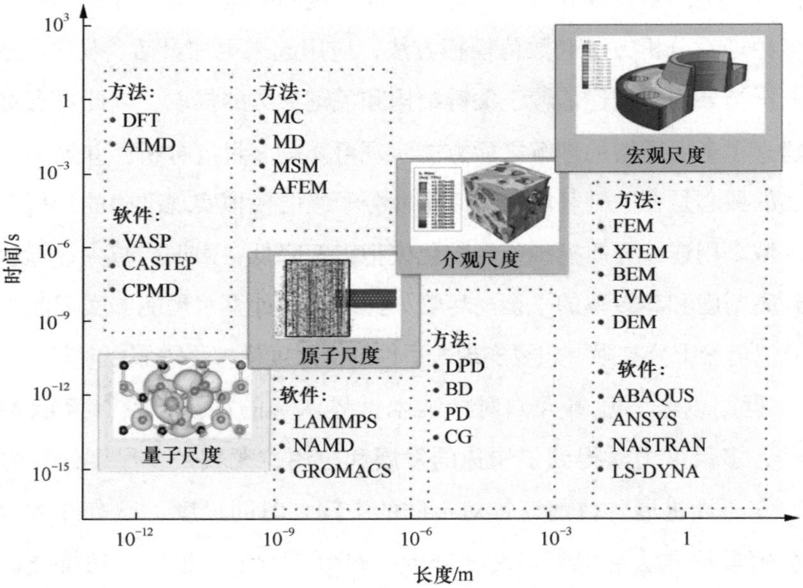

图 2　不同尺度的计算方法及常用软件

先进材料中的多尺度力学问题

如上所述，多组分、多尺度是先进材料发展的必然趋势，只有将微纳米尺度性能优异的组分材料通过多个尺度精巧的微观结构构筑成宏观材料，方能突破现有材料的性能区间，提升材料的性能并赋“智”其内。近些年，纳米技术的快速发展和制备工艺的不断提升极大地扩展了材料的尺度，使得材料制备从宏观逐级深入到纳米尺度成为可能。在此背景下，许多新型的具有纳米结构的材料在实验室中诞生并被深入研究。以纤维增强复合材料而言，传统的连续纤维复合材料通常只有 2 个关键尺度，即宏观尺度的层合板结构和微观尺度的纤维 / 界面 / 基体结构，如图 3 所示。在过去的几十年里，碳纤维、高强度玻璃纤维、碳化硅纤维等增强的复合材料由于具有轻质、高强、高韧、耐腐蚀等优异的综合力学性能而大放异彩，在日常生活、航空航天、国防军事等领域都得到了广泛应用。为了进一步提升纤维增强复合材料的性能，材料学者们通过多种手段尝试引入更多微观结构，从而增加关键尺度。如图 3 所示，在层合板层级引入了编织结构、Bouligand 结构、层间针刺增强结构等[6]，在纤维 / 纤维束胞元层级引入了“砖泥”结构界面、纳米材料增强基体、多层级纤维束等[7-8]，从而将其微结构的最小特征尺度降至纳米尺度。纳米尺度多组分 / 多尺度先进材料的发展，使得通过多尺度优化提升材料综合性能成为可能，同时也成为必要。

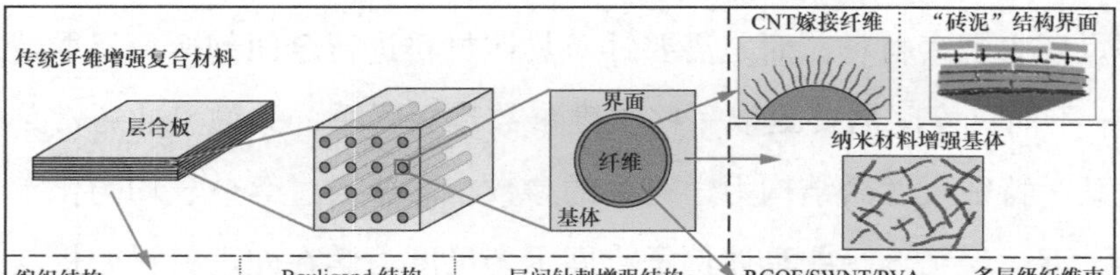

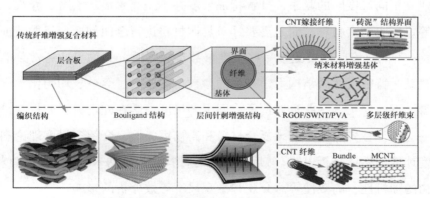

图 3　传统纤维增强复合材料的多尺度扩展

另外，对于只有 1 ～ 2 个关键尺度的传统材料，也可通过多尺度分析进行优化[9]。如图 4 所示，以 SiC_f/SiC 陶瓷基复合材料为例，尽管只有 2

个关键尺度，但纳米尺度界面层、纤维等仍然存在典型的微观结构，虽然这些微观结构并非人们有意设计，但微观结构在不同制备工艺条件下有所不同，且会在一定程度上影响宏观性能。例如，不同类型的纤维表面粗糙度不同，不同工艺条件下得到的界面层织构不同，这些微结构会影响界面性能进而影响宏观力学性能。因此，针对一些仅有 1 ～ 2 个关键尺度的关键战略材料和先进基础材料，也有必要通过多尺度分析进行优化，进一步提升材料性能，这也是先进材料的重要内涵之一。

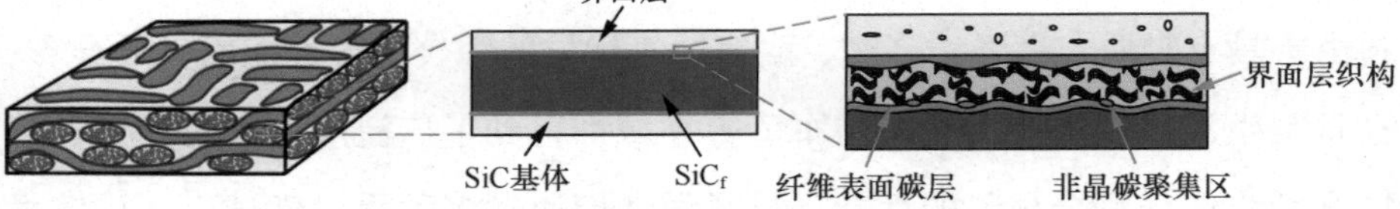

图 4　SiC_f/SiC 陶瓷基复合材料界面层微观结构

综上所述，一方面先进材料的组分材料越来越多、尺度跨度越来越大，需要通过多尺度力学分析进行性能预测和综合优化；另一方面，部分先进材料的关键尺度虽然不多，但其微纳尺度结构会影响宏观性能，也有必要借助多尺度力学进行优化分析。多尺度力学分析的关键在于分解特征尺度和建立不同尺度间的联系，分解特征尺度并不是简单地从宏观、介观、微观等尺度去观察材料，而是需要针对具体材料进行全面剖析后提取特征微结构；不同尺度间需要提取一些关键参数建立联系，关键参数通常是能够描述某一特征尺度微结构力学行为的参数，需要通过等效、均匀化等方法获得。下面将结合一些具体例子，展示多尺度力学在先进材料分析与设计中的应用。首先以纳米纤维复合材料和高韧钢为例，介绍多尺度理论和多尺度计算的整体分析思路；然后结合网络材料和二维纳米材料，说明材料 / 结构的随机性、离散性等对介观和微观尺度等效分析的影响。

1. 纳米纤维复合材料的多级失效分析模型

纳米管 / 纳米纤维是先进复合材料理想的增强增韧相，然而“炒菜式”

制备得到的宏观材料性能并不理想，如何才能使纳米管 / 纳米纤维在复合材料中充分发挥自身的优异性能从而获得性能优异的复合材料一直是困扰研究者的难题，而实验试错的方法并不能有效地解决该问题。鉴于此，多级失效分析模型[10-11]成为了该问题的有力分析工具。如图 5 所示，该模型通过对 3 个关键尺度的失效分析建立了各微观影响参数对复合材料增韧性能的影响：原子尺度考虑化学键的断裂失效，基于分子模拟获得纳米管 / 纳米纤维与基体材料之间的界面性能参数；微观尺度考虑纳米管 / 纳米纤维的拔出失效，通过剪力滞后（又称“剪滞”）理论分析建立纤维末端拔出力与拔出位移的关系；最后，在宏观尺度考虑裂纹扩展失效，基于断裂力学的方法得到了纳米管 / 纳米纤维增韧的解析表达式。

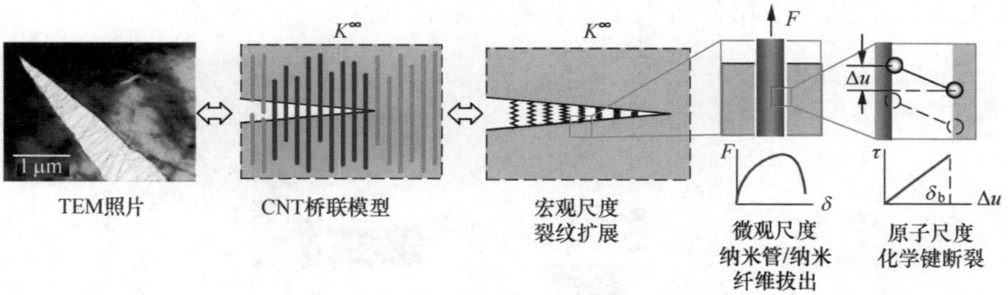

图 5　纳米管 / 纳米纤维复合材料的多级失效分析模型[9]

该增韧效果的解析式表明，增长纳米管 / 纳米纤维以及增强纳米管 / 纳米纤维与基体间的界面作用都不一定能带来复合材料整体力学性能的提升，而通过改变纳米管 / 纳米纤维长度和界面化学键密度，使复合材料中纳米管 / 纳米纤维的失效模式恰好从拔出转变为拔断时增韧效果最好。基于此，可以给出实际应用中判断纳米管 / 纳米纤维增韧效果是否达到最优的依据，即通过观察断口上纳米管 / 纳米纤维的失效模式，若拔出、拔断的纳米管 / 纳米纤维数目相当，则增韧效果达到最优。

2. 高韧钢的多尺度计算模型

高强度和高韧性是先进钢铁材料所追求的重要性能指标，然而对于钢铁材料而言，强度与韧性是一对矛盾体，很难同时增强增韧。为了深入研究钢铁材料的强韧性规律，有必要针对钢铁材料建立准确的失效分析模型。钢铁材料的宏观失效主要取决于裂纹的发展和演化，然而如何准确刻画颗粒夹杂、多类元素间作用对裂尖塑性区以及裂纹扩展的影响是分析这一问题的关键。针对这一问题，美国西北大学 Olson 教授团队 [12] 建立了图 6 所示的高韧钢多尺度计算模型：亚原子尺度利用第一性原理计算，等效得到界面的张力 - 位移曲线；亚微米尺度利用粒子动力学方法分析了铁基体、次颗粒夹杂对力学行为的影响，并通过均匀化方法获得等效本构；微米尺度利用无网格方法分析了微孔洞基体、主颗粒夹杂的影响，并通过均匀化方法获得等效本构；细观尺度利用有限元方法分析了裂纹尖端应力场分布，并基于 J 积分给出了该材料的断裂韧性。

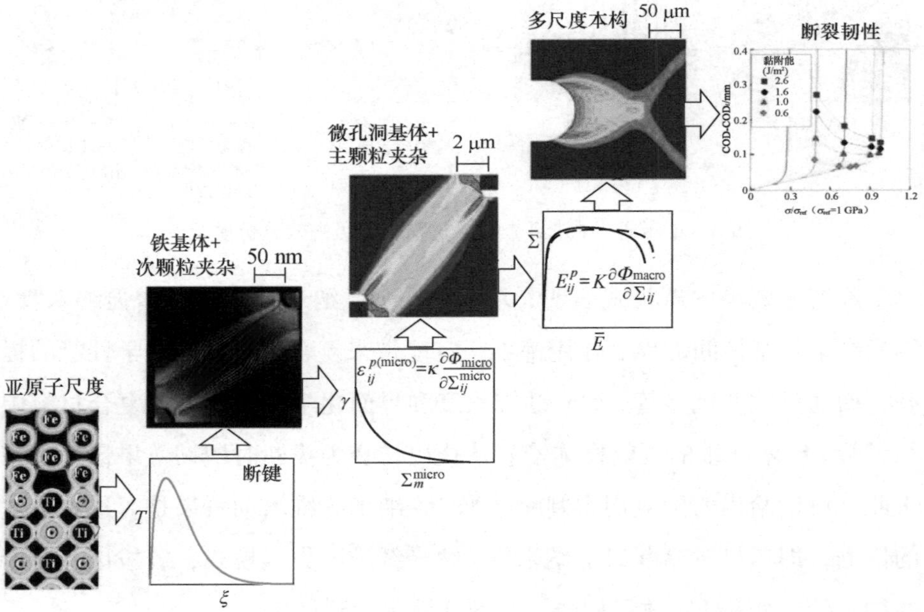

图 6　高韧钢多尺度计算模型

基于该多尺度计算模型，Olson 等给出了三参数相图，即韧性 - 强度 - 吸附能（TSA）相图，结果表明：裂纹附近界面吸附能对设计高强且高韧的钢铁材料至关重要；对于夹杂颗粒而言，尺寸较小且均匀分散的加载颗粒有助于提升韧性，而尺寸大于 1 mm 的夹杂会导致韧性的大幅下降。该模型及相关结果可用于指导先进钢铁材料的设计，让现有钢铁材料性能得到进一步提升。

3. 网络材料刚度的独特之处

对材料进行多尺度设计的目的在于将材料在纳米尺度的优异性能传递到宏观尺度，而网络结构是目前人工材料中最为常用且有效的结构之一。例如，巴基纸（碳纳米管网络）便是通过网络结构有效地继承了碳纳米管优异的电学、热学等性能。然而，纤维分布的随机性和离散性使得纤维网络多层级结构 [见图 7(a)] 具有一些区别于连续介质材料的特殊性能，在进行与网络结构相关的多尺度分析时需要特别注意。

纤维网络的随机性和离散性使得其电学性能和力学性能都具有“阈值现象”。所谓阈值现象，即当纤维网络的密度高于某一门槛值时才能导电或承载的现象。网络结构能否导电，主要取决于是否形成连通的导电路径，因此通过连通路径分析便可得到导电阈值。而要承载还不能仅仅形成导电路径，还需形成密度更高的稳定承载路径，因此网络结构的刚度阈值要大于导电阈值。如图 7(b) 所示，研究表明网络材料的刚度存在两个阈值，即刚度阈值（刚度从 0 到有）和弯 - 拉转变阈值，前者代表着网络结构能否承载，后者则代表着网络结构能否有效承载 [13-14]。

为了便于实际问题分析，我们通常需要将薄层纤维网络等效为连续介质薄板 [见图 7(c)]，然而研究表明薄层网络材料的面外刚度和面内刚度无法用同一个各向异性连续薄板来表征。换言之，对于网络材料，无法找到一个与加载模式无关的等效厚度，因此无法建立类似连续介质薄板的面内外刚度关系。这种非经典的面内外刚度关系是薄层纤维网络主要通过纤维的轴向拉压和面内弯曲承受面内载荷，通过纤维的面外弯曲和扭转承受面外载荷，纤维的扭转变形以及面内外不同步的刚度阈值共同导致的 [15]。

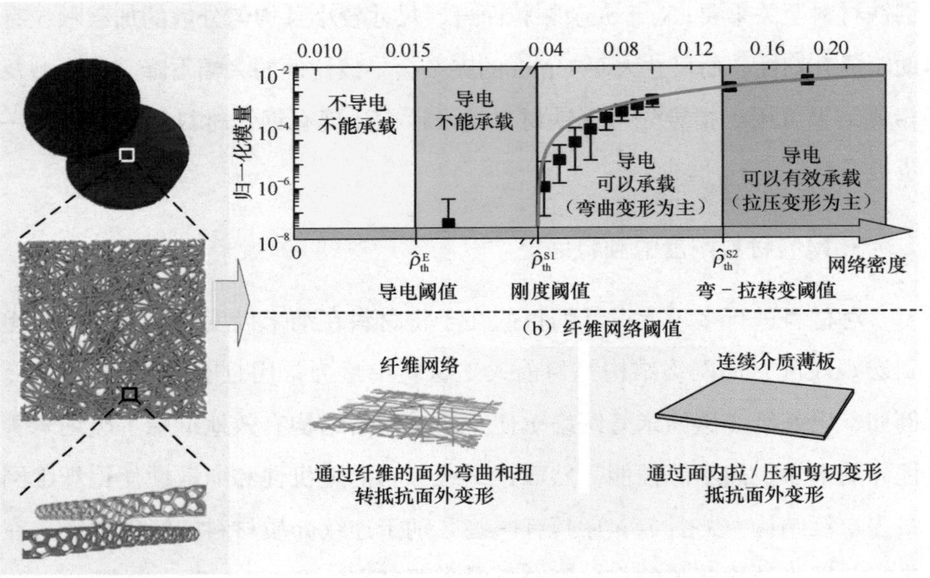

（a）纤维网络多层级结构　　（c）非经典面内外刚度关系

图 7　网络材料力学性能的独特之处

纤维网络结构的刚度阈值现象以及非经典面内外刚度关系是由网络结构随机性和离散性决定的。在多尺度分析中，微结构的随机性、离散性等特性需要谨慎处理。

4. 二维纳米材料的连续化模型

以石墨烯为代表的二维纳米材料具有十分优异的力、电、光、磁、热等性能，因此广受材料学者们的青睐，在现有材料体系中引入二维纳米材料也成为先进材料发展的重要途径之一。二维纳米材料的最大特点是厚度极小，通常仅有一个或几个原子厚，然而其面内尺寸通常在微米尺度，如此巨大尺寸差异给二维纳米材料的分析与描述带来了困难。由于其厚度极小，原子层间的晶格效应对其性能的影响相对较大，不可忽略，因此直接将二维纳米材料简单地等效为连续板会导致关键特征丢失，无法获得准确的结果；另外，第一性原理、分子动力学模拟能够较准确地刻画原子间相互作用并给出比较合理的分析结果，但是面对微米尺寸上亿原子的体系，原子模拟方法只能望而却步，即便是纳米尺寸材料体系，原子模拟巨大的计算量也会导致极低的计算效率。因此，如何兼顾原子模拟的准确性和连续化方法的高效性，发展二维纳米材料的有效分析方法是分析相应多尺度问题的关键。

在力学性能分析中，二维纳米材料通常会被等效成连续介质薄膜，然而在分析失稳、滑移等失效行为时，传统连续介质薄膜的分析方法并不能准确地描述二维纳米材料的失效。对于失稳问题，传统连续介质薄膜的分析方法需要假设薄膜的失稳构型，然而二维纳米材料的失稳构型复杂且难以假设；对于界面滑移问题，传统剪滞理论方法无法描述晶格效应。为此，需要针对二维纳米材料的失稳和界面滑移发展更高效准确的力学模型[16-18]。如图 8 所示，通过势能泛函将离散原子间的作用势引入连续介质力学框架，可以建立无须假设失稳构型的临界屈曲分析方法，在实现高效分析的同时能够兼顾原子间作用的准确性；将晶格效应引入到传统的剪滞理论模型中，可以建立原子剪滞理论模型，从而在考虑层间原子作用的同时将其归入到连续介质力学分析框架之下。基于上述模型，可以准确地分析二维纳米材料弯曲失效模式及弯曲刚度的尺寸效应，为实际应用给出相关失效的判别准则，为基于二维纳米材料的先进材料 / 结构的性能预测与设计提供理论依据。

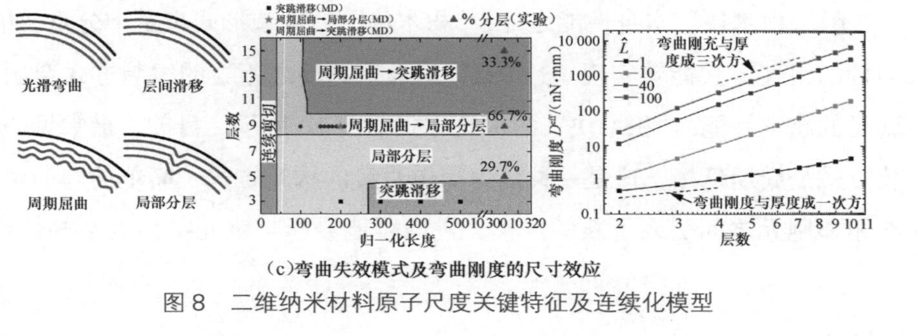

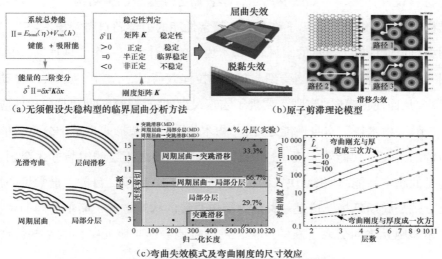

(a)无须假设失稳构型的临界屈曲分析方法　(b)原子剪滞理论模型

(c)弯曲失效模式及弯曲刚度的尺寸效应

图 8　二维纳米材料原子尺度关键特征及连续化模型

力学主导的先进材料设计

多尺度力学分析的思想不仅凸显对已有材料的多层级结构进行准确的被动描述，还强调基于多层级多尺度“结构－性能”关系实现先进材料的定制化设计。对于工程应用而言，可用的材料类型十分有限，因此需要充分发挥微观结构设计的“鬼斧神工”，依靠极为有限的基础材料设计出性能优异、功用性强的先进材料。此处的微观结构设计不仅代指对现有材料体系微观结构的参数优化，更强调基于人类智慧的理性设计。近些年发展起来的力学超材料便是这类先进材料的代表，力学超材料旨在通过巧妙的微结构设计实现一些其组分材料不具备的超常力学性能，是人工材料发展的新方向。

目前，力学超材料的设计采用“积木块”式的设计思路，所谓“积木块”式的设计指通过理性分析设计出具有一定特性的重复单元，即“积木块”，进而通过搭积木的方式实现组装。这种“积木块”式的设计不仅能够一定程度上简化设计流程，同时还能够更加突出理性设计。力学超材料的“理性设计”主要体现在“积木块”上，因此“积木块”的设计是力学超材料设计的关键。如图 9 所示，学者们已经基于晶胞结构、双 / 多稳态结构、折 / 剪纸结构提出了许多具有超常性能的力学超材料“积木块”，为超材料设计提供了丰富的素材。“积木块”的设计突出一个“理性”。例如，图 9 所示的直梁胞元，当受到 z 方向的拉伸载荷时，z 方向立柱会“推动”斜柱，从而使得横向“膨胀”，实现了宏观尺度的拉胀特性，即负泊松比效应。

除“积木块”本身性能之外，“积木块”的组装形式也是十分重要的。巧妙的组装方式能够实现“1+1>2”的效果，反之不当的组装方式会削弱胞元的超常性能。“积木块”的构筑方式如图 10 所示。目前，最常见的组装方式是周期延拓，这是一种最为简单直接的构筑方式，简单的周期延拓在相邻胞元之间引入了新的约束，进而可能会影响胞元结构的某些特性，如图 10(a) 所示的压扭结构，其扭转能力随胞元数目的增加而降低。在周期延拓的基础上引入梯度设计能够实现一定程度的性能可设计性，使得宏观材料性能更加丰富。此外，通过自相似结构可以实现多层级组装，这种多层级组装方式是极小尺度胞元结构组装成宏观尺度材料的有效方式。这些组装方式中，胞元之间约束比较强，因此无法充分发挥模块式设计的优势，在面对冲击载荷时局部易发生剪切失效，失效后的维修替换也相对比较麻烦。“单元 - 模块 - 阵列”组装方式能够有效解决局部剪切失效问题[19]，如图 10(f) 所示，该组装方式解耦了模块间的约束，使得模块不仅能够自由变形、有效地应对冲击载荷，而且还实现了力学性能的可在线编辑、可定制化设计，以及可形状记忆等特性，极大地丰富了该类材料的功能特性。

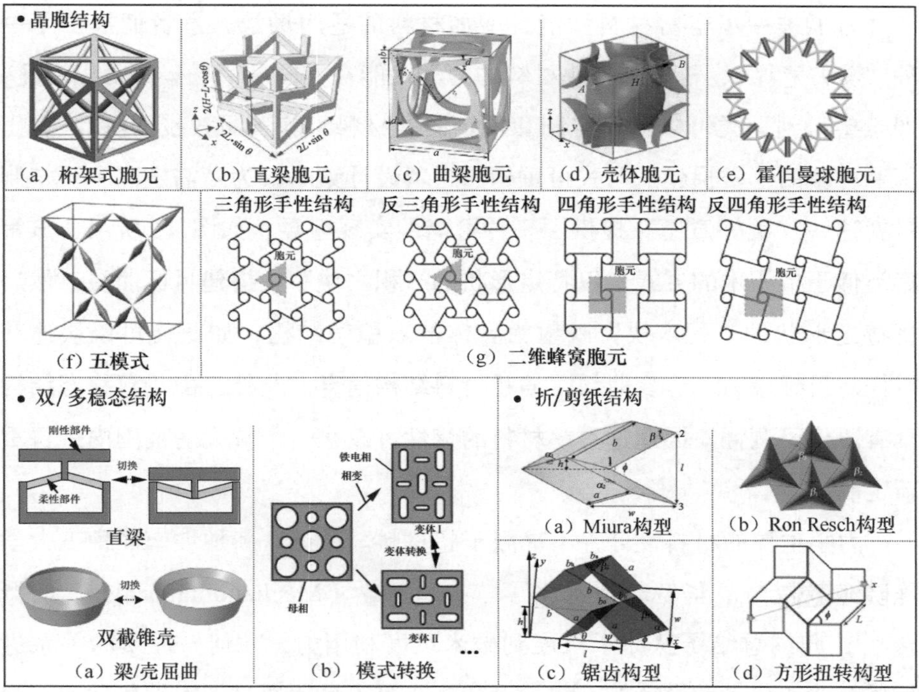

图 9　常见的力学超材料“积木块”结构[9]

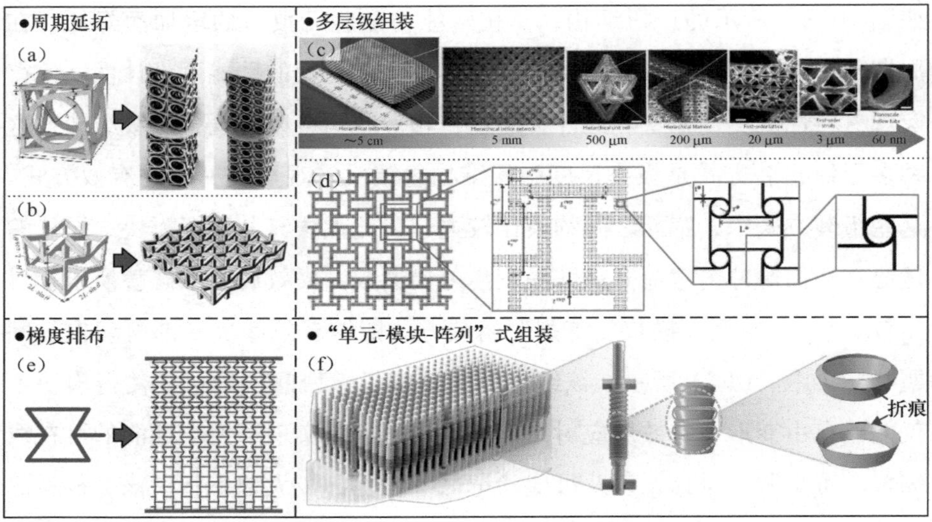

图 10 "积木块"的构筑方式[9]

为了进一步丰富材料性能、增加材料的适用场景，学者们提出了一种"美好意愿"，希望同一块材料的力学性能在不同应用场景下可以变化，即希望得到一类可以随需定制和再定制的材料。陈玉丽教授团队[20]提出了一种新的"楼梯建造"式可重构超材料设计策略，为随需定制和再定制材料这一"美好意愿"提供了一种可能的实现途径。如图 11 所示，该策略类似于搭积木的方式，以特定形状的"积木块"去搭建目标曲线，然后将特定形状的"积木块"映射为具体的双稳态结构，如此便可以快速获得任意目标应力 - 应变曲线下的超材料结构信息。此外，由于双稳态结构具有原位可调性，因此这类超材料的特性可以在一个较大的范围内进行重新定制。

力学主导的材料设计并不局限于超材料。最近，新加坡南洋理工大学陈晓东教授与高华健教授提出了"力材料学（Mechanomaterials）"的概念[21]，归纳总结了从原子尺度到微米尺度利用力 - 几何 - 性质的关系进行材料功能化主动设计的方法。例如，在原子尺度通过加工硬化的方式细化晶粒，从而提升晶体材料的强度；在分子尺度，通过引入柔性和刚性网络分子的相互穿透，可以解决常规凝胶强度低的不足；在微米尺度，通过仿生结构设计，可以提升材料力学性能。这些设计方法与多尺度力学分析相结合，可以有效地发挥力学的作用，使得力学更好地主导先进材料设计。

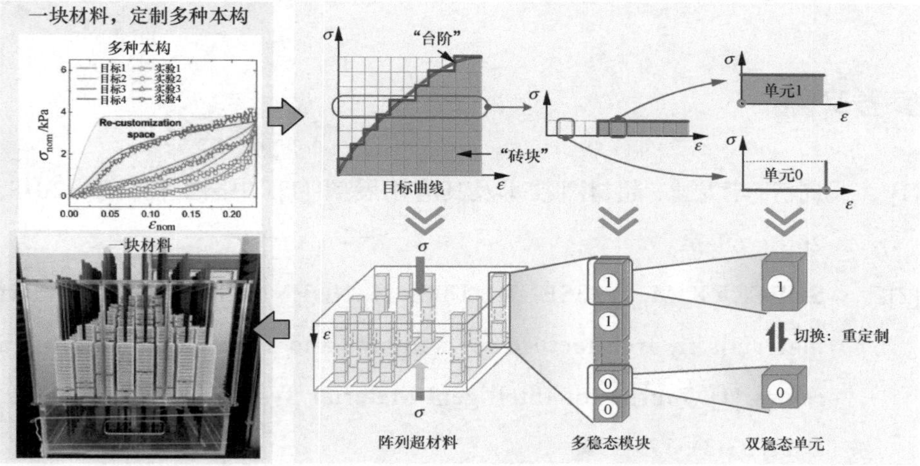

图 11　“楼梯建造”式可重构超材料设计策略

结语

材料工业是国民经济的基础产业，先进材料更是提升国家科技竞争力的关键基础和核心技术。目前，全球先进材料的技术壁垒日渐显现，垄断性也越来越强，美国、日本以及欧盟国家掌握着一些关键战略性先进材料的核心技术，而我国技术相对薄弱，在未来战略制高点的角逐中处于不利地位。随着美国“材料基因组计划”、欧盟“地平线”框架的启动，世界各国在先进材料领域的竞争愈发激烈。近些年，我国也积极推动了先进材料的发展，从国家层面到重点省市均在积极布局，发布了一系列关于先进材料的规划，为我国先进材料的发展创造了有利条件。为了推进先进材料的高质量发展，需要进一步夯实基础研究。放眼先进材料的发展，多尺度和精细化微结构设计是先进材料的必然趋势，多尺度力学在未来先进材料的研发中将扮演更加重要的角色。进一步完善多尺度力学基础理论、提升多尺度力学分析效率，必将有助于推动我国先进材料的高质量快速发展，对我国高水平科技自立自强形成有力支撑。

参考文献

[1] 周济, 李龙土. 超材料技术及其应用展望 [J]. 中国工程科学, 2018, 20(6): 69-74.

[2] SOBCZYK M, WIESENHÜTTER S, NOENNIG J R, et al. Smart materials in architecture for actuator and sensor applications: a review[J]. Journal of Intelligent Material Systems and Structures, 2021, 33(3): 379-399.

[3] 于相龙, 周济. 智能超材料研究与进展[J]. 材料工程, 2016, 44(7): 119-128.

[4] WEGST U G K, BAI H, SAIZ E, et al. Bioinspired structural materials [J]. Nature Materials, 2015, 14(1): 23-36.

[5] 陈玉丽, 马勇, 潘飞, 等. 多尺度复合材料力学研究进展[J]. 固体力学学报, 2018, 39(1): 1-68.

[6] NI X, FURTADO C, KALFON-COHEN E, et al. Static and fatigue interlaminar shear reinforcement in aligned carbon nanotube-reinforced hierarchical advanced composites[J]. Composites Part A: Applied Science and Manufacturing, 2019(120): 106-115.

[7] DE LUCA F, SERNICOLA G, SHAFFER M S P, et al. "Brick-and-Mortar" nanostructured interphase for glass-fiber-reinforced polymer composites[J]. ACS Applied Materials & Interfaces, 2018, 10(8): 7352-7361.

[8] ESPINOSA H D, FILLETER T, NARAGHI M. Multiscale experimental mechanics of hierarchical carbon-based materials[J]. Advanced Materials, 2012, 24(21): 2805-2823.

[9] CHEN Y, MA Y, YIN Q, et al. Advances in mechanics of hierarchical composite materials[J]. Composites Science and Technology, 2021(214). DOI: 10.1016/j.compscitech.2021.108970.

[10] CHEN Y L, LIU B, HE X Q, et al. Failure analysis and the optimal toughness design of carbon nanotube-reinforced composites[J]. Composites Science and Technology, 2010, 70(9): 1360-1367.

[11] CHEN Y, WANG S, LIU B, et al. Effects of geometrical and mechanical properties of fiber and matrix on composite fracture toughness[J]. Composite Structures, 2015(122): 496-506.

[12] HAO S, MORAN B, LIU W K, et al. A hierarchical multi-physics model for design of high toughness steels[J]. Journal of Computer-Aided Materials Design, 2003, 10(2): 99-142.

[13] CHEN Y, PAN F, GUO Z, et al. Stiffness threshold of randomly distributed carbon nanotube networks[J]. Journal of the Mechanics and Physics of Solids, 2015(84): 395-423.

[14] PAN F, CHEN Y, LIU Y, et al. Out-of-plane bending of carbon nanotube films[J]. International Journal of Solids and Structures 2017(106-107): 183-199.

[15] PAN F, ZHANG F, CHEN Y, et al. In-plane and out-of-plane stiffness of 2D random fiber networks: micromechanics and non-classical stiffness relation[J]. Extreme Mechanics Letters, 2020(36). DOI: 10.1016/j.eml.2020.100658.

[16] WANG S, CHEN Y, WU J, et al. A Mode-independent energy-based buckling analysis method and its application on substrate-supported

graphene[J]. International Journal of Solids and Structures, 2017(124): 73-88.

[17] PAN F, WANG G, LIU L, et al. Bending induced interlayer shearing, rippling and kink buckling of multilayered graphene sheets[J]. Journal of the Mechanics and Physics of Solids, 2019(122): 340-363.

[18] WANG S, CHEN Y, MA Y, et al. Size effect on interlayer shear between graphene sheets[J]. Journal of Applied Physics, 2017, 122(7). DOI: 10.1063/1.4997607.

[19] PAN F, LI Y, LI Z, et al. 3D pixel mechanical metamaterials[J]. Advanced Materials, 2019, 31(25). DOI: 10.1002/adma.201900548.

[20] LIN X, PAN F, YANG K, et al. A stair-building strategy for tailoring mechanical behavior of re-customizable metamaterials [J]. Advanced Functional Materials, 2021, 31(37). DOI: 10.1002/adfm.202101808.

[21] CAI P, WANG C, GAO H, et al. Mechanomaterials: a rational deployment of forces and geometries in programming functional materials[J]. Advanced Materials, 2021, 33(46). DOI: 10.1002/adma.202170359.

马勇，北京航空航天大学航空科学与工程学院博士后。主要研究方向为多尺度复合材料力学、微纳米力学。

潘飞，北京航空航天大学航空科学与工程学院副教授。主要研究方向为新型力学超材料 / 超结构设计和多尺度材料 / 结构力学。入选“国家博士后创新人才支持计划”，获得中国力学学会自然科学奖一等奖等荣誉。

陈玉丽，北京航空航天大学航空科学与工程学院教授、博士生导师，国家杰出青年科学基金获得者、教育部青年长江学者。长期从事多尺度复合材料力学、新型材料结构设计等相关研究。曾获中国力学学会自然科学奖一等奖（排名第 1）、中国力学学会青年科技奖、北京市教育教学成果奖一等奖（排名第 1）、国家级教学成果二等奖（排名第 1）等荣誉。

为飞行器织出“外衣”的纺织复合材料

北京航空航天大学航空科学与工程学院

颜世博

200 年前发明的纺织技术正在被用来制造今天的飞行器结构，并作为使能技术解决了一系列航空航天领域的技术挑战。纺织复合材料具有高比刚度、比强度以及优异的能量吸收和抗疲劳性能，长期以来一直作为结构材料用于满足航空航天等领域对轻质结构不断增长的需求，其在飞机结构上的应用是提高飞机性能和降低碳排放量的一种重要途径。纺织复合材料是纺织技术与复合材料技术交叉学科的产物，力学是纺织复合材料结构设计的基础。本文将从纺织技术和纺织复合材料的起源开始，重点介绍从二维纺织到三维纺织后带来的优势和挑战，谈一谈未来纺织复合材料技术的发展方向。

纺织技术与纺织复合材料

1805 年，在法国里昂（当时的世界丝绸织造之都），出生于织布工家庭的法国人约瑟夫·玛丽·雅卡尔（1752—1834）发明了控制织布机图样的纹板，即穿孔卡片替代纸带，通过传动机件带动一定顺序的顶针拉钩提升经纱，实现了在不需要织布工干预的情况下织出花纹，引发了纺织产品革命。该发明被称为雅卡尔织机或提花机（见图 1），工业革命以后改用蒸汽动力代替脚踏传动遂成为自动提花机，自动提花机后来广泛传播世界并改用电动机发动。至今提花技术仍在不断发展。

图 1　早期的提花机

世界著名飞机制造商德国多尼尔公司在“二战”后开始制造纺织机并建立了林道尔·多尼尔有限公司，其调整业务定位的一个重要原因是因为当时盟军禁止该公司在德国制造飞机。林道尔·多尼尔有限公司在新领域的第一个研究成果是有梭织机，此外1967年开发的剑杆织机使林道尔·多尼尔有限公司一跃成为德国唯一一家具有世界知名度的纺织机制造商。

在包括航空航天等诸多工业中，轻量化设计越来越重要。从20世纪70年代开始，随着具有高比刚度、比强度性能的碳纤维制造技术的成熟，很多飞机制造公司逐渐开始使用纤维增强复合材料代替金属材料制造飞机结构。同一时期，既是使用金属材料制造飞机的先驱又是世界知名纺织机制造商的林道尔·多尼尔有限公司，率先将纤维织造成的织物作为增强材料制备复合材料，即纺织复合材料，并引入飞机结构中。碳纤维、玻璃纤维等高性能纤维的单丝直径都在微米级，织造成的织物在使用、存储上更加方便，这使得纺织复合材料至今仍是制造飞机轻量化结构的一种主要材料。

从纺织技术的角度分类，常用的二维纤维机织物的图样可分为平纹、缎纹和斜纹3种形式（见图2），其中沿着织物长度的方向称为经向，垂直于织物长度的方向称为纬向。尽管提花机已经具备了自动化能力，即可以制造任意图样的织物，但从复合材料力学性能和行业标准化角度考虑，常用的二维织物图样多被限制为具有周期性的平纹、缎纹和斜纹。而以上3种织物中，又要根据力学性能和复杂外形结构的可制造性进行选材。这里主要考虑的影响因素有：① 纤维是各向异性材料，纤维在织物中的屈曲的增多会导致材料刚度降低；② 对于有复杂曲面外形的结构，要选择铺覆性好的图样织物，否则容易出现褶皱等缺陷。

除了上述的机织工艺外，使用编织、针织、缝合等织物制造的复合材料同属于纺织复合材料。另外，从复合材料结构应用的角度出发，除了织造单层的织物外，具有一定厚度的三维织物更具有优势。因此，机织、编织等纺织工艺也不断向三维厚织物发展。

（a）平纹　　（b）缎纹　　（c）斜纹

图 2　常用二维纤维织物的图样

纺织复合材料结构的制造

通过纺织工艺制造得到二维或三维的织物后，就可使用液体成型工艺，如树脂传递模塑（Resin Transfer Moulding, RTM）制造复合材料结构。RTM 的主要原理是在模腔（模腔需要预先制作成特定尺寸）中铺放按性能和结构要求设计的增强材料预制体（增强体），在一定压力范围内，采用注射设备将专用树脂体系注入闭合模腔，通过树脂与增强体的浸润固化成型。模具具有周边密封、紧固、注射及排气系统，以保证树脂流动顺畅并排出模腔中的全部气体和彻底浸润增强体；同时可使用加热系统或额外使用烘箱加热固化复合材料构件。RTM 相比于成熟的预浸料 / 热压罐成型工艺，在降低材料成本和制造成本方面效果显著，且在制造小型复杂形状结构时更具优势。

从二维纺织到三维纺织——优势与挑战

二维层合复合材料由于缺少厚度方向的增强，若结构中存在较大层间应力首先会导致分层损伤，继而降低结构性能；在某些载荷工况下，分层扩展极其迅速以至于破坏结构完整性，分层因此也被认为是层合复合材料结构中一种极具灾难性的破坏模式。在抑制或减少较大面外、层间载荷对复合材料结构的分层破坏，提高结构的损伤容限，以及采用非热压罐成型等低成本工艺方面，三维增强纺织复合材料作为一种潜在的解决方案一直备受国内外学者关注。

根据纺织工艺不同，常见的三维增强纺织复合材料可分为缝合、三维编织和三维机织等，其预制体工艺形式和复合后的材料结构优缺点比较如图 3 所示。缝合复合材料是在传统层合复合材料制造工艺的基础上引入厚度方向的缝合增强，其对 I 型裂纹的扩展具有很好的抑制作用，但缝合复合材料面内力学性能可能会因为缝合工艺造成的纤维损伤而有所下降。三维编织复合材料需要使用特殊定制的编织设备制造预制体，由于预制体交织程度极高，故得到的复合材料整体性很好；但预制体中直纤维的比例较少，导致复合材料刚度不高，不太适合用于比刚度要求较高的结构。

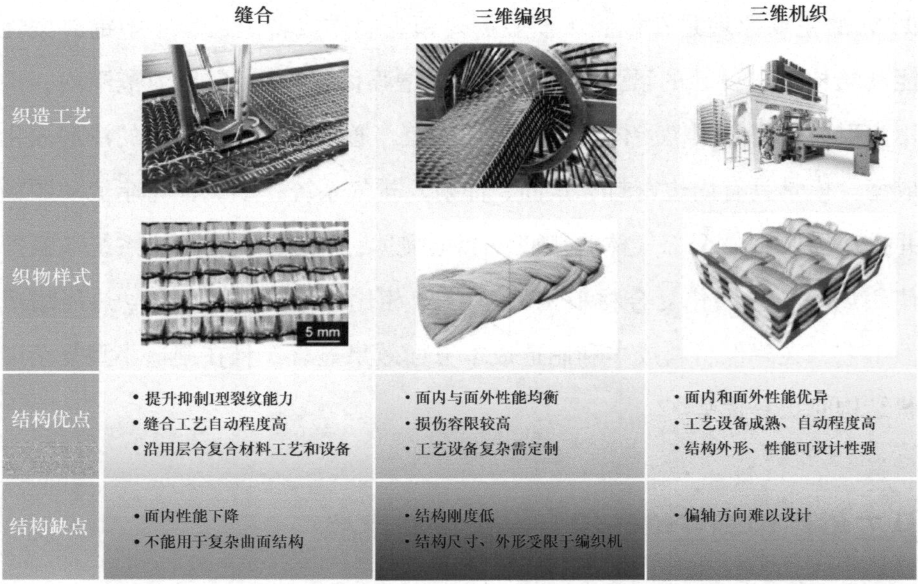

图 3　常见三维增强纺织复合材料介绍及优缺点对比[1-3]

三维机织复合材料作为三维增强纺织复合材料的一种，是三维机织技术与复合材料技术交叉融合的产物。近年来，三维机织复合材料成功在典型航空航天结构上应用，并迅速成为研究热点。三维机织复合材料具有厚度方向的增强和立体交织的纤维结构，并保持有0°（经纱）和90°（纬纱）两个方向的直纤维，成型后的复合材料具有出色的连续性和整体性，成为在受冲击、疲劳和一些极端力、热载荷等应用中的一种极具吸引力的候选材料。通常三维机织复合材料预制体按照法向纱的路径不同可分为三向正交、贯穿角联锁、层层角联锁3类（见图4），但是每类又可以有极多的变种。因此，三维机织复合材料可设计性极强，通过改变材料内部纤维结构能够得到分散性很大的力学性能，可以根据特定使用要求“量体裁衣”地进行材料设计。到目前为止，三维机织复合材料被认为是最先进的结构材料之一，通常被用来满足航空航天工业对结构性能和减重日益苛刻的需求[3]。追求更高的产品性能导致一些关键结构部件承载能力或质量要求苛刻，而传统的层合复合材料无法满足这些要求，因此三维机织复合材料的设计与应用已成为新一代飞行器研制的核心技术和重点发展领域。

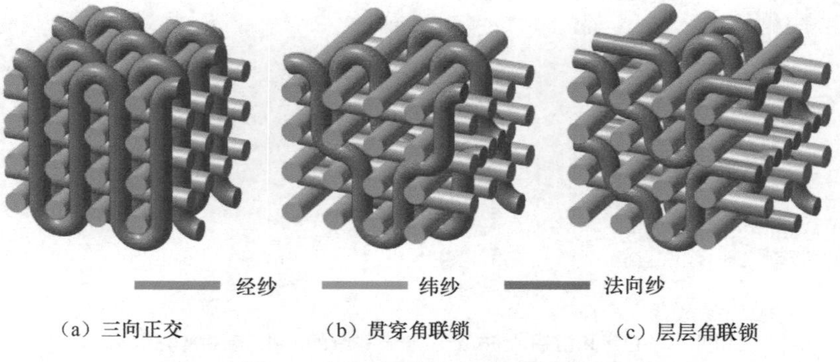

图4 常见3种典型三维机织复合材料预制体

三维机织复合材料在航空航天领域的应用及挑战

近年来，三维机织复合材料作为一种使能技术，开始应用于航空航天领域高端装备的关键结构上。例如，CFM国际公司研制的LEAP涡扇发动机首次利用三维机织复合材料制造发动机风扇叶片和机匣后，使该发动机的燃油经济性和碳排放量等指标在同类产品中领先；美国国家航空航天局新一代载人太空船猎户座的结构热防护部件，在由三维机织复合材料代替原层合复合材料的设计后，可以满足从地球轨道以外返回再入大气层时所需的结构力、热强度要求。这些在高端装备上成功的应用案例充分证明了三维机织复合材料的优势和发展潜力。

三维机织复合材料具有极强的异形构件近净成形能力。三维织造技术实现了对单个经纱的独立控制，除了生产扁平等横截面三维预制体外，通过融入分叉、曲率和横截面变化等几何特征到扁平机织预制体，还能够制造与最终复合材料结构构件外形近净成形的预制体，并保持构件内部纤维结构的连续性和整体性。图 5 所示为一些由分叉机织近净成形方法制造的异形构件典型示例。

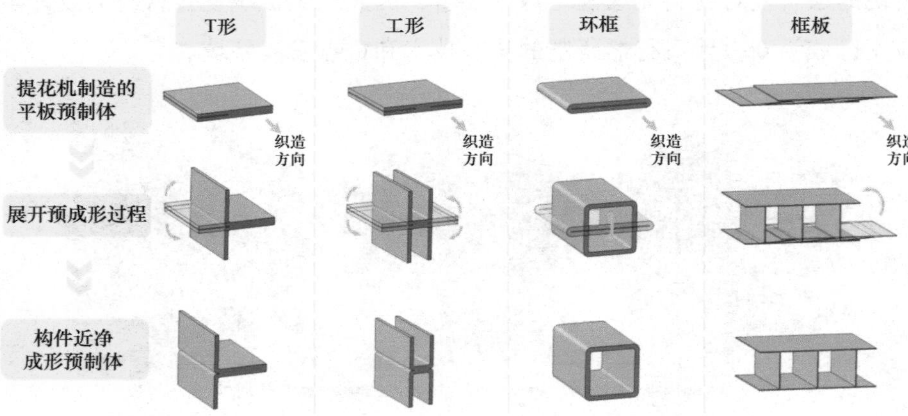

图 5　由分叉机织近净成形方法制造的异形构件典型示例

通过使用三维机织近净成形预制体制造复合材料结构构件，能够极大地利用三维机织复合材料在成本和力学性能方面的优势，既可以通过减少下料、铺层工序和使用非热压罐成型工艺降低构件制造成本，又能够通过内部整体的纤维结构提高构件抗分层能力和损伤容限。例如，颜世博等[4]通过实验研究发现在拉托载荷下三维机织复合材料近净成形的 T 形接头比纤维体积含量（V_f）近似相近的二维斜纹机织复合材料接头在强度方面具有很大优势，且不同机织方案下（相同 V_f 情况下）的三维机织复合材料 T 形接头失效模式不同，最终强度可相差一倍以上，充分地证明了三维机织复合材料的力学性能优势和可设计性。该项研究的两种三维机织预制体结构、实验载荷形式和响应曲线如图 6 所示，其中两种三维机织预制体方案的差异仅体现在缘条、腹板交会区的纬纱路径上[4]。

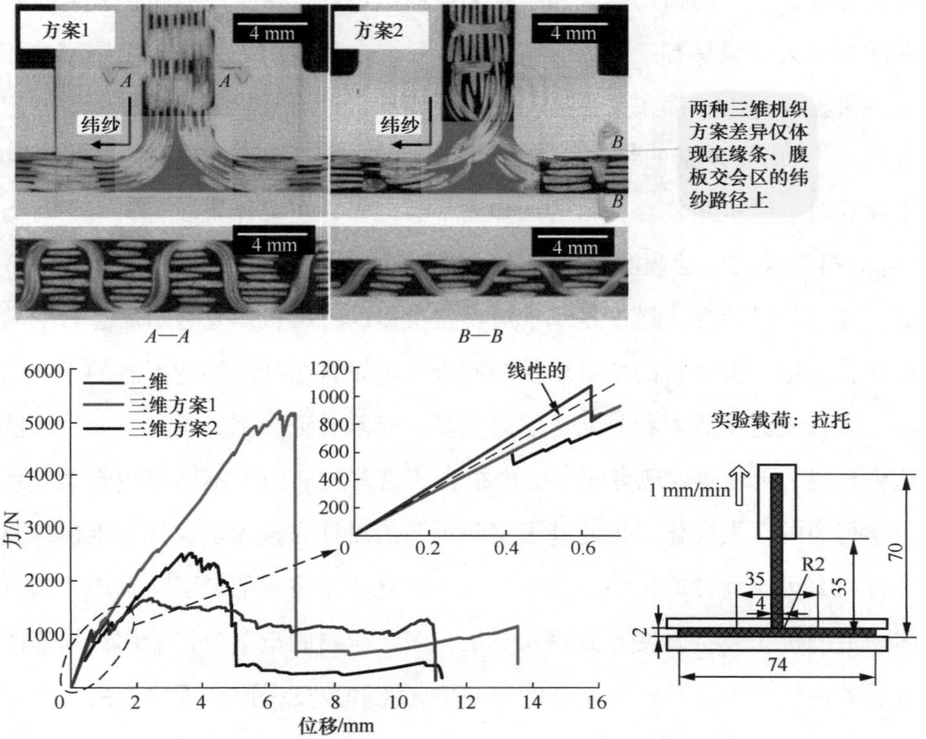

图 6　二维机织复合材料（V_f=55%）T 形接头与两种同纤维体积含量（V_f=45%）的三维机织复合材料 T 形接头在拉托载荷下的力 - 位移响应对比结果

美国国家航空航天局在 20 世纪 80 年代立项的先进复合材料技术（Advanced Composites Technology，ACT）项目中首先开始关注三维机织复合材料的基础研究工作[2]，并与多家飞机制造商合作评估了三维机织复合材料在几种典型飞机结构（如飞机舷窗框、加筋板的筋条）上的潜在应用。尽管 ACT 项目就已经验证了三维机织复合材料在损伤容限和制造成本方面的优势，但如今大量的飞机结构仍使用相对成本高的预浸料层合复合材料制造。究其原因，限制三维机织复合材料大规模应用的一个主要因素是缺乏成熟的设计理论和工具用于分析 / 预测不同机织设计方案（或纤维结构）与产品力学性能之间的关系。三维机织复合材料的损伤失效行为具有渐进式、多模式、多尺度等特点，纤维结构在不同载荷工况下带来的各向异性或导致的损伤模式和结构响应截然不同。由于三维机织复合材料在航空航天领域具有广阔的应用前景，目前包括我国在内的多个国家的相关科研机构和大学都在关注这种材料的设计理论与分析方法并取得了一定进展 [5-7]。由于复杂的纤维结构和由此带来的各向异性，现阶段学术界和工业界对三维机织复合材料的认知还不够完善，主要体现在材料力学行为（包括损伤模式）的预测精度不高或模型过度依靠实验数据参数拟合等方面。现有的设计方法通常是基于对特定类型的三维机织复合材料进行实验观察和测量，但材料的三维增强结构极大地拓宽了纤维结构形式的设计空间，实验研究从成本和时间考虑只能基于经验验证少部分设计方案，无法达到最优；同时通过现有观测已经报告了这些材料由于不同机织方案导致力学行为的巨大变化，因此基于实验观测的设计方法无法发挥三维机织复合材料高可设计性的优势。此外，由于缺乏应用需求的牵引，在用于预制体制造的机织设备研发方面投入不足，多数织物制造单位仍沿用经局部改造后的传统纺织设备，可制造的预制体幅宽和厚度受限，无法应用于大尺寸复合材料结构（但长度 / 经纱方向不限）。同时，传统的机织设备只能沿 0° 和 90° 两个方向插入纱线，在一定程度上也限制了偏轴载荷下三维机织复合材料结构的设计。值得注意的是，目前已经有具有斜向纱线制造能力的机织设备原型样机的相关研究和报道 [3]，因此这些暂时的制造约束会随着应用的牵引被逐渐减弱或消除，继续提升三维机织复合材料的可设计性。

结语

三维纺织复合材料结构的未来应用前景是积极的，其应用将朝两大方向发展。第一个方向是使用厚的三维织物，简化复合材料铺放而缩短制造时间。第二个方向是更复杂的预制体形状，适用于航空航天各类复杂结构的近净成形，但目前这些复杂形状结构的应用还处于较低水平。随着更复杂形状可制造性的提升，限制应用的一个主要障碍是目前无法可靠地预测此类结构的性能，缺少复合材料预制体的设计方法，未来将不可避免地继续研究纺织复合材料力学问题。

参考文献

[1] POE JR C C, DEXTER H B, RAJU I S. Review of the NASA textile composites research[J]. Journal of Aircarft, 1999, 36(5): 876-884.

[2] 成传贤, 燕瑛. 美国宇航局（NASA）的先进复合材料技术（ACT）的研究设计及纺织复合材料的发展[C]// 第十届全国复合材料学术会议. 北京: 中国宇航出版社, 1998: 992-995.

[3] 陈利, 赵世博, 王心淼. 三维纺织增强材料及其在航空航天领域的应用[J]. 纺织导报, 2018(S1): 82-89.

[4] YAN S, ZENG X, LONG A. Experimental assessment of the mechanical behaviour of 3D woven composite T-joints[J]. Composites Part B: Engineering, 2018(154): 108-113.

[5] LIU, G, ZHANG L, GUO L C, et al. Multi-scale progressive failure simulation of 3D woven composites under uniaxial tension[J]. Composite Structures, 2019(208): 233-243.

[6] WANG L, SUN B Z, GU B, Mode-I fracture crack growth behaviors of 3-D angle interlock woven composites under low-velocity wedge-

loaded impact[J]. Engineering Fracture Mechanics, 2021(242). DOI: 10.1016/j.engfracmech.2020.107468.

[7] YAN S, ZENG X, LONG A, Meso-scale modelling of 3D woven composite T-joints with weave variations[J]. Composites Science and Technology, 2019(171): 171-179.

颜世博，北京航空航天大学航空科学与工程学院飞机系副教授、博士生导师，入选国家级海外青年人才计划和北航青年拔尖人才计划。主要从事三维增强纺织复合材料的设计与优化、飞行器复合材料结构分析方法与工具软件开发等方面的研究。在复合材料领域学术期刊及国际会议上发表论文 20 余篇，取得专利授权 2 项、软件著作权 1 项。担任中国复合材料协会青年工作委员会委员，教育部飞行器设计与工程专业虚拟教研室工作委员会委员。

从安全寿命到数字孪生
——飞机结构抗疲劳设计

北京航空航天大学航空科学与工程学院

汪朝阳　董雷霆

自金属被广泛用于制造飞机结构以来，飞机的性能就获得了大幅提升。然而，金属结构在重复使用过程中会毫无先兆地出现疲劳裂纹并不断扩展至结构断裂，这一特征是影响飞机飞行安全的关键问题。与疲劳的对抗几乎贯穿了飞机的整个发展历程，从早期采用安全寿命设计“退役保安全”，到如今能够基于数字孪生技术实现对单机健康状态的准确追踪，针对金属结构疲劳失效的分析与设计方法不断进步，飞机的飞行安全也得到了越来越有力的保障。

为什么飞机中金属的抗疲劳设计很重要

1. 飞机结构材料的发展：从木材到金属

与其他交通工具不同，飞机首要考虑的技术指标便是质量，或者更具体地说是功率质量比和强度质量比。因此，木材在飞机诞生初期几乎是制造飞机的唯一可行材料，用于建造足够轻且足以承受飞行载荷的支撑面。第一次世界大战中的经典飞机为金属丝支撑木纤维双翼飞机，其机翼采用标准的翼梁和翼肋组成[1]，如图 1 所示。

图 1　第一次世界大战期间经典的木质飞机及其机翼结构

战争的催化让航空工程师竞相设计性能更好的飞机。1915 年，德国著名飞机设计师胡戈·容克斯制造了第一架全金属飞机 J1，其采用金属蒙皮作为覆盖层的悬臂式单翼结构，具有更大的承载潜力，日后也成为主流的飞机机翼结构设计。从第一次世界大战后期开始，飞机结构材料逐渐由木材向金属转变，到 1935 年后，木材和织物在飞机结构中已不再占主导地位。波音 247D 与道格拉斯 DC-3 全金属商用飞机的出现标志着飞机结构材料由木材全面转变为金属 [2]，如图 2 所示。

(a) 波音 247D 的金属单体机身结构　　(b) 道格拉斯 DC-3 的金属机翼结构

图 2　波音 247D 与道格拉斯 DC-3 全金属飞机结构

金属具有强度高的优点，飞机结构材料由木材转变为金属，能够承受飞机性能提升带来的更大的载荷。此外，针对不同需求可以定制化使用不同金属材料，且金属易于加工成各种形状，能够降低对飞机设计者的约束等。因此，一直到今天，金属仍然被广泛用于制造飞机的关键结构 [3]。

2. 金属应用于制造飞机结构伴随而来的疲劳失效问题

早在 19 世纪，科学家与工程师就认识到金属材料会在没有任何先兆的情况下发生破坏，并对这种现象开展研究，其中德国工程师奥格斯特•维勒的研究引起了广泛的关注。他认识到远低于结构静强度的单次载荷不会造成结构的损伤，但是同样的载荷循环多次却会导致结构的完全破坏，这便是金属的疲劳现象。进入 20 世纪，人们已经认识到重复施加的载荷作用在材料中引起的疲劳机制，即首先是小裂纹形核，接着裂纹在交变载荷作用下不断扩展，并最终导致材料彻底断裂 [4]。

图 3 所示为疲劳裂纹的形核与扩展过程。在图 3(a) 中，由于材料表面约束少，所以在交变载荷的加载情况下会从表面区域开始循环滑移产生

滑移台阶，滑移台阶边缘新暴露的材料会迅速被氧化物层覆盖，且氧化物层不容易被去除，这意味着这种循环滑移是不可逆的。在交变载荷卸载过程中会出现反向滑移，同样由于滑移是不可逆的，因此在施加循环载荷过后会在材料表面产生显微挤入，如图 3(b) 所示。材料表面在经过多个循环后 [从图 3(a) ～ (d)]，会形成滑移带，而微裂纹很有可能沿滑移带首次出现。同理，载荷顺序相反也可能造成材料的显微挤出，如图 3(e) 所示。当材料中微裂纹形核后，在交变载荷的作用下裂纹会不断扩展，如图 3(f) 所示，最终导致结构的断裂失效。

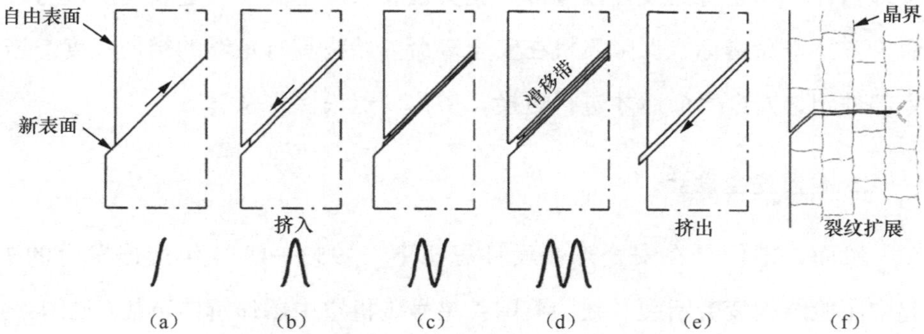

图 3　疲劳裂纹的形核与扩展

3. 结构疲劳问题严重影响飞机飞行安全

20 世纪 40 年代以前，飞机主要被用作军事用途，由于结构设计方法很保守、安全裕度大，因此疲劳问题一定程度被掩盖了。第二次世界大战之后，随着对飞机性能提高的不断追求，结构材料、服役条件等均发生了较大变化，由疲劳问题导致的航空事故频繁发生。据统计，在 1927—1981 年间发生了 1800 多起疲劳失效导致的严重事故，造成了 2000 人以上的死亡 [5]。除此之外，金属结构的疲劳问题还会造成巨大的经济损失，据统计，2005—2020 年间，美国空军为疲劳相关事故的损失花费超过 20 亿美元 [6]。因此，避免飞机结构因疲劳失效至关重要，需要通过恰当的抗疲劳设计与综合保障实现。

飞机结构抗疲劳设计的发展历程

1. 安全寿命设计

为了避免由疲劳失效导致的航空安全问题，安全寿命思想于 1945 年被写入民航条例 CAR 4b.316，成为飞机结构抗疲劳的主要对策。以损伤累积思想为基础，安全寿命设计选择合理的设计载荷谱，基于对结构关键部位的应力分析，结合材料或零部件的性能数据等对金属结构的寿命进行合理估计。安全寿命设计以零部件疲劳裂纹长度不大于规定长度的疲劳寿命为安全寿命指标，保障飞机在安全寿命内始终具有足够的结构强度。当零部件到达安全寿命后才进行更换，俗称“退役保安全”。

2. 破损安全设计

然而，即便是在安全寿命设计思想下，1953—1954 年接连发生的 3 起增压舱结构疲劳断裂导致的英国彗星号飞机空中爆炸解体事故（见图 4）说明飞机结构疲劳问题并未得到有效解决。

为了探究机舱爆炸解体的起源，英国范堡罗皇家飞机研究所的工程师将一架彗星号飞机退役，通过反复将水抽入、排出机舱的方式模拟机舱增压与减压循环（见图 5）。机舱加压高于大气压约 57 kPa，与此同时，飞机的机翼还受到液压千斤顶的压力以模拟典型飞行条件下的机翼载荷。

图 4　彗星号飞机增压舱段解体碎片

图 5　地面模拟彗星号飞机机舱加压与减压循环

经过大约 3000 次加压与减压循环后，源自机舱窗户一角的疲劳裂纹不断发展，直至金属蒙皮被刺穿。英国范堡罗皇家飞机研究所的测试与事故分析表明，3 起彗星号飞机空中爆炸解体事故中的客舱故障均是疲劳开裂造成的，而疲劳开裂的原因是客舱窗户开口附近铆钉孔处的应力升高超出预期。如图 6 所示，Swift 指出蒙皮的面外弯曲会导致内部主应力显著升高，而面外弯曲现象在彗星号飞机的设计过程中并未考虑到，因而未能对所有可能产生疲劳失效的细节进行可靠的安全寿命设计。同时，在考虑不全面的情况下又缺少足够的测试验证，因而最终没能避免事故的发生。

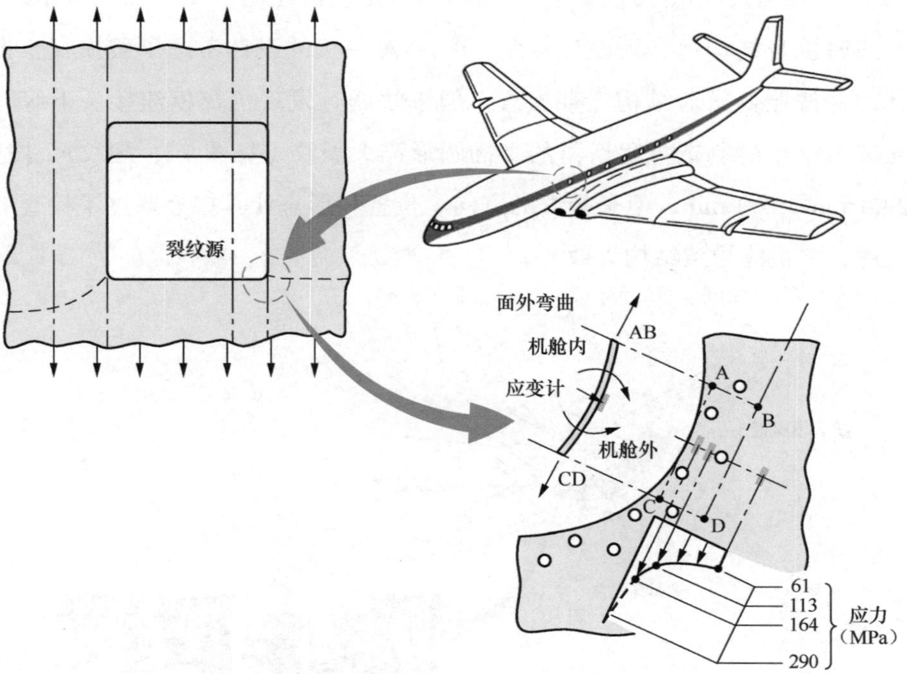

图 6　对彗星号飞机修复后获得的应力分布，蒙皮面外弯曲会导致内部主应力显著升高

由于彗星号飞机失事后急需有效工程方法进行补救，故航空工程师提出了一种偏向于依靠工程设计来保证飞机结构安全的设计思想，即破损安全设计思想。1956 年，民航条例 CAR4b.270 提出了破损安全设计思想，并将其与安全寿命设计思想共存并行，对安全寿命设计思想形成有利

补充。破损安全设计要求结构具有足够的冗余，即使大型结构的单个构件发生故障，其余部分也应具有足够的结构完整性，且同时要求裂纹检测技术能够识别缺陷以实现及时维修或更换。

3. 损伤容限设计

破损安全设计思想引入后，飞机结构具有了更高的安全冗余，这给予了航空工程师更多的时间与机会使他们在结构发生疲劳损伤后能够及时检出损伤并进行维修，从而避免了损伤进一步扩展导致结构失效。然而 1969 年一架仅经历 107 飞行小时的 F-111A 飞机在低空飞行训练时坠毁，坠毁时机身结构远未到设计寿命。F-111A 飞机的设计考虑了破损安全设计，并按照要求对结构定期检查，但事故调查发现机翼枢纽接头下缘存在未被检出的制造过程遗留的半椭圆形淬火裂纹（见图 7），裂纹尺寸达 23.4 mm × 5.9 mm，但是裂纹的方向、位置和形态让其接连躲过了检查的工序，并最终导致结构失效[7]。

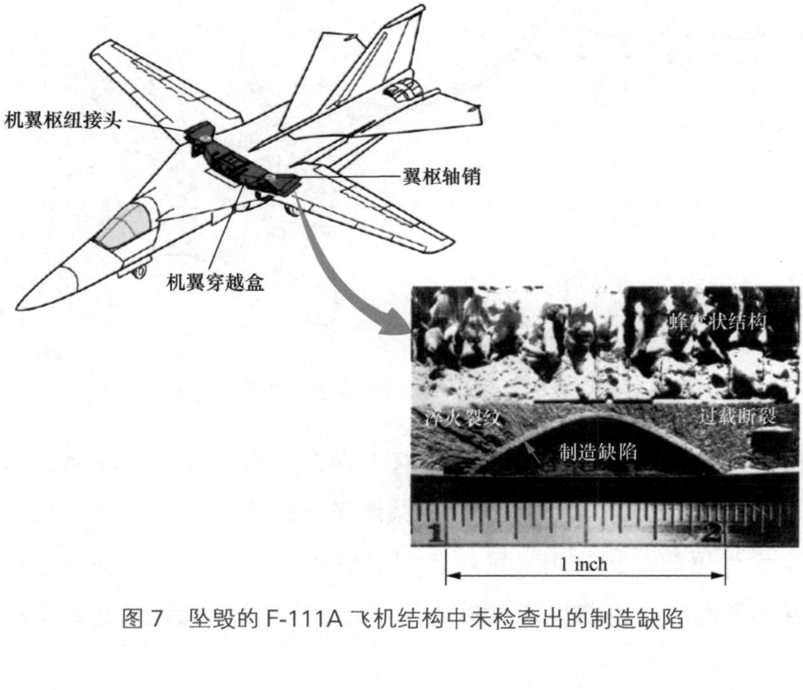

图 7　坠毁的 F-111A 飞机结构中未检查出的制造缺陷

F-111A 飞机的坠毁事故表明，破损安全设计虽然要求对疲劳关键结构进行检查以防止裂纹增长到危害结构安全的尺寸，但并不能给出合理的检查周期，也并没有考虑到检测手段本身可能具有的误差，即可能存在缺陷未检出的状况。这进一步促使了飞机结构抗疲劳设计理念的转变，美国空军在军用规范中纳入了损伤容限设计思想，即关键结构必须能够容许损伤扩展一段时间，那么即使结构存在初始缺陷或漏检缺陷，也能保证在特定时间内损伤不会直接扩展至危害结构安全。

损伤容限设计思想最早起源于 1955 年，Paris 作为波音公司的教职员工在对彗星号飞机事故的研究中发现了裂纹扩展的相似性规律，随即他招募断裂力学专家，应力强度因子的提出者 Irwin 加入波音公司，尝试基于断裂力学与裂纹扩展的研究来合理表征裂纹的扩展规律，以对设计、维修人员提供指导，由此损伤容限设计思想逐步发展起来。如图 8 所示，飞机结构损伤容限设计思想是假设结构在一开始服役使用时就带有缺陷或损伤（一般可将无损探伤设备的探伤极限作为初始裂纹尺寸），基于存在初始缺陷（一般用裂纹等效）时的裂纹扩展分析，通过设计的方法保证缺陷或损伤在规定不修理使用期内的增长在一定范围内，在这个范围内结构应满足规定的剩余强度的要求（含缺陷或含裂纹结构的承载能力），以保证结构的安全性和可靠性。

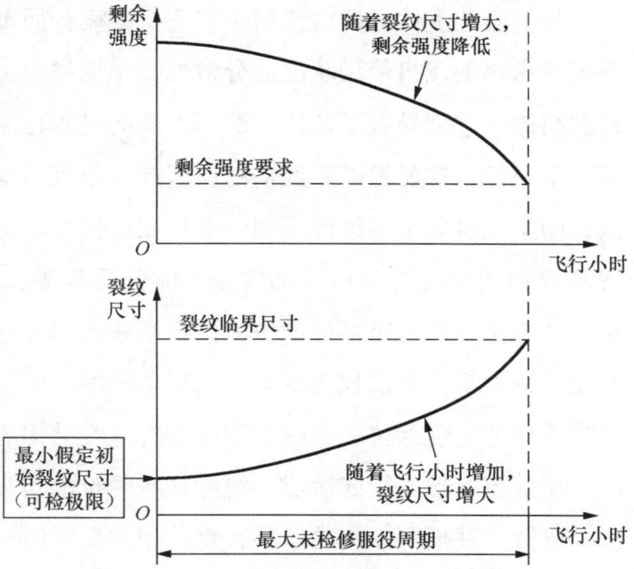

图 8　损伤容限设计思想

4. 单机追踪

早期对于机群而言，所有飞机的损伤容限分析采用统一的设计载荷谱，从而给定的检修间隔也是相同的。但实际上由于任务的多样性和飞行员的习惯差异将会造成每架飞机经历不同的载荷历史，每架飞机的使用情况是不尽相同的，如图 9 所示。

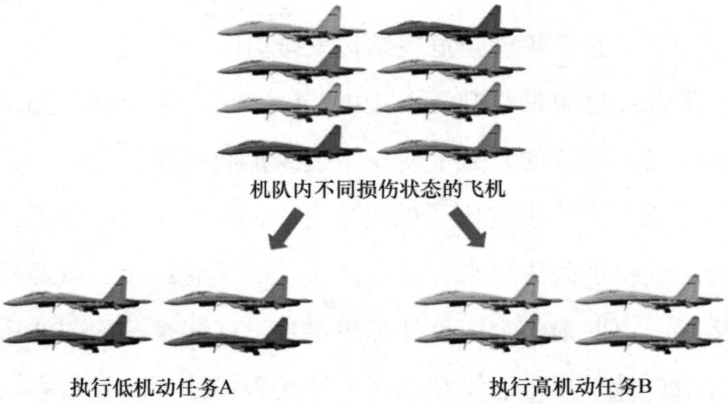

图 9　机队中每架飞机的维护状态与使用情况不尽相同

为了避免整体机群中任何一架飞机因疲劳而出现结构失效的问题，就需要考虑每架飞机使用状况的分散性，早期航空工程师采用较为严厉的设计载荷谱，这就导致了使用情况不严重的飞机也需要经历频繁的检查，甚至过早退役，这显然是不经济的。因此，单机追踪技术近些年开始受到关注，即给飞机各个关键部位加装数据测量仪器，记录飞机飞行过程中的飞行参数和疲劳关键部位上的应变 - 时间历程等，根据数据的实时采集结果，计算出飞机危险部位的疲劳损伤累积并以此作为参量估算飞机的剩余寿命，达到个性化监控飞机寿命指标消耗的目的。目前，单机追踪已经发展到将疲劳危险部位的载荷监测改进为危险结构的监测与诊断，即通过光纤、压电传感器、智能涂层、智能材料等技术实现对飞机关键部位局部裂纹、腐蚀、磨损等损伤的监测，将使用中发现的损伤情况与理论计算得到的损伤值融合在一起作为飞机使用寿命的依据[8]。

5. 数字孪生技术

在安全寿命设计、破损安全设计与损伤容限设计的基础上进一步采用单机追踪的方案后能够考虑每架飞机载荷历史的多样性，然而工程实践中的大多数单机寿命监控系统仅监测飞机过载等载荷数据，并没有考虑诸如载荷不确定性、材料参数不确定性、裂纹尺寸不确定性等认知不确定性。美国空军一直在资助飞机数字孪生的研究，将对多源随机因素的综合考虑作为单机寿命监控系统的扩展，也被称作预测性和概率性的单机追踪（Prognostic and Probabilistic Individual Aircraft Tracking，P2IAT），如图 10 所示。美国空军采用的P2IAT中结合了飞机的运维数据和多物理仿真方法等，给出单机的结构应力、裂纹扩展以及剩余寿命的概率分布，通过将不确定源考虑其中来提高单机追踪的能力。

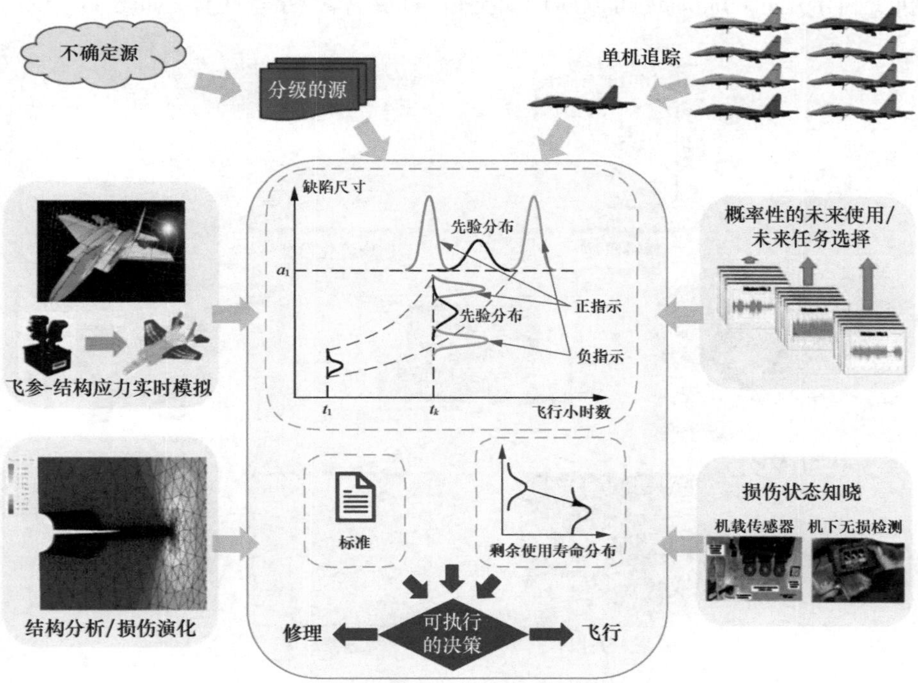

图 10　预测性和概率性的单机追踪（P2IAT）

P2IAT 本质上是飞机结构数字孪生用于飞机寿命管理的具体实现。而数字孪生这一概念最早由美国密歇根州立大学的 Grieves 教授在 2003 年提出，在当时被称为“与物理产品等价的虚拟数字化表达”[9]。随后美国空军研究实验室（Air Force Research Laboratory，AFRL）提出将数字孪生技术应用于飞机结构寿命管理的设想，以用于未来复杂环境下服役飞机的运行维护。

AFRL 对建立飞机结构数字孪生的目标是：① 具有高保真度，即飞机的数字孪生体应包含飞机实际制造过程的公差和材料特性等；② 能快速模拟，即借助高性能计算等，在飞机研制阶段就能利用数字孪生机体进行大量虚拟飞行试验以发现非预期失效模式；③ 能综合分析各类传感器数据，实时更新飞机状态，即基于飞机上布置的多种传感器实时采集飞机飞行过程中的各类数据输入数字孪生体，从而实时更新其结构响应并预测机体的实际寿命消耗[10-11]。当飞机结构数字孪生技术发展成熟的时候，把实体飞机交付给用户的同时还可以向用户交付飞机结构数字孪生体，如图 11 所示。

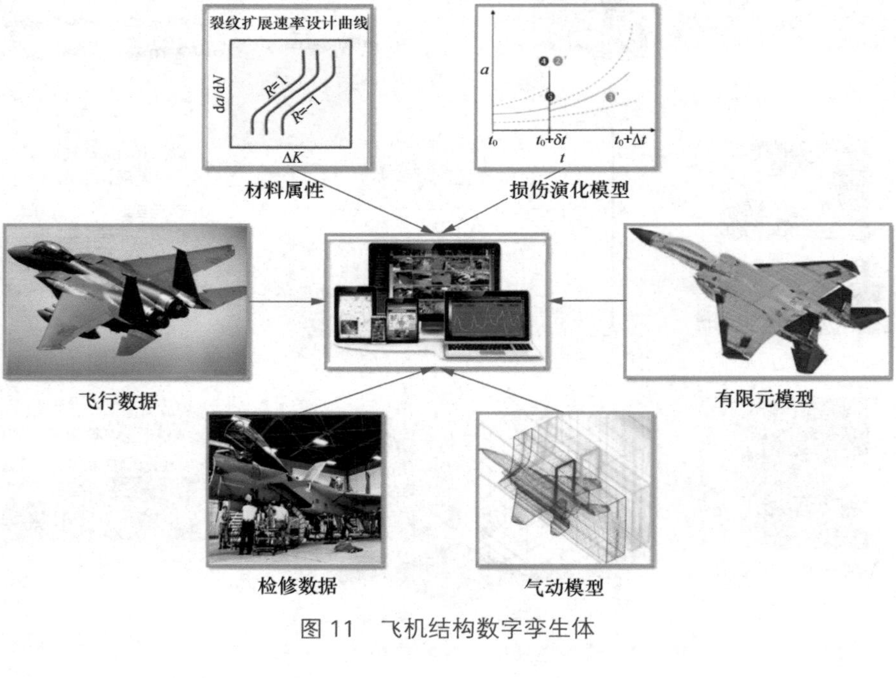

图 11　飞机结构数字孪生体

在飞机运行维护阶段，基于飞机的历史运行数据与地面检修记录等，结合实时监测的飞机飞行状态，结构关键部位的载荷与损伤状态等，将综合信息映射到数字孪生体上，随后数字孪生体通过高性能多保真度仿真分析模型处理上述数据并预测结构剩余寿命。通过飞机结构数字孪生体对飞机的运行维护提供指导，将能够实现飞机结构的早期故障预警与异常检测，并能够基于时效性的飞机损伤状态更新，个性化地给出单机检测维修时间，以进行高效的飞机维护管理，这有望革新现有的飞机使用和维护模式[12]。

结语

从商业飞机彗星号的失事开始，人类认识到疲劳失效是影响飞机结构安全的关键问题，并开始重视飞机结构的抗疲劳设计。从最初依赖大量实验的安全寿命设计，到强调结构冗余的破损安全设计，再到基于断裂力学与裂纹扩展研究的损伤容限设计，人类对疲劳失效的认识更加深入全面，飞机发生疲劳失效的频率也不断降低。另外，随着计算机与传感器的迅猛发展，人类正在努力建立与真实飞机对应的高保真虚拟飞机模型。可以设想，当与真实飞机对应的数字孪生模型建立后，将有望革新现有的飞机结构使用和维护模式，实现实时准确评估飞机健康状态，并个性化地给出单机检测维修时间，这将在充分保障飞机飞行安全的同时大大提高飞机的使用与维护效率。

参考文献

[1] JAKAB P L. Wood to metal: The structural origins of the modern airplane[J]. Journal of aircraft, 1999, 36(6): 914-918.

[2] 李业惠. 飞机发展历程[M]. 北京: 航空工业出版社, 2007.

[3] 贾玉红. 航空航天概论[M]. 3版. 北京: 北京航空航天大学出版社, 2013.

[4] SCHIJVE J. Fatigue of structures and materials[M]. 2nd ed. Dordrecht: Springer Netherlands, 2009.

[5] CAMPBELL G S, LAHEY R. A survey of serious aircraft accidents involving fatigue fracture[J]. International Journal of Fatigue, 1984, 6(1): 25-30.

[6] GAINES A R, MORRIS M B, GUNZELMANN G. Fatigue-related aviation mishaps[J]. Aerospace Medicine and Human Performance, 2020, 91(5): 440-447.

[7] WANHILL R J H. Milestone case histories in aircraft structural integrity[J]. Comprehensive Structural Integrity, 2003(1): 61-72.

[8] 尚德广, 夏禹, 薛龙, 等. 飞机结构单机疲劳寿命监控技术研究综述[J]. 北京工业大学学报, 2020, 46(6): 556-570.

[9] GRIEVES M. Digital twin: manufacturing excellence through virtual factory replication[J]. Digital Twin White Paper, 2014: 1-7.

[10] TUEGEL E J, INGRAFFEA A R, EASON T G, et al. Reengineering aircraft structural life prediction using a digital twin[J]. International Journal of Aerospace Engineering, 2011. DOI: 10.1155/2011/154798.

[11] GLAESSGEN E, STARGEL D. The digital twin paradigm for future NASA and U.S. Air Force vehicles[C]// 53rd Structures, Structural Dynamics, and Materials Conference: Special Session on the Digital Twin. Reston, USA: AIAA, 2012. DOI: 10.2514/6.2012-1818.

[12] 董雷霆, 周轩, 赵福斌, 等. 飞机结构数字孪生关键建模仿真技术[J]. 航空学报, 2021, 42(3): 107-135.

汪朝阳，男，北京航空航天大学航空科学与工程学院博士研究生。主要的研究方向为金属增材制造结构的耐久性 / 损伤容限评定，具体包括金属增材结构内部缺陷表征、金属增材结构损伤扩展行为模拟、融合分析与检查数据的金属增材结构个体寿命追踪与检修安排等。

董雷霆，男，北京航空航天大学航空科学与工程学院教授、博士生导师，航空科学与工程学院科研副院长、飞机系书记，国家级青年人才计划入选者。主要的研究方向是飞机结构设计技术与计算力学方法，具体包括基于数字孪生的结构设计 / 验证 / 维护、结构疲劳与损伤容限、结构生存力与防护、复材结构多尺度分析、计算力学新方法与软件。承担国家自然科学基金项目 2 项、军委科技委 H863 项目 2 项、军委科技委 173 重点项目课题与 173 领域基金项目、工信部民机项目任务与工业软件项目、科技部重点研发计划项目、航空科学基金项目、军队与企事业单位合作研究课题等 30 余项。在 *AIAA Journal*、*IJNME*、*Nature Materials* 等航空航天 / 力学 / 材料领域期刊发表论文 75 篇，其中第一作者 / 通信作者 SCI 论文 61 篇，申报专利 / 软件著作权十余项。担任军委科技委创新特区专家、装备发展部技术专业组专家、中国航空学会国际合作工作委员会委员、中国复合材料学会青年工作委员会委员、中国仿真学会制造系统仿真专业委员会委员。担任 *Computer Modeling in Engineering & Sciences* 期刊副编辑，*Acta Mechanica Sinica*、*Chinese Journal of Aeronautics*、《航空学报》与《航空工程进展》青年编委。2015 年获得 CMES 杰出青年学者奖，2017 年获得 ICCES 杰出青年学者奖，2018 年入选 Forbes 30 under 30。讲授飞机结构工程导论、飞行器结构力学、飞机结构疲劳与损伤容限设计、科研课堂：直升机部件数字孪生等课程。

飞行器结构在“不确定性”洗礼下炼就铮铮铁骨

北京航空航天大学航空科学与工程学院

王 冲 强 鑫

飞行器结构系统是飞行器受力部件和支撑构件的总称，其安全性是飞行器一切工作活动的前提和基础。飞行器结构设计旨在通过分析受力结构在各种载荷工况下的内力与变形，为飞行器的强度、刚度、寿命等提供可靠的计算结果和改进方案，是飞行器的“质检员”。现阶段，随着工业部门对飞行器综合性能的要求越来越高，多学科协同设计理念被逐渐引入到结构设计领域，而复杂服役环境下的各种不确定性又是飞行器结构安全研究的重中之重。那么，不确定性的产生机理是什么？它又是如何指导飞行器结构精细化设计的呢？

什么是飞行器结构设计

飞行器结构设计是航空航天领域中集结构、气动力学、热力学、声学、控制、材料等多种学科于一体的综合交叉科学技术，如图 1 所示。为什么结构设计要考虑这么多因素呢？为了回答这个问题，我们需要简要回顾一下飞行器结构设计的发展历程。飞行器结构设计的思想源于飞行器的使用

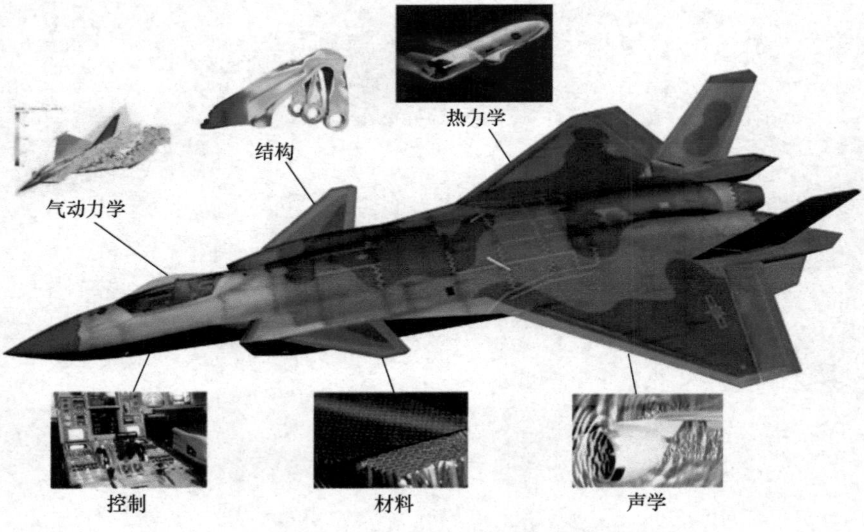

图 1　多学科耦合在飞行器结构综合设计中的体现

实践。对飞行器不断提出的更高、更新的要求促使其设计思想不断发展和演变[1-2]。飞行器结构设计思想的发展历程大致经历了4个阶段：静强度设计（结构在最大使用载荷下不发生破坏即认为安全）、安全寿命设计（基于疲劳分析和试验结果确定结构使用寿命）、损伤容限/耐久性设计（考虑缺陷与裂纹扩展以确定结构检修周期与经济寿命）和可靠性设计（结构破坏概率小于设计指标即满足要求）。相比于传统的设计方法，飞行器结构设计则更注重多学科、系统化的设计理念，体现了当下对于飞行器结构精细化、智能化的设计需求。

飞行器结构设计以保证飞行器结构安全性，提高飞机的经济性、环保性和使用寿命为设计目标，一直以来是世界各航空航天强国竞相发展和激烈竞争的重要阵地。NASA在2006年提出的“NASA战略规划”（NASA Strategic Plan）中强调，多学科优化设计是获得更优性能飞行器的有效方法。荷兰航空航天中心于2021年发布的《未来飞机结构设计白皮书》指出，未来飞机结构设计需要在设计理论、虚拟试验、数字孪生、新材料、新工艺等关键技术上取得突破。中国科学院于2018年出版的《新型飞行器中的关键力学问题》中重点阐述了以可展开结构、智能结构和整体结构为代表的新概念飞行器结构设计理念，论述了开展多场耦合问题研究的重要性。目前，飞行器结构设计中的多项核心技术仍被国外航空航天强国垄断，并对我国实行严密的技术封锁。纵观波音、空客和洛克希德·马丁等航空航天巨头的发展战略，我国发展下一代飞行器唯有采用更多的新技术和新理念，才能缩短与国外先进飞行器的差距。因此，推动飞行器结构设计水平的发展进步是对我国航空航天领域重大发展战略的有效支撑，必将为关键技术的突破提供坚实的理论基础和有效的解决途径。

飞行器结构设计融合了典型多学科综合交叉的核心与前沿问题，但由于相关理论和方法还不够成熟，现阶段仍需解决的关键科学问题包括：多源不确定性下的飞行器复杂载荷预计、多物理场耦合下的飞行器精细化结构强度分析与设计、强非线性下的飞行器结构系统高效控制策略、海量数据下的飞行器结构高保真度故障诊断与健康监测等。在未来，功能驱动的新型材料－结构一体化设计方法、基于机器学习理论的复杂数据处理与智能决策方法、面向数字孪生的飞行器结构健康监测运维体系和考虑不确定性/多学科优化的综合软件设计平台等将成为飞行器结构设计领域的热点研究方向。

什么是不确定性

从科学的观点来看，不确定性是绝对的，普遍存在于客观世界中；而确定性往往是相对的，对实际情况进行了一定的简化。根据特征的不同，不确定性可以分为随机和认知两大类[3]。随机不确定性被认为是现象的内在随机性，揭示了物理系统及其运行环境的固有可变性，是客观、不可以减少的不确定性。例如，飞行器结构所用到的各种材料，即使来自同一批生产线，其材料属性的数值大小也会存在一定的分散性，并非完全一致。而认知不确定性被认为是由于缺乏知识引起的，它描述了由于人对物理系统知识了解的不足而导致的认知偏差，是主观、可以减少的不确定性。例如，在测量飞行器结构的外载荷时，通过增加传感器的布置数量等手段可以使得所测载荷与真实载荷尽可能地接近，进而减少测量误差带来的不确定性。

为了进一步说明不确定性的产生机理，以飞行器结构为例，其所涉及的不确定性来源可以大致分为以下几类（见图2）：①材料属性：长期服役的飞行器结构受冷热交替、风吹雨淋、太阳暴晒等复杂气象条件的影响，其弹性模量和屈服极限等材料属性会呈现出较大的不确定性，加上材料在生产制造过程中的分散性，都会影响结构的力学性能；②外部载荷：各种复杂服役环境下飞行器的气动力、气动热、噪声等载荷无法精准预示，加上传感器所采集的数据存在一定的测量误差，这些因素都会导致载荷具有不确定性；③ 几何尺寸：由于加工的几何误差，部分零部件甚至整体结构都会与设计模型存在一定偏差，导致几何尺寸具有不确定性；④ 假设简化：在进行飞行器结构有限元分析时，通常会将一些复杂的部件简化为简单的板、杆、梁、壳结构，这些假设简化也会给结构分析带来一定的不确定性。

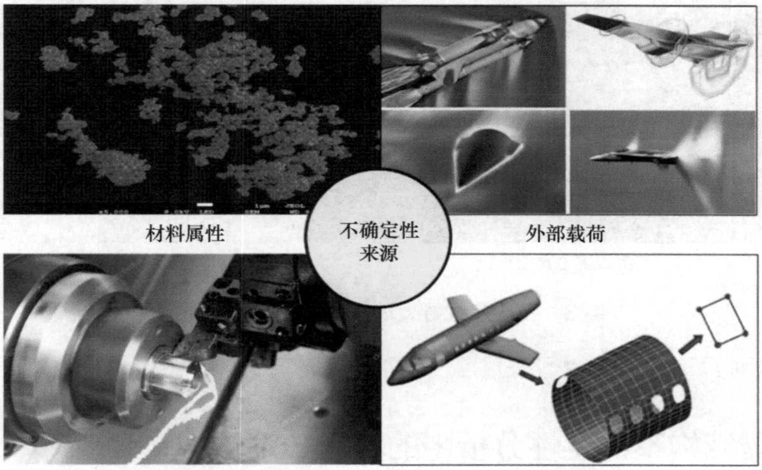

图 2　常见的不确定性来源

正如 NASA 在《不确定性方法及其在未来航空航天系统中应用的潜力》中所指出的，不确定性是飞行器结构安全隐患产生的根源，如图 3 所示。2008 年，由于对材料分散不确定性估计不准，美国 F-15 战斗机机身纵梁断裂。2011 年，载荷的不确定性导致波音 787“梦想客机”机翼认证测试失败，项目延误。2003 年，由于对机翼隔热瓦受碎片撞击产生的损伤不确定性估计不足，美国哥伦比亚号航天飞机返回时在空中解体。2011 年，由于对太阳电池阵在低温下变形的不确定性估计不足，日本 ALOS 卫星因供电异常退役。飞行器结构分析中多物理场、高维度、非线性、快时变的突出特点，加剧了不确定效应的影响，为此亟须对不确定问题从理论到应用开展全方位的研究，这对于提高飞行器综合性能有重要意义。

F-15战斗机机身纵梁断裂
不确定性导致的安全隐患不容忽视
波音787“梦想客机”机翼认证测试失败
ALOS卫星因供电异常退役
哥伦比亚号航天飞机空中解体

图 3　不确定性导致的飞行器结构安全隐患

飞行器结构不确定性分析中的若干关键技术

近年来，随着飞行器结构设计的精细化和鲁棒性需求越来越高，飞行器结构不确定性分析逐渐成为热门研究领域。围绕这一领域，国内外的学者开展了深入研究并发表了大量的学术论文。该领域也逐渐衍生出了若干关键技术，如高精度不确定性定量化及传播分析方法、高置信度可靠性分析及优化设计方法、智能化结构健康监测与故障诊断方法等。下面将针对这些关键技术做进一步的阐述与说明。

1. 高精度不确定性定量化及传播分析方法

不确定性在飞行器结构系统中广泛存在，多源不确定性累积效应导致系统呈现复杂的波动变化，各种不确定性耦合机理不清，传播规律难以高效预示。通过发展高精度不确定性定量化及传播分析方法，可以揭示不确定性源内涵及影响机理，为飞行器结构精细化设计提供有力支撑。

旨在提供定量表征和减少数值模型中不确定性的技术、方法称为不确定性定量化。如图 4 所示，针对数据信息充足的不确定参数，通常使用概率模型来量化其数字特征，此时不确定性可以通过具有某种分布形式的随机变量或随机过程加以描述。但对于飞行器结构而言，可获取的样本信息往往十分有限，这意味着很难构建出精确的概率密度函数。针对小样本、贫信息情况，近几十年来已经有多种非概率模型被开发出来并成功用于处理各种不确定性信息 [4-5]。

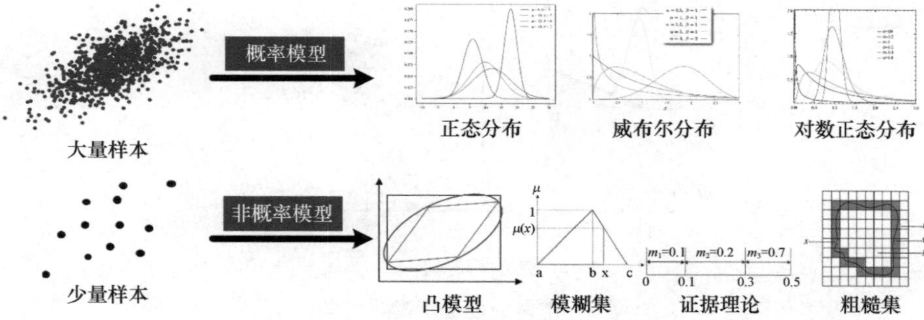

图 4　常见的概率模型和非概率模型

在复杂服役环境下，飞行器结构系统中往往存在着不同特点的多源不确定性，若仅仅使用单一的定量化表征方法往往会造成精度上的不足，发展高精度的混合不确定性定量化模型势在必行。就不确定性耦合的机理而言，混合不确定性可以分为两种 [6]：单层并行（不确定变量以独立形式存在）和多层嵌套（不确定变量以耦合形式存在）。近年来，已经有许多学者针对混合不确定性开展了探索性研究 [7-10]。以随机模型为例，传统建模方法给定分布参数，用单一累积分布函数来表征变量不确定信息。但很多情况下，分布参数是事先无法准确确定的。通过引入区间变量表示分布参数的变化范围，进而建立累积分布函数的置信带来表征系统嵌套不确定信息，这被称为随机区间模型。在此基础上还发展出了模糊区间模型、随机模糊模型等多种混合定量化模型，有效解决了复杂环境下不确定性高精度度量的难题。常见的混合定量化模型如图 5 所示。

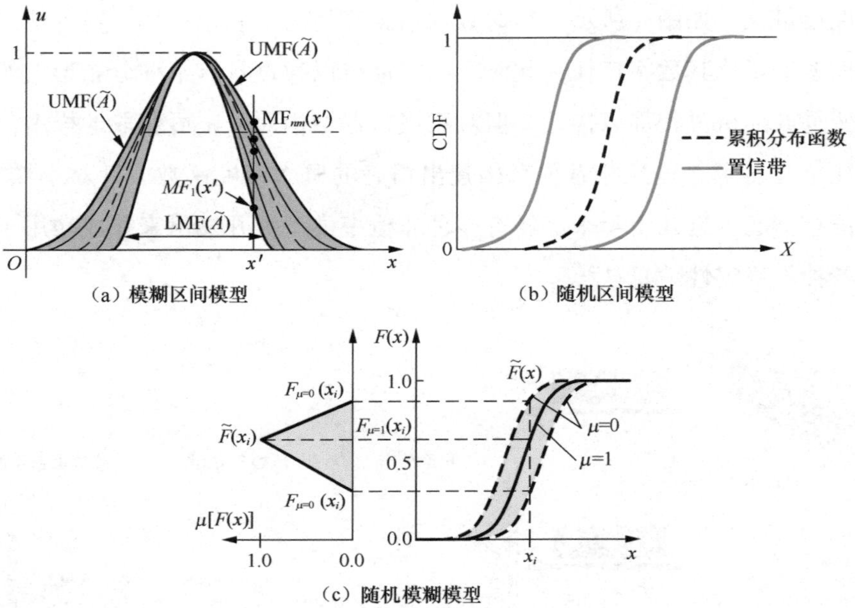

图 5　常见的混合定量化模型

在不确定性定量化的基础上，旨在评估输入参数的不确定性对系统输出响应影响的技术称为不确定性传播分析。相应的数值计算方法可以大体分为两类：侵入式分析方法和非侵入式分析方法。侵入式分析方法通过对系统控制方程进行修改并计算，直接将不确定性纳入系统模型，常用方法包括一阶摄动法、高阶摄动法、泰勒展开法、多项式混沌展开法等。非侵入式分析方法将系统模型作为黑箱处理，直接基于原模型获得输出的不确定性特征，常用方法包括模拟抽样法、顶点组合法、直接优化法、全网格配点法、稀疏网格配点法、逐维分析法、代理模型分析方法等。

2. 高置信度可靠性分析及优化设计方法

在进行飞行器结构设计时，早期的安全系数法来源于 20 世纪 20 年代的美国飞行试验，然而该方法并不能细致地描述不确定性及其影响机理，更多需要依靠设计人员的经验，往往过于保守而牺牲了产品性能。1946年，美国学者 Freudenthal 率先提出了可靠性概念，奠定了结构概率可靠性的理论基础，并将其引入飞行器结构设计中。建立的概率可靠性模型（见图 6）可以定量地评估结构在给定条件下正常运行的概率或可能性，并逐渐衍生出了如一阶矩、二阶矩、蒙特卡罗法、点估计、降维积分等常用的可靠性评估方法。凭借坚实的理论基础，概率可靠性模型在学术界和工程领域得到了普遍认同和广泛应用，成为综合考量飞行器结构安全性和经济性的重要技术。

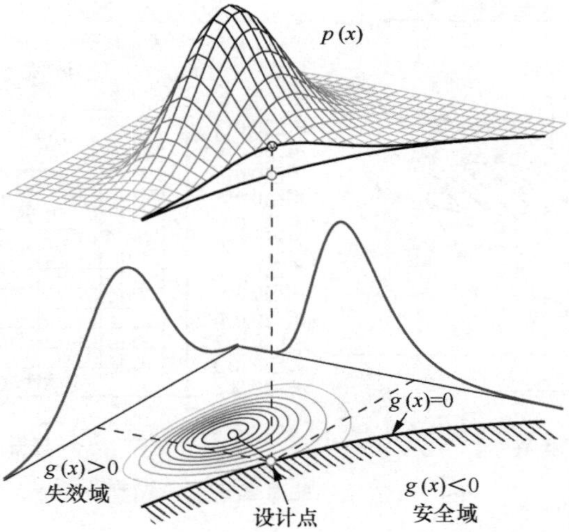

图 6　概率可靠性模型

考虑实际工程中有关不确定参数的信息不足等问题，通常很难构造出与客观实际相符的概率密度函数，此时概率可靠性模型的应用就受到一定限制。近些年来，非概率可靠性的思想被提出，即系统若允许不确定参数在一定范围内波动，则认为是可靠的。基于模糊、区间、凸模型、证据等非概率理论，学者们建立了一系列贫信息条件下的可靠性分析模型（非概率可靠性模型）[11-12]，如图 7 所示。与此同时，针对不确定参数的多源交叉性，进而发展出了面向混合不确定环境的结构安全评价方法（混合可靠性模型），如图 8 所示。通过构建响应－阈值干涉模型，结合所发展的最短距离法、构造函数法、体积法和容差法等非概率可靠性度量方法，可以对系统进行高置信度的可靠性分析与安全性评估。

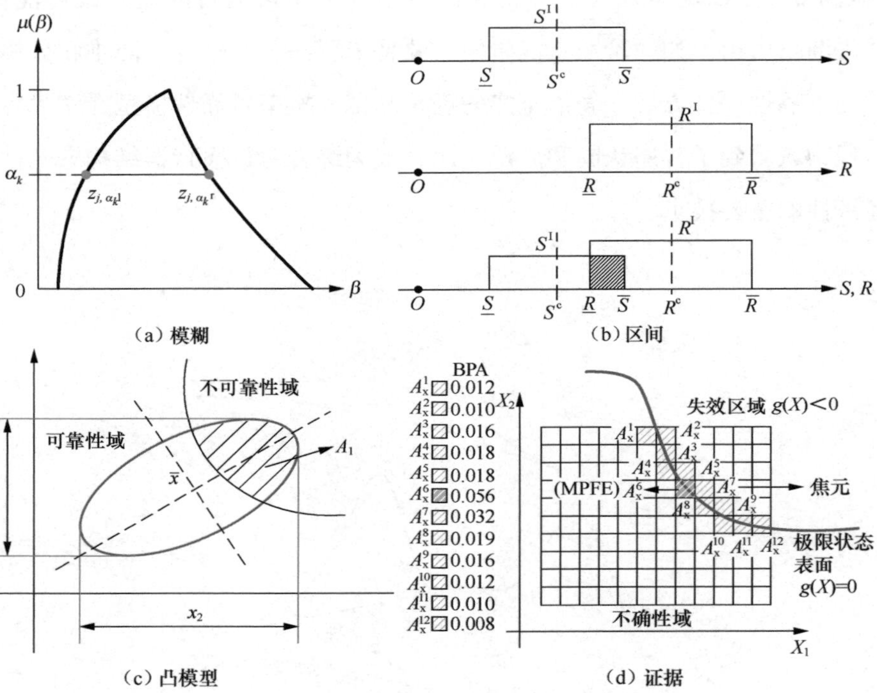

图 7　常见的非概率可靠性模型

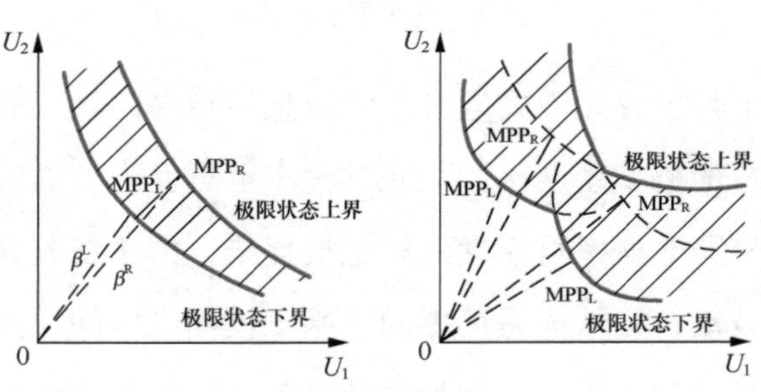

（a）随机区间混合

图 8　常见的混合可靠性模型

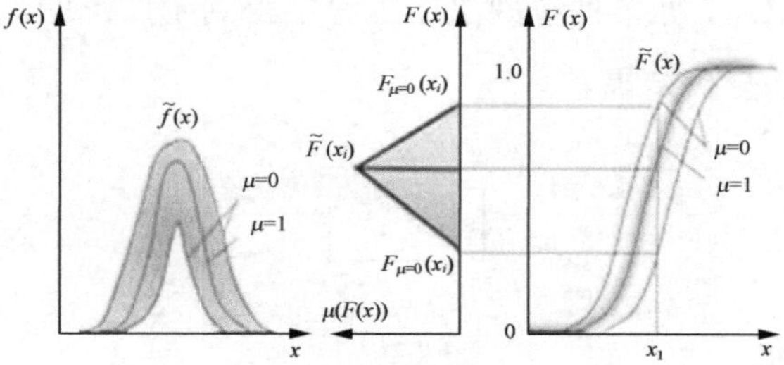

（b）随机模糊混合

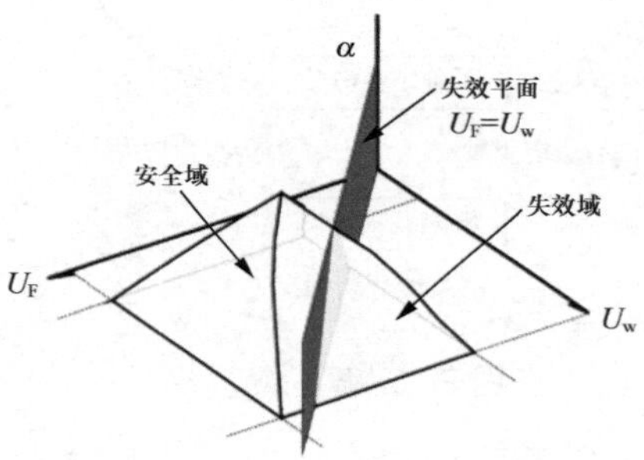

（c）模糊区间混合

图 8　常见的混合可靠性模型（续）

基于结构可靠性的优化设计方法将可靠性分析与优化方法结合在一起，在保证结构目标可靠性的前提下寻找最优解，其本质是一类考虑不确定性因素的结构优化设计方法[13-14]。根据可靠性分析方法和优化算法集成形式的不同，可靠性优化方法有 3 种：双循环法、单循环法和解耦法。传统的双循环法（见图 9）在内层循环中进行可靠性分析，需要计算当前设计点的失效概率是否满足概率约束，并在外层循环中根据可靠性分析结果逐步寻找概率约束的最优解。但常用的可靠性指标法（RIA）和功能度量法（PMA）仍不能避免耗时的嵌套优化问题：每一次迭代都涉及大量的可靠性分析，计算效率较低。单循环法则利用卡罗需 - 库恩 - 塔克（KKT）条件来近似代替可靠性分析，省去了内层循环的可靠度计算，大幅提高了优化效率，但对于非线性问题的计算精度较低。解耦法将可靠性分析与外部优化分为两部分交替执行，序列近似规划法（SAP）和序列优化与可靠性评估法（SORA）等多种解耦法在工程中得到了广泛的应用，可以得到高置信度可靠性分析结果。

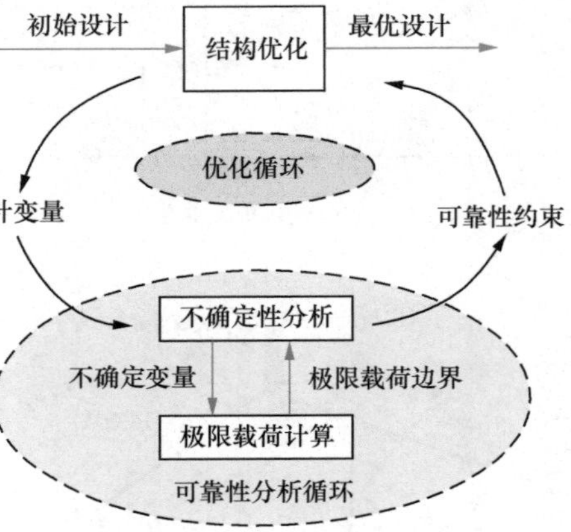

图 9　双循环法

3. 智能化结构健康监测与故障诊断方法

在进行飞行器结构损伤检测时，传统的无损检测方法需要检修人员手持设备或依赖于地面设备，因而无法实现对结构损伤的实时监测。此外，在面对尺寸越来越大的飞行器结构时，相应的检测成本和时间会大大增加，难以满足客户、维护部门的需求 [15-16]。相比之下，结构健康监测是为飞行器结构运行维护提供依据和指导的革命性创新技术，通过在飞行器结构关键部位放置分布式传感器，结合信号处理技术实时获取结构状态信息（如应力、应变、温度与损伤等），对结构的损伤程度和故障类型进行诊断，完成对服役状态和剩余寿命的评估，进而实现对结构健康状态的连续监测和视情维护，如图 10 所示。因此，通过发展结构健康监测技术，可以在飞行器结构运维管理中实现主动感知、提前介入和合理评估，进而有效提高飞行器的安全性和经济性。值得一提的是，数字孪生模型逐渐成为飞行器结构健康监测的未来发展趋势，通过建立虚实结合的双向映射和高效的数据交互，数字孪生模型不仅可以展示真实物理模型的实时运行状态，还可以预测系统运行趋势，实现智能化结构健康监测。图 11 所示为航空发动机数字孪生模型。

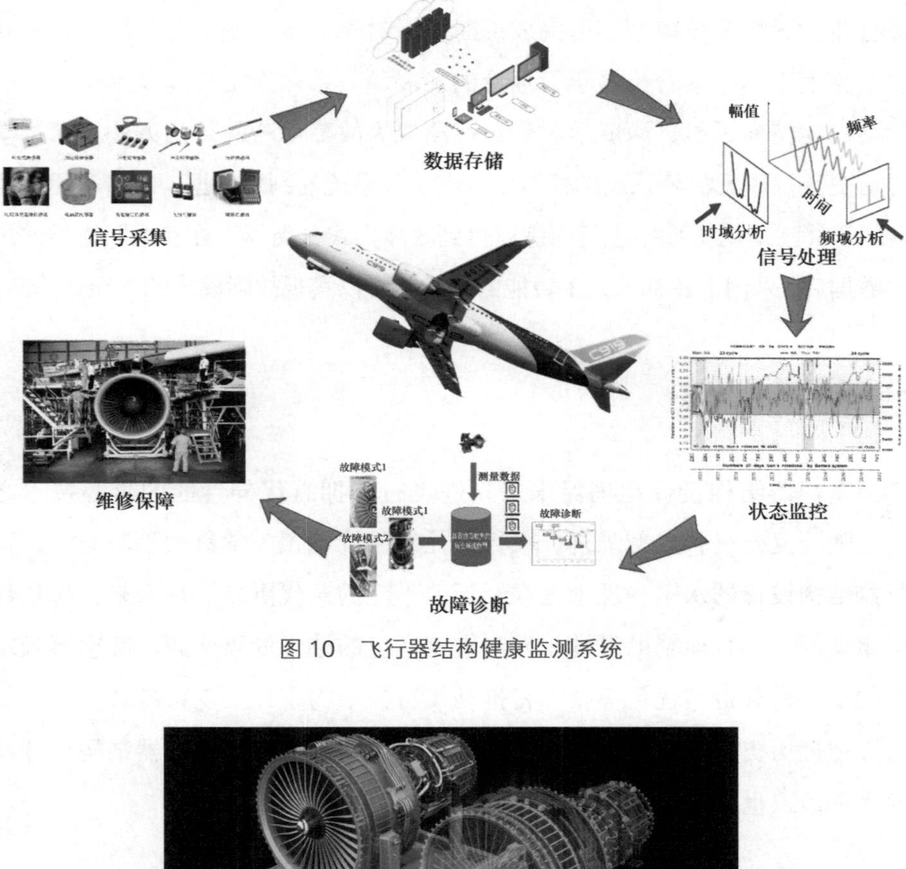

图 10　飞行器结构健康监测系统

图 11　航空发动机数字孪生模型

早期的故障诊断技术主要基于知识进行诊断，代表性的方法包括专家系统法和定性模型法[17-18]。专家系统法通过专家经验总结而成的知识库对故障和征兆的关系进行描述，定性模型法则通过定性推理来得到可能的故障原因集合，二者都存在知识获取的困难，可迁移性不强。随着信号处理技术的不断发展，基于小波变换、希－黄变换和信息融合诊断法等数据处理方法可以从实测信号中提取出和正常运行信号有明显区别的特征进行故障分析，无需系统模型即可完成诊断，但对于信号突变不明显的故障模式识别精度不高。随着机器学习理论的发展，一系列人工智能技术（如神经网络、支持向量机、深度学习等）逐渐成为故障诊断的热门方法，通过学习历史数据中无故障系统的模型作为有故障系统的判别依据，或者采用无监督学习算法对历史数据进行训练以得到故障模式分类器。在获取了充足的历史数据后，采用上述基于人工智能的方法就可以实现故障模式的智能化诊断。

结语

飞行器结构设计是确保未来先进飞行器拥有优异性能的核心技术之一。随着复合材料成型工艺、飞行器控制系统等相关学科的不断完善，飞行器结构设计的水平和理念也在经历着不断的迭代更新。在未来，海量数据驱动的人工智能辅助设计、面向数字孪生的结构健康监测、考虑不确定性的多学科分析与优化等技术将推动飞行器结构设计实现跨越式发展。我们应把握历史契机，不断坚持技术创新，使我国下一代飞行器结构设计技术水平迈入世界先进行列。

参考文献

[1] 郦正能. 飞行器结构学[M]. 2版. 北京: 北京航空航天大学出版社, 2010.

[2] 崔德刚, 鲍蕊, 张睿, 等. 飞机结构疲劳与结构完整性发展综述 [J]. 航空学报, 2021, 42(5): 71-92.

[3] KIUREGHIAN A D, DITLEVSEN O. Aleatory or epistemic? Does

it matter? [J]. Structural Safety, 2009, 31(2): 105-112.

[4] LEE S H, CHEN W. A comparative study of uncertainty propagation methods for black-box-type problems[J]. Structural and Multidisciplinary Optimization, 2008, 37(3): 239-253.

[5] MöLLER B, BEER M. Engineering computation under uncertainty-Capabilities of non-traditional models[J]. Computers & Structures, 2008, 86(10): 1024-1041.

[6] WANG C, QIANG X, XU M, et al. Recent advances in surrogate modeling methods for uncertainty quantification and propagation[J]. Symmetry, 2022, 14(6). DOI: 10.3390/sym14061219.

[7] JIANG C, ZHENG J, HAN X. Probability-interval hybrid uncertainty analysis for structures with both aleatory and epistemic uncertainties: a review[J]. Structural and Multidisciplinary Optimization, 2018, 57(6): 2485-2502.

[8] MENG Z, PANG Y, PU Y, et al. New hybrid reliability-based topology optimization method combining fuzzy and probabilistic models for handling epistemic and aleatory uncertainties[J]. Computer Methods in Applied Mechanics and Engineering, 2020(363). DOI: 10.1016/j.cma.2020.112886.

[9] WANG C, MATTHIES H G. Random model with fuzzy distribution parameters for hybrid uncertainty propagation in engineering systems[J]. Computer Methods in Applied Mechanics and Engineering, 2019(359). DOI: 10.1016/j.cma.2019.112673.

[10] Lü H, SHANGGUAN W-B, YU D. Uncertainty quantification of squeal instability under two fuzzy-interval cases[J]. Fuzzy Sets and Systems, 2017(328): 70-82.

[11] 王晓军, 王磊, 邱志平. 结构可靠性分析与优化设计的非概率集合理

论[M]. 北京: 科学出版社, 2016.

[12] KANG R, ZHANG Q, ZENG Z, et al. Measuring reliability under epistemic uncertainty: Review on non-probabilistic reliability metrics[J]. Chinese Journal of Aeronautics, 2016, 29(3): 571-579.

[13] VALDEBENITO M A, SCHUëLLER G I. A survey on approaches for reliability-based optimization[J]. Structural and Multidisciplinary Optimization, 2010, 42(5): 645-663.

[14] QIU Z, HUANG R, WANG X, et al. Structural reliability analysis and reliability-based design optimization: Recent advances[J]. Science China Physics, Mechanics and Astronomy, 2013, 56(9): 1611-1618.

[15] 张卫方, 何晶靖, 阳劲松, 等. 面向飞行器结构的健康监控技术研究现状[J]. 航空制造技术, 2017(19): 38-47.

[16] 王彬文, 肖迎春, 白生宝, 等. 飞机结构健康监测与管理技术研究进展和展望[J]. 航空制造技术, 2022, 65(3): 30-41.

[17] 王嘉轶, 闻新. 航天器故障诊断技术的研究现状与进展[J]. 航空兵器, 2016(5): 71-76.

[18] LOPEZ I, SARIGUL-KLIJN N. A review of uncertainty in flight vehicle structural damage monitoring, diagnosis and control: Challenges and opportunities[J]. Progress in Aerospace Sciences, 2010, 46(7): 247-273.

王冲，北京航空航天大学航空科学与工程学院教授、博士生导师，德国洪堡学者，国家海外高层次青年人才，北航青年拔尖人才，现任中国力学学会会员、中国宇航学会会员。主要研究领域包括基于人工智能的飞行器多学科耦合分析与设计、复杂系统健康监测与故障诊断、结构可靠性分析及优化、模型验证与确认等，发表 SCI 论文 50 余篇，授权发明专利 20 余项，研究成果得到了包括多位院士在内的国内外权威学者的普遍认可与积极评价。曾获 2016 年国防技术发明奖三等奖、2022 年国防技术发明奖三等奖、2017 年中国力学学会优秀博士学位论文提名奖等荣誉。

强鑫，北京航空航天大学航空科学与工程学院博士研究生。研究方向为不确定性定量化及传播分析、复杂装备系统故障智能诊断技术等，研究生在读期间发表 SCI 论文 2 篇，受理发明专利 2 项，担任学生党支部书记期间所在支部连续两年获评“先进党支部”，先后获得北京航空航天大学优秀学生干部和博士研究生新生奖学金等奖励和荣誉称号。

高速飞行下的“穿针引线”
——空中加油

北京航空航天大学航空科学与工程学院

乐　挺　田　娇　何　闯

空中加油是增加飞机作战半径和作战时间、提升飞机作战能力的重要手段，是战略空军名副其实的标志[1]。2022年7月31日，我国新一代空中加油机运油-20投入新时代练兵备战，这极大地提高了我国空军的实战化水平。

空中加油任务由加油机、加油设备和受油机共同完成。与其他飞行任务相比，空中加油任务具有3个特点[2]：一是受油机与其要跟踪的目标之间的距离非常近，使得飞行员受到的视觉冲击非常大；二是异常高的控制精度要求（受油机的空间位置跟踪精度甚至要达到厘米级）；三是加油机、加油设备、受油机之间存在强烈的气动耦合作用。

为了满足空中加油任务的要求，应通过飞行控制律设计来保证加油机和受油机具有良好的闭环响应特性。现有的飞机控制律设计方法主要是依据传统飞行品质规范进行，但这些飞行品质规范中并没有专门针对空中加油任务的准则，无法通过评定来暴露加/受油机在空中加油过程中的飞行特性缺陷。因此，需要利用新的飞行品质评定方法，作为加/受油机闭环响应特性要求研究的准则，来有效地指导加/受油机飞行控制律设计，保证加/受油机具有优良的响应特性，进而更好地完成空中加油。

我们应该如何制定空中加油的飞行品质评定方法呢？空中加油这些异于常规任务的特点会对加/受油机的设计又有什么样的特殊要求呢？本文围绕如何设计加/受油机的闭环响应特性这一问题，介绍了基于空中加油任务的飞行品质评定新方法，并给出了加油机和受油机的闭环响应特性要求。

空中加油的方式与流程

1. 软管式空中加油

软管式空中加油，如图1所示。整套系统由软管收放装置、软管、锥套及受油探头构成。软管收放装置通过绞盘来收放软管，并在加/受油机对接后维持软管上的张力。锥套通过球铰连接在软管末端，放出后在气动阻力的作用下张开呈圆锥形，起到产生软管张力，稳定软管位置，引导受油探头进入接口并锁定的作用。

图 1　软管式空中加油

软管式空中加油系统最初由英国空中加油有限公司研发，并于 1949 年问世。它的最主要优点就是体积小、结构简单，因此其更加轻便，适应性更好。同时，其设备实现了吊舱化，易安装到非专门设计作为加油机的飞机上。除此之外，采用软管式空中加油时，一架大型加油机也可安装数套加油设备，同时给多架受油机加油[3]。

但是，软管式空中加油由于其设备的特殊性也具有一些缺点：软管对大气湍流的敏感度较高，在高速飞行时的稳定性较差，这会增加对接过程的难度，同时对受油机飞行员的操纵驾驶技术提出了较高要求；软管式空中加油的输油速度较慢，每分钟的输油量大概在 1500 L，这对于受油量较大的大型轰炸机、运输机而言，输油时间消耗较长，故需要受油机飞行员长时间操纵以适应软管摆动从而大大增加了飞行员的负担。因此，软管式空中加油一般适合给受油量较少的战斗机或直升机进行空中加油[3]。

2. 硬杆式空中加油

为实现基于大型空中平台的全球力量投送能力，美国波音公司率先研发了硬杆式空中加油系统，并在 1949 年将其开始投入应用[4]。硬杆式空中加油又称伸缩硬杆-插口式控制加油，如图 2 所示。伸缩硬杆包括 2 根套在一起的刚性管。

其中，外管通过铰链装置和机腹连接，上面装有H形布局或V形布局的舵翼，用以控制伸缩硬杆的姿态；内管能沿管轴伸缩，末端装有对接装置以插入到受油机的受油口中并完成锁定。铰链装置按具体结构的不同，使伸缩硬杆相对于加油机有俯仰/偏航或者俯仰/滚转2个运动自由度[5]。在加油机的尾部设置有伸缩硬杆操纵舱，其内的操作员通过手柄控制伸缩硬杆的指向和伸缩，完成伸缩硬杆与受油机的对接。

图2　硬杆式空中加油

与软管式空中加油相比，硬杆式空中加油具有几点显著的优势。首先，硬杆式空中加油的伸缩硬杆由刚性材料制成，因此加油压力高、输油速度快，适合给运输机等需油量大的飞机快速加油；其次，刚性硬杆受空气流动影响较小，故对接过程对大气湍流不敏感，对接阶段由加油机上的操作员控制，受油机只要保持编队飞行即可，降低了受油机飞行员操作负担以及对飞行控制系统的要求[3]。

但是，与软管式空中加油相比，硬杆式空中加油也具有一定的缺点。首先，由于加油设备的特殊性，硬杆式空中加油一次只能为一架飞机输送燃油。同时，因伸缩硬杆是刚性管，若加油机与受油机间有较大的位置扰动，则将产生较大的对接应力，极易造成伸缩硬杆折断等损害。此外，硬杆式空中加油设备复杂，技术难度较大，需采用大型专用的加油机。

3. 空中加油流程

按照常规的空中加油操作标准[6]，空中加油的流程可分为5个阶段。

① 会合阶段：加油机和受油机会合至加油空域，并建立目视接触，受油机在加油机左侧的观察空域进行编队。

② 编队阶段：指受油机进入指定位置与加油机及其他受油机完成编队飞行，再逐一进入加油起始位置的过程。

③ 对接阶段：受油机脱离编队，从观察空域进入加油机后方的中间加油空域。对于软管式空中加油，受油机先对正加油机机腹或翼下的加油吊舱，然后缓缓接近飘在空中的锥套，并尽力精确控制飞机的位置，将受油探头插入锥套，插入的速度既不能太大也不能太小，一般需控制在 1 ～ 1.5 m/s；成功插入后需要再相对加油机向前移动一小段距离，以打开燃油阀保证加油系统开始输油，完成对接过程。对于硬杆式空中加油，受油机缓缓接近加油机，与加油机机腹下的标线对正，并在加油机指示灯的指导下，稳定在加油机后下方伸缩硬杆可达的区域。然后硬杆操作员控制伸缩硬杆插入受油机的受油口，完成对接。

④ 输油阶段：对于软管式空中加油，受油机飞行员尽力克服气流的扰动，维持飞机的位置和姿态，直到加油完毕。对于硬杆式空中加油，伸缩硬杆处于自动卸荷模式，保持硬杆的加油插头与受油口处于自然连接的状态。

⑤ 退出阶段：输油完成后，受油机脱离加油设备。对于软管式空中加油，需要受油机减速下降，脱开受油探头和锥套的连接，受油机减速并下降高度脱离中心加油区域，在加油机的右侧重新加入编队。对于硬杆式空中加油，受油机应保持位置稳定，由伸缩硬杆操作员控制硬杆收起，完成与受油机的脱离[7]。

空中加油的特点与难点

1. 空中加油过程的气动干扰

无论是软管式空中加油还是硬杆式空中加油，在空中加油的对接阶段，气动干扰都会对加油机与受油机的对接成功率产生极大的影响，甚至会导致对接失败。气动干扰可根据产生对象的不同分为大气湍流气动干扰、尾流场气动干扰和弓形波气动干扰 3 种。

（1）大气湍流气动干扰

在空中加油过程中，由于阵风、风切变等影响，加油系统不可避免地会受到大气湍流的影响。这种影响往往会延长对接任务的时间，增大对接的难度，甚至有可能导致加油任务的失败，发生坠机事故。2017 年 10 月，隶属于美国空军的一架 KC-130 加油机在训练中发生严重事故，坠毁于美国密西西比州利福勒县，此次事故造成加油机上 16 人全部死亡，如图 3 所示。KC-130 加油机是采用软管式空中加油的轻型加油机，其对于大气湍流气动扰动十分敏感。同时，其失事前在低空山区的恶劣环境中进行加油工作更是增大了大气湍流的扰动程度，最终造成了坠机事故。

图 3　KC-130 加油机坠机事故

在对接过程中，大气湍流干扰会导致软管、硬杆产生空间位置上的偏移，对对接过程产生一定的影响，甚至导致对接过程的失败。相比于硬杆式空中加油，大气湍流对于软管式空中加油的影响更大，在其作用下，锥套会产生高频振荡，导致受油机的对接难度增大，甚至可能导致受油探头损坏或更严重的事故。

以飞机的飞行高度为 7000 m、速度为 200 m/s 为例，加油机及加油设备在重度大气湍流作用下产生的诱导速度在地球坐标系下的三轴分量如图 4 所示。重度大气湍流扰动下的诱导速度最大可超过 10 m/s，因此其会对加油过程产生极大的影响。

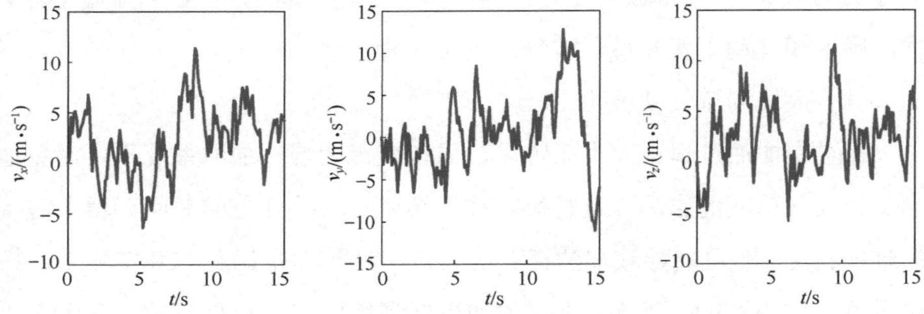

（a）x轴分量　（b）y轴分量　（c）z轴分量

图 4　重度大气湍流作用下产生的诱导速度

锥套在轻度、中度以及重度大气湍流扰动下的高度与侧向位移的受扰情况如图 5 所示，锥套高度以及侧向的受扰程度随着大气湍流强度的增加而增加。在轻度湍流的扰动下，锥套空间位移的偏移量相对较小，在受油机飞行员对接操纵的可接受范围内；在中度大气湍流的扰动下，锥套空间位移的偏移量略有增加，受油机飞行员对接操纵的难度增大；在重度大气湍流的扰动下，锥套空间位移的偏移量显著增大，此时飞行员已经无法通过操纵完成对接。因此，空中加油任务一般在轻度大气湍流的扰动下可顺利进行；在中度大气湍流的扰动下，应尽可能避免空中加油任务；在重度大气湍流的扰动下，应禁止进行空中加油任务以防止意外情况的发生。

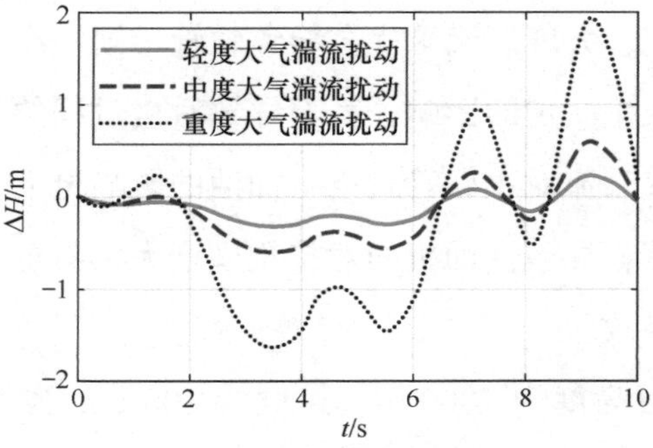

（a）锥套高度受扰

图 5　锥套在轻度、中度以及重度大气湍流下的受扰程度

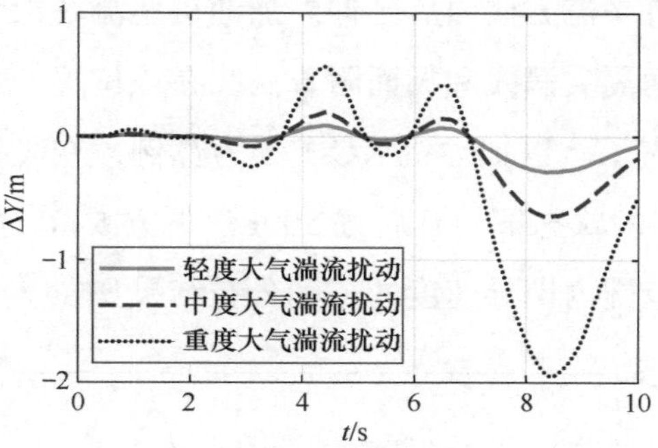

（b）锥套侧向受扰

图 5　锥套在轻度、中度以及重度大气湍流下的受扰程度（续）

（2）尾流场气动干扰

加油机在执行空中加油任务时，机翼的升力面会对其后的流场产生强烈的诱导作用。同时，由于翼尖涡的后延，在加油机尾部会汇聚成数条强度很高的加油机尾涡。限于安装空间，加油设备不可能做得很长，故受油机及加油设备在空中加油过程中的大部分时间都将处于加油机尾流场中，受到不均匀流场的干扰。

根据升力线理论，加油机机翼尾涡可以用马蹄涡模型表示，如图 6 所示。

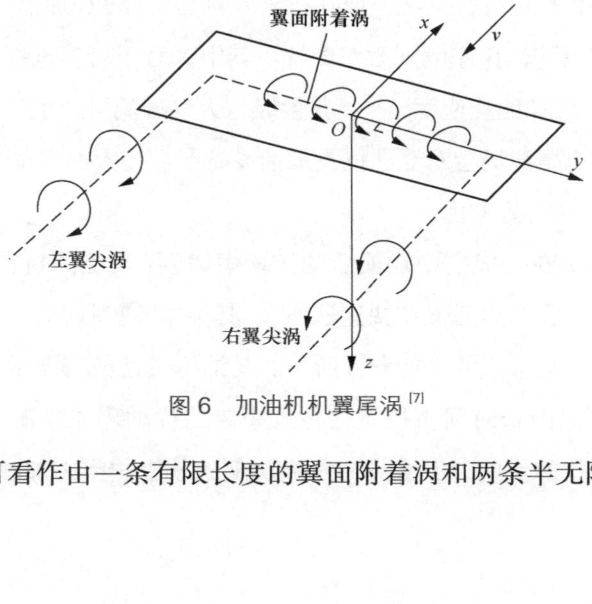

图 6　加油机机翼尾涡 [7]

该模型可看作由一条有限长度的翼面附着涡和两条半无限长的翼尖涡

组成，翼尖涡沿着来流方向向后延伸。加油机尾流场中任一给定位置的诱导速度可用左右两翼尖涡线和翼面附着涡线在该位置处各自产生的诱导速度的合成速度来表示。以加油机 KC-135 为算例，在飞行高度为 7500 m、飞行马赫数为 0.6 的状态下，其后方 50 m、下方 5 m、侧向距离加油机对称面各一倍翼展范围内诱导速度的三轴分布结果如图 7 所示。

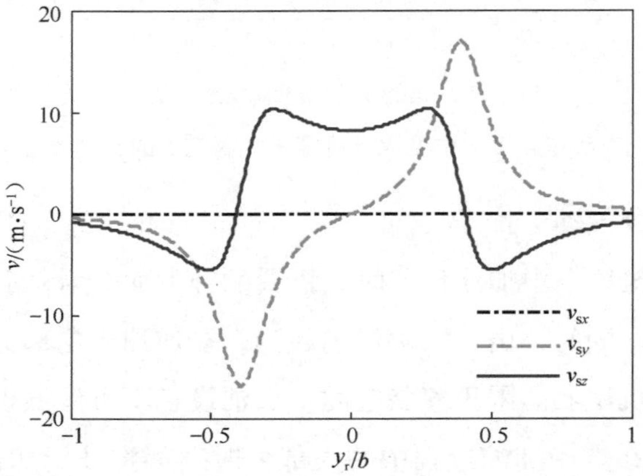

图 7　诱导扰动速度的分量沿尾流场侧向位置的分布 [7]

在图 7 中，横轴为采样点距加油机对称面距离（y_r）与加油机翼展（b）之比，向左为负，取值为 −0.5 时即为在加油机左侧翼尖的后下方。在机翼内侧，尾涡诱导扰动速度为下洗，而在机翼外侧为上洗；在加油机对称面右侧，尾涡诱导出右侧洗，在左侧则为左侧洗。其中，对于对接过程产生较大干扰的是下洗速度 v_{sz} 和侧洗速度 v_{sy} [1]，其量级与大气湍流所产生的诱导速度量级相同，故加油机尾流场会对受油机及加油设备产生较大的气动干扰 [7]。

（3）弓形波气动干扰

我国飞行员在完成空中加油后的访谈中谈到：当受油机在接近锥套时，锥套会“离我而去”而后又“快速回摆”。其中，“离我而去”即是由弓形波效应对锥套的扰动造成的，如图 8 所示。受油机飞行员需要尽量压缩对接过程，避免近距离的长时间占位。这种近距离的扰动现象来源于受油机机头弓形波气动干扰的影响，其会导致相当比例的软管式空中加油任务失败。

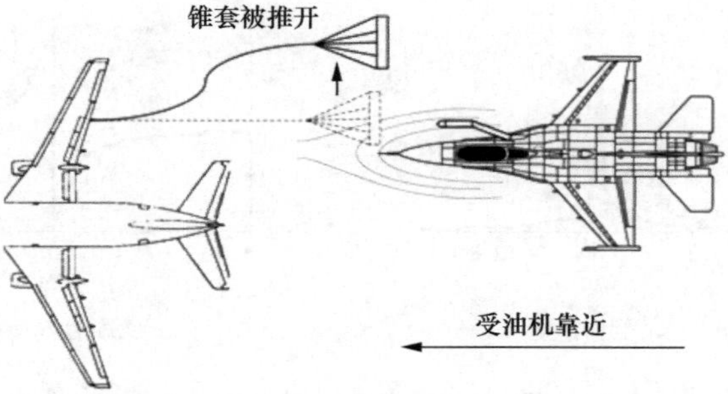

图 8 弓形波气动干扰效果[2]

文献 [2] 以 F16 受油机为算例，通过数值计算得到了受油机机头附近的流场分布。图 9 中的特征线 1 与受油机机头轴线平行，距轴线 1.5 m，受油探头即常在此位置附近；特征线 2 与机头轴线垂直，过机头顶点。

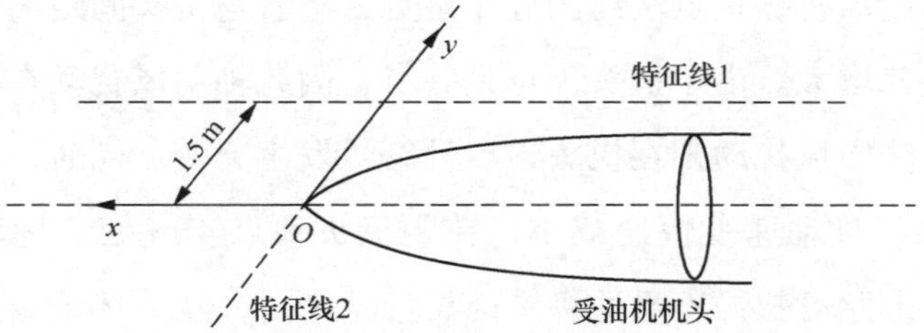

图 9 受油机机头流场特征位置说明

机头弓形波大气扰动诱导风速度沿特征线 1、2 的分布分别如图 10 和图 11 所示。其中，图 10、图 11 中的横坐标分别为图 9 中的 x 轴坐标、y 轴坐标，原点均为机头顶点。

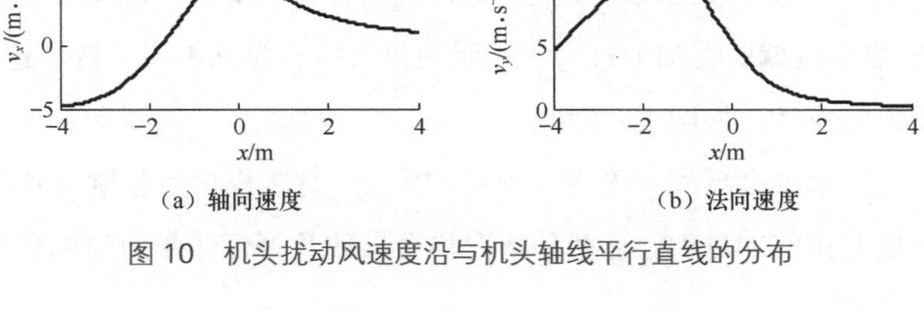

图 10 机头扰动风速度沿与机头轴线平行直线的分布

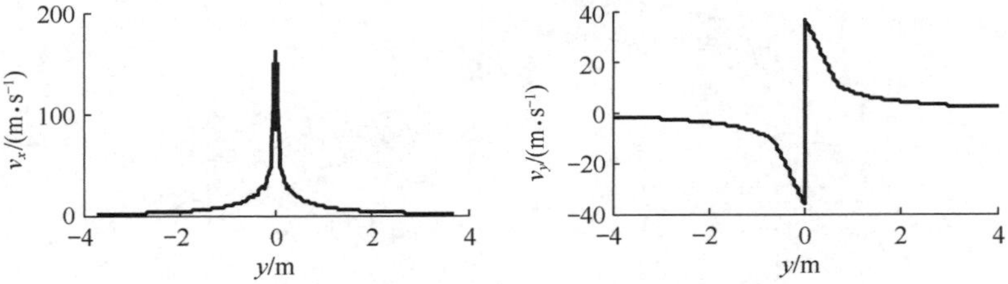

（a）轴向速度　　（b）法向速度

图 11　机头扰动风速度沿过机头顶点法线的分布

由图 10 所示机头扰动风速度沿与机头轴线平行直线的分布可见，在受油机机头前方，会受到向前和向外的风扰动。随着与机头顶点距离的减小，所受到的风扰动逐渐增大，其中向前的风扰动在与机头顶点平行的位置达到最大，而向外的侧洗则在机头顶点后方达到峰值。由图 11 所示机头扰动风速度沿机头顶点法线的分布可见，随着与机头间距离的减小，机头风扰动快速增大。由于机头顶点是驻点，因此轴向风扰动在机头顶点处达到峰值，法向风扰动则在机头顶点处符号发生突变。同时，随着距机头距离的增加，扰动速度快速减小，在距机头顶点 4 m 处，扰动速度即基本为零 [2]。由此可知，当受油机头部靠近锥套时，在上述诱导速度的作用下，锥套即会出现远离机头，随后开始摆动的现象。

2. 软式空中加油的甩鞭现象

在软管式空中加油的过程中，若加油设备故障或者操作不当，就有可能导致软管产生较为剧烈的振荡，进而极易造成锥套与受油探头脱离，大大降低对接成功率，甚至会导致软管和受油探头断裂，酿成灾难性飞行事故，严重影响空中加油飞行安全，这种现象称为“甩鞭”现象。美国空军的 F-16 战斗机就曾在加油过程中因受油机飞行员操纵不当导致了这种“甩鞭”现象的发生，如图 12 所示。

有两种原因会导致“甩鞭”现象的发生：对接成功后张紧装置故障以及受油机对接前冲过大。这两种情况均会导致软管管体张力消失，进而产生较为剧烈的振荡，最终导致加油过程的失败。为防范“甩鞭”现象的发生，在设计阶段可以通过对软管运动进行建模仿真，研究加/受油过程中软管的运动特性，确保张紧装置在加油过程中正常工作并设计合理的对接速度。

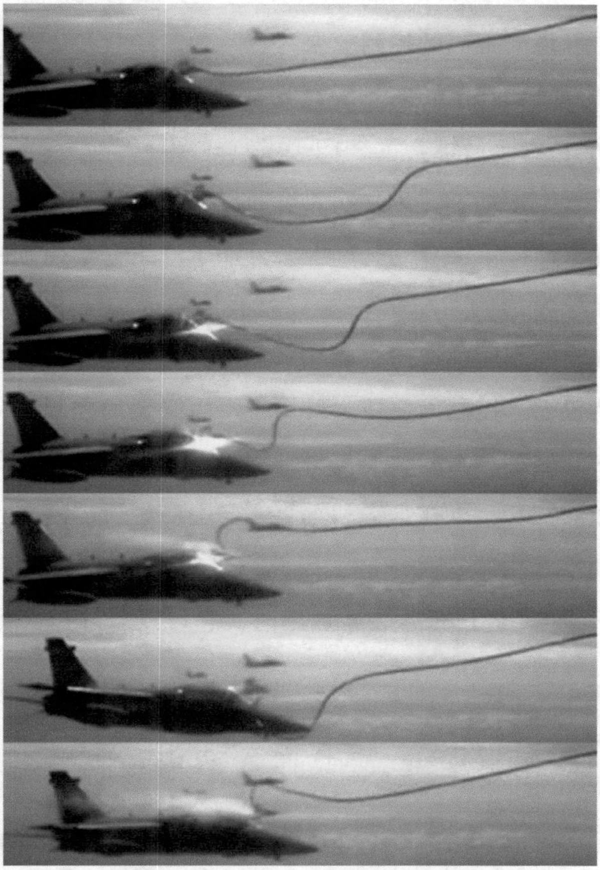

图 12　F-16 战斗机空中加油时发生的甩鞭现象[8]

3. 软管式空中加油主动稳定锥套抗扰系统

在软管式空中加油过程中，气动干扰对软管锥套系统的影响很大，导致锥套位置飘动幅度大于受油机对接允许的幅度，进而引起受油机与锥套对接失败。针对此现象，NASA 德莱顿飞行研究中心于 2004 年设计出一种稳定伞，并在其旋转护罩上增加边条构建可控锥套，如图 13 所示。这种锥套可根据所适用环境和要求的不同而设计不同的控制边条形式以及布置方式。不同的边条形式及布置方式均会对气流场产生影响，并呈现出不同的控制效果 [9]。

图 13　边条形的可控锥套 [9]

西密歇根大学的 Kamman 等于 2011 年设计出一种主动稳定锥套，如图 14 所示。这种软管式空中加油主动稳定锥套抗扰系统在传统气动稳定锥套的基础上又外加了一组气动控制面。该控制面由 4 个呈“十”字形的 NACA 对称翼型截面制成，位于锥套的耦合部分外部。每个气动控制面都有一个后缘襟翼，该襟翼连接到锥套组件耦合部分内的伺服装置上。控制面模块主要用于产生必要的控制力，以控制锥套在侧向平面内的运动。因此，通过将气动控制面上的联轴器和锥套相连即可作为可控加油锥套，以在水平和垂直方向上产生所需的力。同时，每个气动控制表面都是由弹簧加载的，因此当锥套被张紧装置卷入加油机时，它可以折叠；当锥套通过张紧装置放出时，它可以通过弹簧展开。

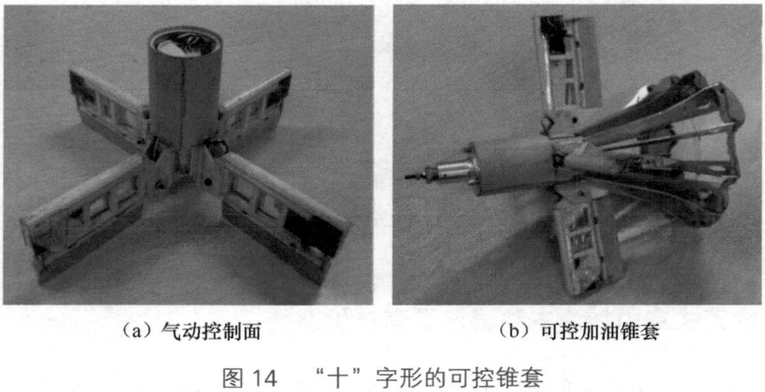
（a）气动控制面　　（b）可控加油锥套

图 14　“十”字形的可控锥套

在上述两种软管式空中加油主动稳定锥套抗扰系统的作用下，当气动干扰使得锥套位置偏离预定位置时，锥套即可通过旋转护罩上的边条或气动控制面产生对抗扰动的力，进而使得锥套维持在预定位置。对软管式空中加油主动稳定锥套抗扰系统进行控制律设计后，锥套在大气湍流、加油机尾流场以及受油机机头弓形波等气动干扰下可以保持稳定，飘动幅度很小，因此该系统可有效提高对接成功率。而且，因边条和气动控制面通过旋转可产生任意方向的力，因此其也可以弥补对接成功后回收过程中软管软体的张力，进而有效抑制回收过程中软管的振荡现象，防止“甩鞭”现象的发生。

空中加油的飞行品质评定方法如何制定

空中加油任务由于存在极近距编队飞行导致的强烈视觉冲击，厘米级控制精度要求，受油机、加油机及软式加油设备间的强烈气动扰动等特点，对加 / 受油机的飞行品质提出了特殊的要求 [2]。

传统的飞行品质规范（如 GJB 2874—97《电传操纵系统飞机的飞行品质》）缺乏专门针对空中加油任务的准则，进行飞行品质评定时无法暴露飞机在空中加油过程中的飞行品质缺陷。例如，B-2 飞机存在的俯仰驾驶员诱发振荡（Pilot Induced Oscillation，PIO）问题、B-1B 飞机存在的法向过载振荡问题，在采用常规的飞行品质评定工作中都没有被发现，而是在进行空中加油任务时才暴露出来的。至于采用电传飞行控制律的 C-17A 飞机，虽然基于常规的评定准则可以评为一级飞行品质，但由于作为受油机在空中加油任务中暴露出来的飞行品质问题，需要重新设计其飞行控制律，导致了整个项目周期的拖延。

通过采用基于任务的飞行品质评定方法，选取能够反映空中加油任务特点的机动任务，可以全面、准确地反映加 / 受油机的操纵特性，充分暴露飞机设计中的缺陷，提早对飞机尤其是飞行控制律进行修改，从而有效地避免由于在飞行试验中发现重大的飞行品质问题而导致的反复，保证飞机研制的进度。

基于任务的飞行品质评定方法是指在设计或选取能够反映空中加油任务特点的评估任务后，通过开展飞行品质评定试验，飞行员基于对加/受油机的操纵特性感受，依据库珀-哈珀评价（Cooper-Harper Rating，CHR）标准及PIO评价标准给出主观的飞行品质评分，同时结合对试飞数据的客观评价，来综合评定加/受油机的飞行品质等级。这一新方法能够完整地保留飞机高阶系统所有的动态特性，充分反映加/受油机在空中加油任务下的特点，能更真实、更全面地评定加/受油机的飞行品质等级。基于任务的飞行品质评定流程如图15所示[2]。

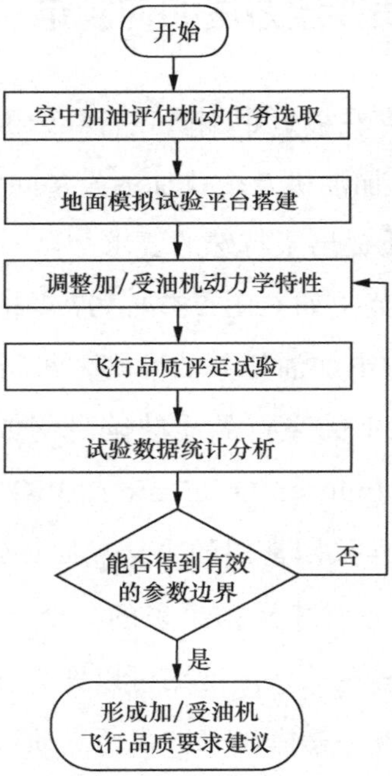

图15　基于任务的飞行品质评定流程

1. 空中加油评估机动任务选取

空中加油评估机动任务的选取作为基于任务的飞行品质评定方法的基础，会直接关系到飞行品质评定的结果。一般而言，空中加油评估机动任

务需根据空中加 / 受油任务对飞机运动特性的要求，综合考虑飞行试验的可行性进行选取。出于对飞行品质评定研究的需要，空中加油评估机动任务必须满足以下要求。

① 与实际飞行任务的使用相关性。空中加油评估机动任务必须来源于飞机执行空中加油任务时的真实飞行动作。例如，探头 - 锥套式空中加油任务 [10] 和伸缩硬杆跟踪任务 [2] 直接反映了受油机在执行软 / 硬式空中加油任务的真实场景。

② 飞行试验的安全性和易行性。空中加油是以渐进逼近方式进行的，新设计的原型机在开展空中加油任务的评估试验时危险性较大，因此在试飞计划早期不宜开展试飞试验研究，可采用地面模拟的试验形式。

③ 机动任务应对某些关键参数具有适当的敏感度，若这些参数的设置改变，机动任务的典型状态参数的时间历程也应有明显的变化。

④ 无需额外的辅助信息，无须对加 / 受油机的性能、飞行包线等进行额外的拓展，仅依靠飞机原有的显示设备和基本设置，结合其运动数学模型，即可完成机动任务的飞行仿真。

2. 地面模拟试验平台搭建

飞行品质评定试验可依托地面模拟试验平台进行，地面模拟试验平台由操纵输入设备、飞行仿真系统与视景仿真系统 3 部分构成，如图 16 所示。飞行员通过操纵输入设备对受油机进行控制，飞行仿真系统解算加油机、受油机和加油设备的运动状态与位置信息，通过可视化仿真接口将信息传输至视景仿真系统，视景仿真系统接受信息并显示飞行视景。在软管式空中加油过程中，加油机尾流场会对锥套与受油机产生强烈的扰动，机头弓形波会驱使锥套远离机头，因此为使飞行仿真环境与实际更接近，还应建立加油机尾流场模型与受油机机头弓形波模型，调整加 / 受油机动力学特性。

3. 飞行品质评定标准确定

在完成评估机动任务的选取与地面模拟试验平台的开发后，由飞行员在试验平台上按评估机动任务的要求操纵测试机完成飞行品质评定试验以及试验数据统计分析，最后对任务完成过程中飞机的操纵特性、任务完成难度等进行主观评价。由飞行员和试飞工程师根据加 / 受油机飞行员的主观感受与任务的完成效果优劣，依据 CHR 标准 [11]，结合 PIO 评价标准 [12] 对测试飞机的飞行品质进行定量评定。

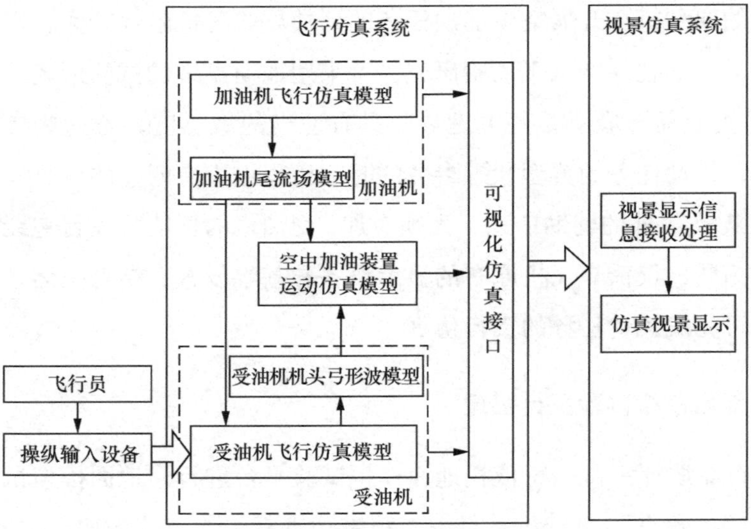

图 16　地面模拟试验平台结构

CHR 标准如图 17 所示。图中“期望的性能”和“适度的性能”分别对应所选定机动任务所要求的“理想的任务性能”和“适度的性能”。

飞行员在地面模拟试验平台完成机动任务后，使用该标准进行评分。从图 17 左下角开始，飞行员依次判断测试机的可操纵性、工作负担大小、操纵感受满意程度，与图中的文字描述进行对比，最终给出评分，不同的评分对应不同的飞行品质等级。根据美国军用飞行品质规范 MIL-HDBK-1797A 中的规定，飞行品质可划分为下面 3 个等级。

等级 1：飞行品质明显地适合完成飞行任务（CHR 标准评分 1 ～ 3.5）；

等级 2：飞行品质适合于完成飞行任务，但飞行员的工作负担有所增加，或完成任务的效果有所降低，或二者兼备（CHR 标准评分 3.5 ～ 6.5）；

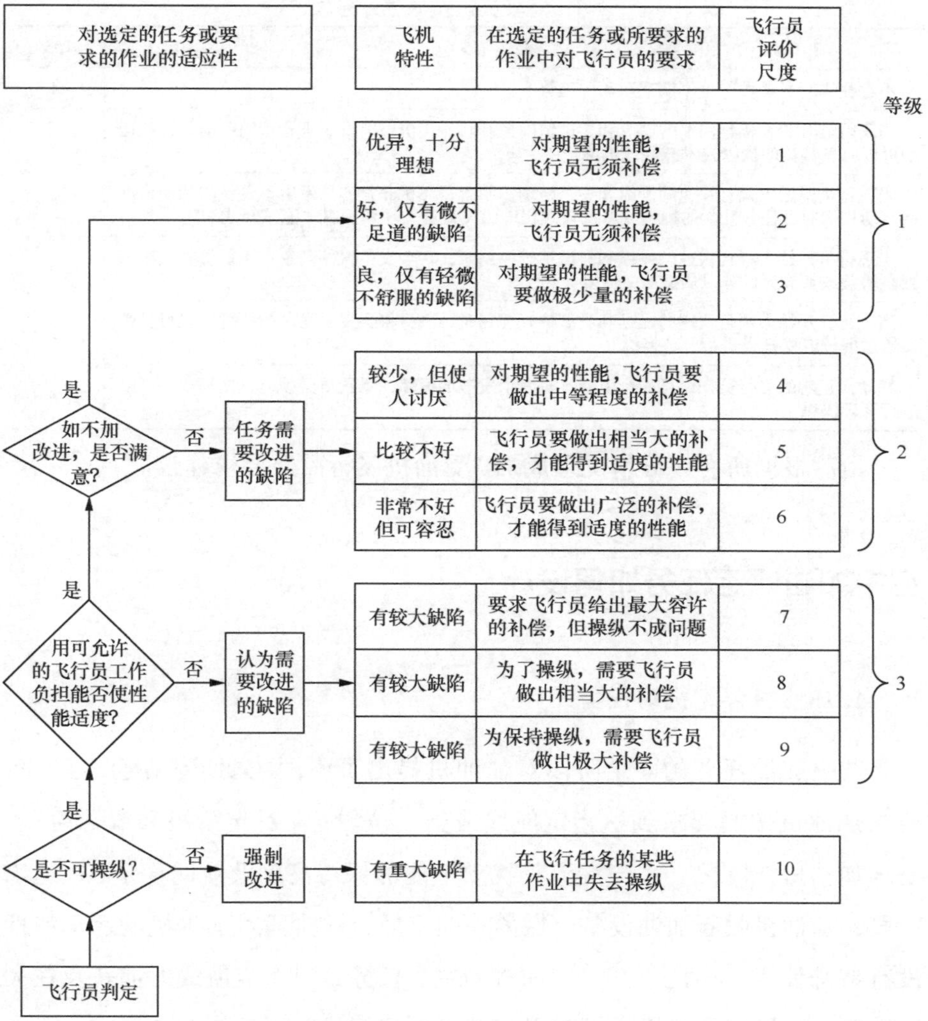

图 17　CHR 标准

等级 3：飞行品质能满足安全地操纵飞机，但飞行员的工作负担过重或完成任务的效果不好，或二者兼有。军用飞机在战斗阶段能安全地结束，而在航行阶段和起落阶段能够完成（CHR 标准评分 6.5 ～ 9）。

PIO 评价标准用于对飞机在飞行任务中出现的 PIO 趋势进行定量评价，如表 1 所示。飞行员根据表中的描述，确定测试机的 PIO 趋势评分。

表 1　驾驶员诱发振荡评分表

描述	评分
不存在飞行员诱发产生不期望运动的趋势	1
当飞行员开始大幅且快速的操纵和尝试精确控制时，飞机可能发生不希望的运动，这些运动可以由飞行员的操纵技术减轻或消除	2
当飞行员开始大幅且快速的操纵和尝试精确控制时，飞机非常容易发生不希望的运动，这些运动只能通过任务性能的牺牲或者比较大程度的飞行员关注和操纵才能减轻或消除	3
当飞行员开始大幅且快速的操纵和尝试精确控制时，将会发生振荡现象，飞行员必须通过减小增益或者放弃任务以从振荡中恢复	4
当飞行员开始大幅且快速的操纵和尝试精确控制时，飞机将会发生发散的振荡，飞行员必须通过握杆或松杆以进行开环操纵	5
扰动或正常的飞行员操纵可能会引起飞机发生发散的振荡，飞行员必须通过握杆或松杆以进行开环操纵	6

最后根据所有评分情况形成加 / 受油机飞行品质要求建议。

空中加油评定任务如何设计

1. 加油机评定机动任务设计

空中加油任务的 4 个阶段对加油机提出了不同的要求：在会合阶段，要求加油机按照要求到达指定航线或指定位置；在对接阶段和输油阶段，要求加油机在阵风、大气湍流等扰动下能够保持高度及航向稳定；在退出阶段，加油机收起加油设备，撤离加油空域，该阶段对加油机的运动特性没有特殊要求。由此可知，加油机的主要任务是对指定航线的捕获及在大气湍流、阵风和受油机靠近时引起的弓形波等扰动下保持航迹稳定。考虑到大气湍流扰动具有很大的随机性，飞行员难以操控，因此，评估机动任务主要考察加油机在阵风扰动下对航迹的捕获和保持能力，可被定义为航迹捕获与阵风扰动下的航迹保持[13]。

在航迹捕获与阵风扰动下的航迹保持任务中，加油机初始时以恒定的速度在预定高度定直平飞，在看到平视显示仪（简称“平显”）上随机出现的机动开始指令后，飞行员开始操纵加油机捕获新的航迹，并进行航迹保持。在航迹保持的过程中，某一时刻会出现随机方向的阵风扰动，飞行员需要操纵加油机保持航迹稳定。

通过开展多次预试验，确定纵向任务的目标航线位于加油机初始位置正上方 20 m，横侧向任务目标航线位于加油机初始位置右侧 20 m 且与初始高度相同；考虑到较强的阵风扰动下，飞行员工作负荷较大，会直接导致空中加油任务中断，因此阵风强度设置为轻微强度；试验时间与任务完成效果与飞行员操纵感受有关，时间过短无法反映加油机的运动特性和操纵特性，时间过长又会导致飞行员操纵疲劳，引发操纵失误，同时考虑到横侧向任务难度更大，因此设置纵向任务的试验时间为 60 s，横侧向任务试验时间为 120 s。

航迹捕获与阵风扰动下的航迹保持任务的完成效果体现在捕获的快速性、稳定性及保持的准确性，分别由捕获目标航线的所需时间、捕获过程中的超调次数及加油机在指定误差带内保持时间占任务总时间的百分比表征。通过开展预试验，飞行员在不同控制律参数构型条件下进行多次评估试验，给出对飞机运动特性和操纵特性的主观评价（不进行评分），通过分析飞行员评价与性能指标（捕获时间、超调次数和在一定误差带内的时间占比）的对应关系，确定纵向和横侧向任务的性能标准，如表 2 和表 3 所示。

表 2　纵向航迹捕获与阵风扰动下航迹保持任务的性能标准

任务表现等级	捕获目标航线时间	超调次数	在一定时间内所能达到的误差范围
满意	≤ 8 s	≤ 1	在 70% 以上的时间内小于 ±1 m
一般	≤ 10 s	≤ 2	在 60% 以上的时间内小于 ±1.5 m

表 3　横侧向航迹捕获与阵风扰动下航迹保持任务的性能标准

任务表现等级	捕获目标航线时间	超调次数	在一定时间内所能达到的误差范围
满意	≤ 13 s	≤ 1	在 70% 以上的时间内小于 ± 1.5 m
一般	≤ 18 s	≤ 2	在 60% 以上的时间内小于 ± 2 m

2. 软管式空中加油中受油机的机动任务设计

在软管式空中加油任务中，飞行员需要在复杂的流场环境中精确地控制受油机的姿态和航迹，以完成受油探头对加油锥套的跟踪和对接。将软管式空中加油任务的过程提炼，得到探头 - 锥套式空中加油任务 [10]。

探头 - 锥套式空中加油任务分为锥套跟踪和锥套对接两个阶段：在锥套跟踪阶段，飞行员操纵受油机移动到锥套后方预对接位置，使用受油探头跟踪锥套末端平面中心，并保持距锥套一定距离。锥套在受到受油机机头弓形波扰动的影响后会产生远离受油机的运动，因此受油探头与锥套间的距离不能过小，否则弓形波影响过大，难以维持跟踪；两者的距离也不能过大，否则难以在跟踪结束后进行快速对接，因此受油探头与锥套的距离设置为 2.5 m。跟踪时间与软管式空中加油任务的完成时间相关，一般设置为 20 s。在完成锥套跟踪阶段后进入锥套对接阶段，飞行员操纵受油机由预对接位置以要求的接近速度向锥套靠近，直至受油探头插入锥套中的接口，完成对接。受油探头与锥套的对接如图 18 所示。

图 18　受油探头与锥套的对接

探头－锥套式空中加油任务的完成效果体现为跟踪和对接的准确性，分别由跟踪精度和对接成功率表征。通过开展预试验，飞行员在不同控制律参数构型条件下进行多次评估试验，给出对飞机运动特性和操纵特性的主观评价（不进行评分），通过分析飞行员评价与性能指标（受油探头与锥套的位置关系和对接成功率）的对应关系，确定探头－锥套式空中加油任务的性能标准[10]，如表4所示。

表4　探头－锥套式空中加油任务的性能标准

任务表现等级	锥套跟踪效果	锥套对接效果
满意	保持受油探头在锥套末端平面的投影距锥套中心的距离小于锥套半径的一半；受油探头不与锥套接触	对接成功率超过50%，且受油探头不与锥套接触
一般	保持受油探头在锥套末端平面的投影距锥套中心的距离小于锥套半径；受油探头不与锥套接触	对接成功率超过50%

3. 硬杆式空中加油中的加油硬杆／受油机的机动任务设计

（1）加油硬杆的机动任务设计

在硬杆式空中加油任务中，需要受油机保持相对位置不变，由加油机上的操纵员操纵伸缩硬杆完成对接任务。硬杆式空中加油任务要求加油伸缩硬杆在操纵员的操纵下能够精确地跟踪受油口，强调其姿态跟踪能力。参考MIL-HDBK-1797A中关于多轴平显跟踪任务的描述，可设计出伸缩硬杆姿态跟踪任务[14]。在该任务中，受油口位置通过屏幕上目标点的运动实现。任务初始时，加油机做定直平飞运动，伸缩硬杆位于初始预定平衡位置；任务开始后，飞行员快速捕获并跟踪平显上目标点的位置。目标指令信号由多次硬杆式空中加油地面模拟试验获得：在大气湍流及加油机尾流场扰动下，受油机飞行员操纵飞机使其位于硬杆式空中加油点处并控制飞机相对于加油机尽量不发生相对运动，输出在整个过程中受油机相对伸缩硬杆的姿态，重复多次试验并选择最为适中的结果作为任务试验指令。伸缩硬杆姿态跟踪如图19所示。

图 19　伸缩硬杆姿态跟踪

伸缩硬杆姿态跟踪任务的完成效果表现为跟踪的准确性和稳定性，由姿态跟踪误差低于 0.5° 的时间占整个任务时间的比例表征。同样地，通过开展预试验，确定伸缩硬杆姿态跟踪任务的性能标准[14]，如表 5 所示。

表 5　伸缩硬杆姿态跟踪任务的性能标准

任务表现等级	跟踪误差小于 0.5° 的时间占整个任务时间的比例
满意	≤ 50%
一般	≤ 30%

（2）受油机的机动任务设计

硬杆式空中加油任务要求受油机能够精确地保持与加油伸缩硬杆探头之间的相对位置，强调其姿态和航迹的精确控制能力。将硬杆式空中加油任务中受油机的机动进行提炼，得到伸缩硬杆跟踪任务。在该任务中，受油机飞行员操纵受油机瞄准伸缩硬杆控制舵面翼梢，然后切换瞄准环至准伸缩硬杆末端，如图 19 所示。如此周期性地改变瞄准环，并尽力维持受油机与伸缩硬杆之间的距离不变。受油机与伸缩硬杆之间的距离与气动干扰和任务需求有关，距离过小时气动干扰较大，飞行员难以维持稳定的跟踪；受伸缩硬杆长度限制，两者的距离也不能过大，一般设置为 9 ～ 15 m。考虑到实际硬杆式空中加油任务的完成时间，整个机动可持续 60 s。

伸缩硬杆跟踪任务的完成效果表现为跟踪的准确性，由一定时间内的跟踪误差表征。同样地，通过开展预试验，确定伸缩硬杆跟踪任务的性能标准，如表 6 所示。

表 6　伸缩硬杆跟踪任务的性能标准

任务表现等级	90% 的跟踪时间内所能实现的跟踪误差 /m
满意	≤1
一般	≤2
无法完成	＞2

空中加油对加 / 受油机的飞行品质要求

根据所设计和选取的空中加油评估机动任务要求，利用地面模拟试验平台可对不同控制律参数的加 / 受油机及加油硬杆进行飞行品质评定试验，研究传统飞行品质准则（如带宽准则、CAP 准则、等效参数准则等）对空中加油任务飞机飞行品质评定的适用性。通过分析飞行品质评定结果发现，空中加油任务对加 / 受油机的航迹控制精度、操纵灵敏度及对航迹与姿态响应之间的协调性要求较高，传统飞行品质准则难以准确反映空中加油任务对加 / 受油机的飞行品质要求，需要提出能够表征任务要求的闭环特性参数，进而得到空中加油任务对加 / 受油机的飞行品质要求。

1. 加油机的飞行品质要求

根据航迹捕获与阵风扰动下的航迹保持任务的要求，开展地面模拟试验，通过分析飞行品质评定结果，得到空中加油任务对加油机的飞行品质要求如下 [13]。

① 加油机应具有较为快速的俯仰响应，以保证及时捕获目标航线并消除扰动产生的航迹误差。

② 加油机应具有适当的航迹与姿态协调性，若航迹响应相对于姿态

响应的滞后较大，将导致航迹响应稳态难以预测，影响加油机对航迹的快速捕获和稳定保持；若飞机航迹和姿态的响应总是同时出现，将导致飞行员不能有效地区分航迹与姿态响应，难以分别对姿态和航迹进行控制。

③ 加油机应具有较小的航迹响应操纵灵敏度，以避免由于操纵过于灵敏导致难以到达期望的任务性能。

④ 加油机应具有适当的滚转响应，滚转响应过慢会导致对滚转角的控制精度不够，从而无法快速地捕获目标航线并在阵风扰动下保持航迹稳定；滚转响应过快会导致稳态响应不易预测，出现振荡、超调等问题，影响空中加油任务的完成。

2. 软管式空中加油对受油机的飞行品质要求

根据探头－锥套式空中加油任务的要求，开展地面模拟试验，通过分析飞行品质评定结果，得到软管式空中加油对受油机的飞行品质要求如下[10]。

① 受油机应具有较为快速且稳定的俯仰航迹响应，以保证对航迹控制的精度，减小飞行员闭环跟踪的难度。

② 受油机应具有适当的俯仰航迹灵敏度，过大时会导致精确控制时所需的操纵量过小，飞行员难以把握，易发生超调使操纵难度增加，飞行品质变差；过小时航迹响应过慢，飞行员的操纵感受变差导致飞行品质降低。

③ 受油机应具有足够的滚转响应快速性，以实现对航迹的精确控制。

④ 受油机应具有适当的滚转操纵灵敏度，过高容易发生振荡，过低会产生响应不足的问题。

3. 硬杆式空中加油对加油伸缩硬杆以及受油机的飞行品质要求

根据伸缩硬杆姿态跟踪任务的要求，改变伸缩硬杆的控制律参数，对装有伸缩硬杆加油机进行飞行品质评定试验，通过分析飞行品质评定结果，得到硬杆式空中加油对伸缩硬杆的操纵品质要求[14]：伸缩硬杆应具有适当的俯仰和滚转响应快速性，响应过快会导致精确控制时所需的操纵量过小，易发生超调；响应过慢导致飞行员操纵感受变差，操纵品质下降。

根据伸缩硬杆跟踪任务的要求，对不同控制律参数的受油机进行飞行品质评定试验，通过分析飞行品质评定结果，得到硬杆式空中加油对受油机的飞行品质要求如下。

① 受油机应具有较为快速和稳定的航迹响应特性，以实现对航迹的精确控制。但相较于软管式空中加油任务而言，硬杆式空中加油任务对俯仰航迹响应快速性和稳定性的要求更低，这是因为在硬杆式空中加油任务中，跟踪距离更远且伸缩硬杆受到气动扰动后的移动幅度更小，使得跟踪精度要求降低且操纵难度下降，对受油机的响应速度和稳定性要求降低。

② 受油机应具有适当的俯仰航迹灵敏度。与软管式空中加油任务类似，俯仰航迹灵敏度过大时会导致操纵难度增加，过小时会出现航迹响应过慢的问题。

③ 与软管式空中加油任务类似，硬杆式空中加油任务要求受油机应具有足够的滚转响应快速性，以实现对航迹的精确控制。

④ 受油机应具有适当的滚转操纵灵敏度，但相对于软管式空中加油任务，硬杆式空中加油任务对滚转操纵灵敏度的要求有所放宽，这是因为硬杆式空中加油任务的跟踪距离更大，飞行员能够较少顾忌安全性而进行更大幅度的操纵，因此不需要严格控制滚转操纵灵敏度。

结语

空中加油是增加飞机作战半径和作战时间、提升飞机作战能力的重要手段，是战略空军名副其实的标志，现代军用飞机几乎都被要求具有空中受油的能力。经过数十年的发展，空中加油技术已相对成熟，但是未来战场对空中加油提出了更高的要求。随着飞行控制、人工智能技术的发展，智能化和无人化是空中加油的发展趋势[15-17]。自主空中加油将减轻飞行员负担，并能够实现无人机的空中加油，美国已实现无人机空中加油，其他航空强国均在研究自主空中加油系统，相关的技术研究也成为当前研究的热点问题。无人空中加油技术也是我国需要攻克的关键技术，相信不久的将来，我国自主空中加油系统也会隆重亮相。

参考文献

[1] 司古. 血脉凌空[J]. 航空知识, 2007(433): 30-43.

[2] 郭有光. 空中加油的飞行品质评定方法研究[D].北京: 北京航空航天大学, 2017.

[3] 陶杨, 颜仙荣. 国外空中加油技术及装备现状与趋势[J].飞机设计, 2021, 41(3): 39-43.

[4] 王秀香, 高旭, 高亚奎. 硬式空中加油机发展趋势及设计技术分析[J]. 航空工程进展, 2020, 11(3): 302-307, 315.

[5] 陆宇平, 杨朝星, 刘洋洋. 空中加油系统的建模与控制技术综述[J]. 航空学报, 2014, 35(9): 2375-2389.

[6] 王继亮. 空中加油程序简析[J]. 科技与创新, 2019(12): 143-144, 149.

[7] 马建成. 软管加油主动稳定锥套边条与控制设计[D]. 北京: 北京航空航天大学, 2022.

[8] 王海涛, 董新民, 郭军, 等. 空中加油软管锥套组合体甩鞭现象动力学建模与分析[J]. 航空学报, 2015, 36(9): 3116-3127.

[9] VACHON M J, RAY R J, CALIANNO C. Calculated drag of an aerial refueling assembly through airplane performance analysis[R]. AIAA, 2004.

[10] YUE T, ZHANG Q, YIN H P, et al. Suggested closed-loop response

characteristics for tanker in aerial refueling via mission-oriented evaluation[J]. Science China Technological Sciences, 2019, 62(3): 490-501.

[11] HARPER JR R P, COOPER G E. Handling qualities and pilot evaluation[J]. Journal of Guidance, Control, and Dynamics, 1986, 9(5): 515-529.

[12] ACOSTA D M, YILDIZ Y, CRAUN R W, et al. Piloted evaluation of a control allocation technique to recover from pilot-induced oscillations[J]. Journal of Aircraft, 2015, 52(1): 130-140.

[13] 张奇, 王立新, 郭有光. 常规准则对加油机飞行品质评定的适用性[J]. 飞行力学, 2017, 35(4): 1-5.

[14] 曹华姿, 郭有光, 王立新. 基于任务的硬式加油伸缩管操纵品质研究[J]. 航空学报, 2018, 39(4): 69-80.

[15] 王卓雅, 屈耀红, 闫建国, 等. 基于无人机空中加油的目标追踪算法[J]. 飞行力学, 2018, 36(4): 53-57.

[16] 王宏伦, 刘一恒, 苏子康. 无人机软管式自主空中加油精准对接控制[J]. 电光与控制, 2020, 27(9): 1-8.

[17] 刘曌. 软式自主空中加油受油机飞行控制技术研究[D]. 南京: 南京航空航天大学, 2012.

乐挺，北京航空航天大学航空科学与工程学院副教授、硕士生导师。先后主持包括国家自然科学青年基金、军委科技委基础加强项目、科工局支持项目、工信部民机专项、航空基金、中国博士后基金特别资助及面上等项目。在先进飞行器的飞行动力学建模、飞行控制设计、飞行品质评定等方面做了大量的研究工作，在 *Aerospace Science and Technology*、*IEEE Transactions on Aerospace and Electronic Systems*、*Chinese Journal of Aeronautics*、*Neurocomputing*、*Journal of Aircraft*、《航空学报》等国内外航空工程专业期刊上以第一 / 通信作者发表论文 30 余篇。2013 年获“北航优秀博士后”，2019 年入选“北航青年拔尖人才支持计划”。

田娇，北京航空航天大学航空科学与工程学院博士研究生。研究方向为飞行力学与控制。

何闯，北京航空航天大学航空科学与工程学院硕士研究生。研究方向为飞行力学与控制。

四两拨千斤
——火焰中的离子风

北京航空航天大学航空科学与工程学院

熊　渊

著名科幻小说《三体》的作者刘慈欣关于人类的未来有过一段著名的论述“人类的未来，要么是走向星际文明，要么就是常年沉迷在 VR 的虚拟世界中。如果人类在走向太空文明以前就实现了高度逼真的 VR 世界，这将是一场灾难”。甚至对虚拟世界的担忧已经成为著名“费米悖论”的一种解释：人类之所以无法观察到外星人是因为所有文明发展到一定程度都会向内创造虚拟世界，而非探索广袤的宇宙。令人鼓舞的是，目前许多国家的私人与国家航天集团都在大力推进宇宙探索计划，预期在不远的将来，人类将具备将航天员投送到火星上的能力。当前人类进入空间轨道的主要工具是以火箭为主体的空天飞行器，下面就从空天飞行器的推进系统（空天推进系统）说起，谈谈其面临的挑战和解决方案。

空天推进与燃烧

高效的空天推进系统是航空航天飞行器的核心组成部分。在物理学基础领域取得重大突破之前，抗衡地球引力仍需依赖牛顿第三定律：即相互作用的两个物体之间的作用力和反作用力总是大小相等、方向相反、作用在同一条直线上。以图 1 所示的 RS-68 型火箭发动机为例，其借助剧烈的燃烧过程，将蕴含在燃料中的化学能转化为高速喷出的气体动能，从而让火箭主体摆脱地球引力飞向太空。

图 1　RS-68 型火箭发动机在 NASA 空间研究中心测试

空天推进系统将燃料化学能释放出来的部分称为燃烧室。无论是航空发动机还是火箭发动机的燃烧室，都一直饱受燃烧不稳定的困扰。例如，热声不稳定是一种燃烧室内常见的不稳定现象，该现象的出现主要是由于压力脉动与火焰热释放率的波动耦合形成正反馈，使得压力脉动可以从热释放中吸收能量而放大，严重时会造成巨大的压力振荡，威胁空天推进系统的安全运行。图 2 所示为火箭燃烧室在经历热声不稳定后所造成的损毁情况 [1]。

（a）热声不稳定造成的燃烧室喷嘴变化

（b）在测试中爆炸的火箭发动机

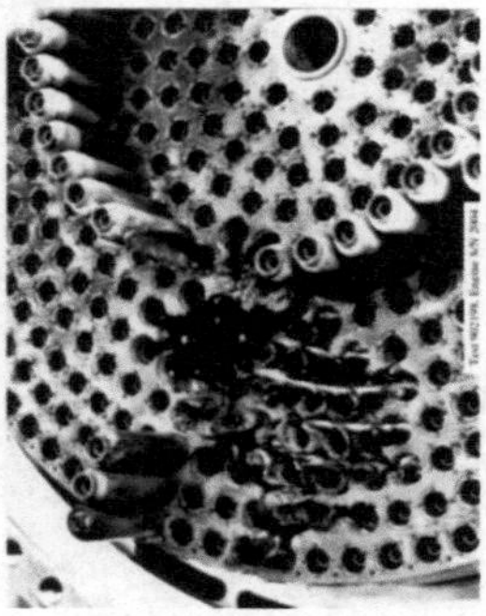

（c）火箭发动机中的燃料喷管破坏情况

图 2　热声不稳定给火箭燃烧室带来的损毁情况

燃烧调控的难题

具备对空天推进系统燃烧过程进行精准调控的能力、能够抑制热声不稳定等不良的燃烧状态，是空天推进系统亟须解决的关键问题。以热声不稳定控制为例，目前业界多采用被动控制方法。例如，在火箭发动机中，常采用挡板（Baffle）来阻隔声波与火焰的耦合（见图 3）[1]，内燃机则更多地采用亥姆霍兹共振腔的形式耗散声波能量。这些被动控制方法无需额外能量输入且鲁棒性较好，在工程中应用较为广泛。其限制条件是一般仅在较窄的工况范围内有效。相比之下，主动控制技术通过激励器对流场施加扰动来改变燃烧状态，能够根据工况的变化进行适应性调节，因而有助于实现燃烧室中宽工况燃烧过程的精准调控[2]。

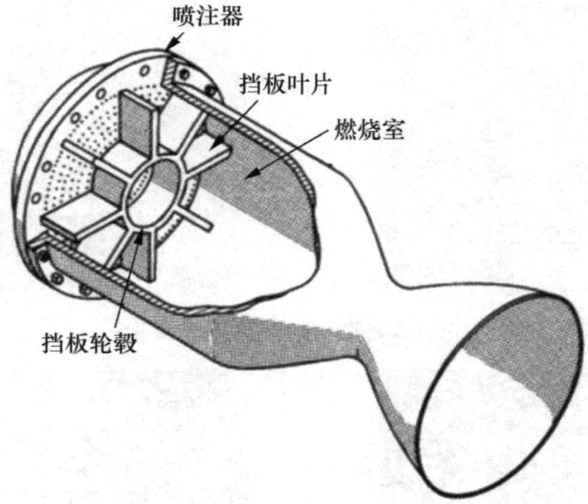

图 3　挡板在火箭发动机中位置

针对燃烧主动控制技术，英国皇家学会会长、剑桥大学安·道琳院士在其关于燃烧不稳定主动控制的综述文章中指出，在工业级燃烧室中使用主动控制技术的瓶颈之一在于缺乏合适的激励器[3]。直至 2019 年最新的相关综述文章中[4]，采用合适的激励器仍是实现燃烧不稳定主动控制技术亟须解决的科学难题。目前，学术界和工业界广泛尝试的扬声器和燃料注入快速阀门，分别面临激励功率不足与激励频带不足的缺陷。因此，寻找全新的激励器对燃烧状态进行控制便成为了燃烧控制的重要任务。

火焰等离子体

为了寻找新的激励器，首先让我们进一步理解燃烧这种物理现象。燃烧是一种由燃料和氧化剂之间产生高温放热化学反应的特殊物理现象。以航空发动机为例，常采用航空煤油作燃料、以氧气为氧化剂。另外，火焰是和燃烧紧密联系的概念，特指的是燃烧过程中肉眼可见、气态的薄层部分。在这个有限的空间区域发生着非常剧烈的化学反应。这种剧烈反应带来两个产物：一是强烈的局部热释放产生了较高温度，在温度高到一定程度后会导致热电离（Thermal Ionization）的发生；二是对于化石燃料而言，其化学反应路径中会有一类特别的电离化学反应，通常是开始于：

$$CH + O \longrightarrow CHO^+ + e^- \tag{1}$$

随后会通过多种复杂的电离化学反应路径（见图 4）[5]，形成丰富的带电荷的阴离子与阳离子（见表 1）。

表 1　火焰中常见带电荷的阴离子与阳离子

阳离子	HCO^+，H_3O^+，$C_3H_3^+$，CH_3^+，CH_5O^+，$C_2H_3O^+$，$C_2H_5O^+$，$CH_3O_2^+$
阴离子	e^-，O_2^-，OH^-，C_2^-，C_2H^-，O^-，CO_3^-，HO_2^-，O_3^-，CHO_2^-，CHO_3^-

常温常压下，在空气中燃烧的碳氢燃料的绝热火焰温度一般不超过 2000 K，对应的热电离反应的速率极低，此时以式（1）和图 4 所示的电离化学反应占主导位置。

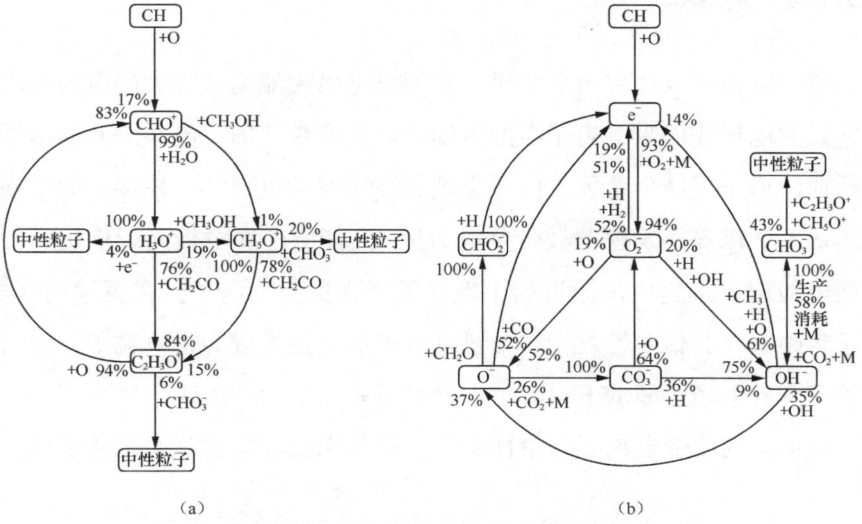

图 4　阳离子和阴离子形成的主要电离化学反应路径

电离化学反应造成了燃烧场中正负带电粒子（正离子和负离子）、电子与中性粒子共存的状态（见图5），这种状态也被称为物质的第四态（等离子体态）。理解了碳氢燃料产生的火焰本质上是等离子体，我们便可利用等离子体控制技术来影响燃烧过程。但通常情况下，火焰中的离子浓度非常低。常温常压下大气中的中性粒子浓度大约在 10^{19} 个 /cm^3 的量级，而火焰面附近的离子浓度只有 $10^9 \sim 10^{12}$ 个 /cm^3 的量级。所以火焰等离子体实际上处于极弱的电离态，如何利用极低浓度的带电粒子来控制燃烧，便给我们带来了“四两拨千斤”的挑战。

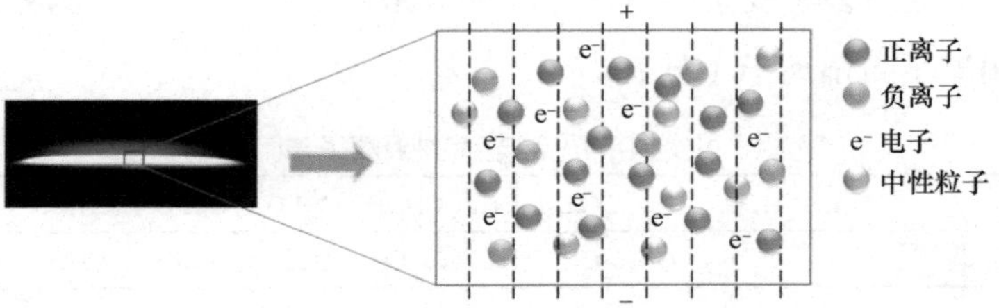

图 5　火焰等离子体中的粒子分布

火焰离子风效应

离子风通常也被称为电晕风，指的是电极尖端局部极大的电场强度导致电晕放电形成的带电离子在静电场中加速所带动的气流。图6所示为一种经典的离子风产生装置，由带尖端的高压发射电极和一块接地的平板电极组成[6]。以高压发射电极带负电为例：高能电子在电极附近产生，并在平板电极附近加速电离附近的中性粒子产生更多的电子。在更远的区域，电子将附着在其他中性粒子（如氧气分子）上使之成为带电粒子，然后带电粒子在静电场的驱动下与其他中性粒子碰撞从而产生离子风。

可见，利用带电粒子与中性粒子的碰撞来改变流动状态是离子风产生的核心原理。在外部电场作用下，带电粒子受洛伦兹力的作用在不带电的稠密中性粒子中穿行。在运动途中带电粒子与中性粒子发生碰撞，将其从外部电场中获得的动能传递给中性粒子，从而使得宏观层面上流场整体发生了改变。不同于经典的离子风中离子来源于电晕放电，火焰等离子体里弥散的带电粒子来源于电离化学反应，因此通过对火焰施加高压电场形成离子风成为控制燃烧的潜在途径之一。

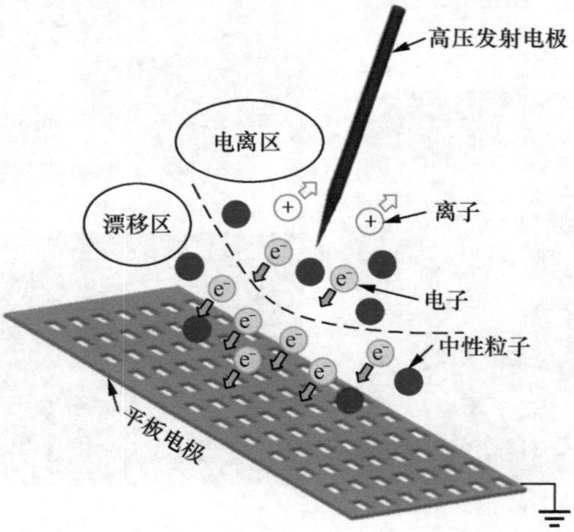

图 6　离子风产生装置

对火焰中离子风效应的观测最早可以追溯到 1899 年，Chattock 发现施加外部直流电场可以影响火焰的形态。Weinberg 等在《自然》杂志上清晰地展示了火焰在不同重力环境下受电场影响的效果，离子风造成的火焰形态偏转被清晰揭示，结果显示火焰偏转的方向和外部电场方向相同（见图 7）[7]，证实了在失重环境下利用离子风效应控制燃烧的可行性。

近年来随着实验技术的进步，有研究团队基于最新实验技术研究了直流电场作用下的规范伴流预混与扩散两种火焰，再次复现了离子风对火焰偏转的影响，如图 8 所示 [8]。

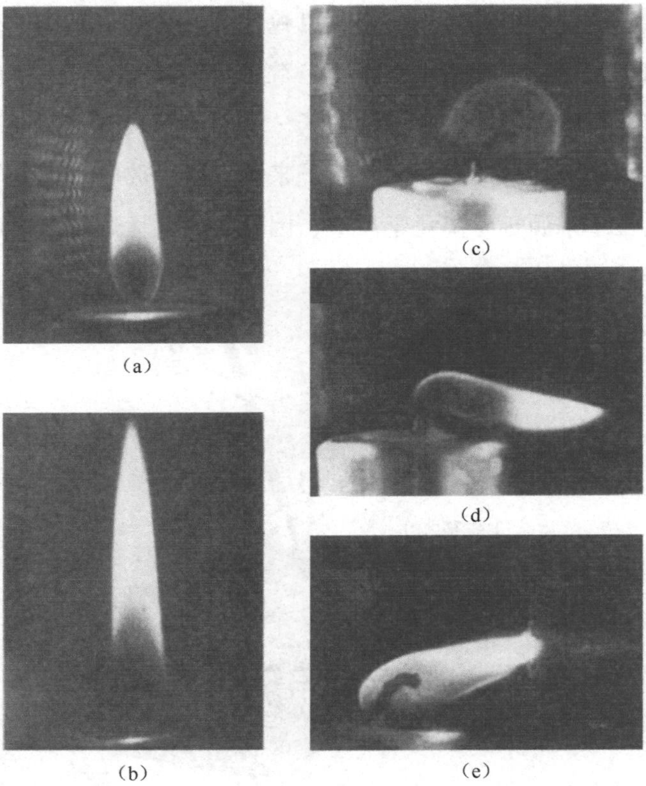

图 7　火焰在外部电场作用下发生偏转的情况

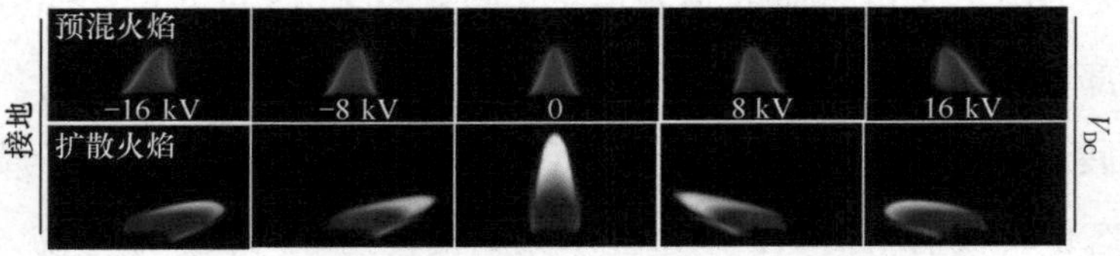

图 8　直流电场作用下的离子风对火焰偏转的影响

直流电场离子风研究的电极布置策略有两种：一种是将电极与火焰平行布置，以产生初始空间分布较均匀的电场，但也由于电极间距大而无法得到足够强的局部电场，从而降低了离子风的影响；另一种是直接以燃料喷管为高压电极，电场强度有效地集中在喷管附近，使火焰的根部能处于较高的局部电场强度中，如图 9 所示。通常火焰根部对火焰的稳定性、吹熄特性起关键作用，利用电场重点影响该区域能强化电场对火焰的作用效果。

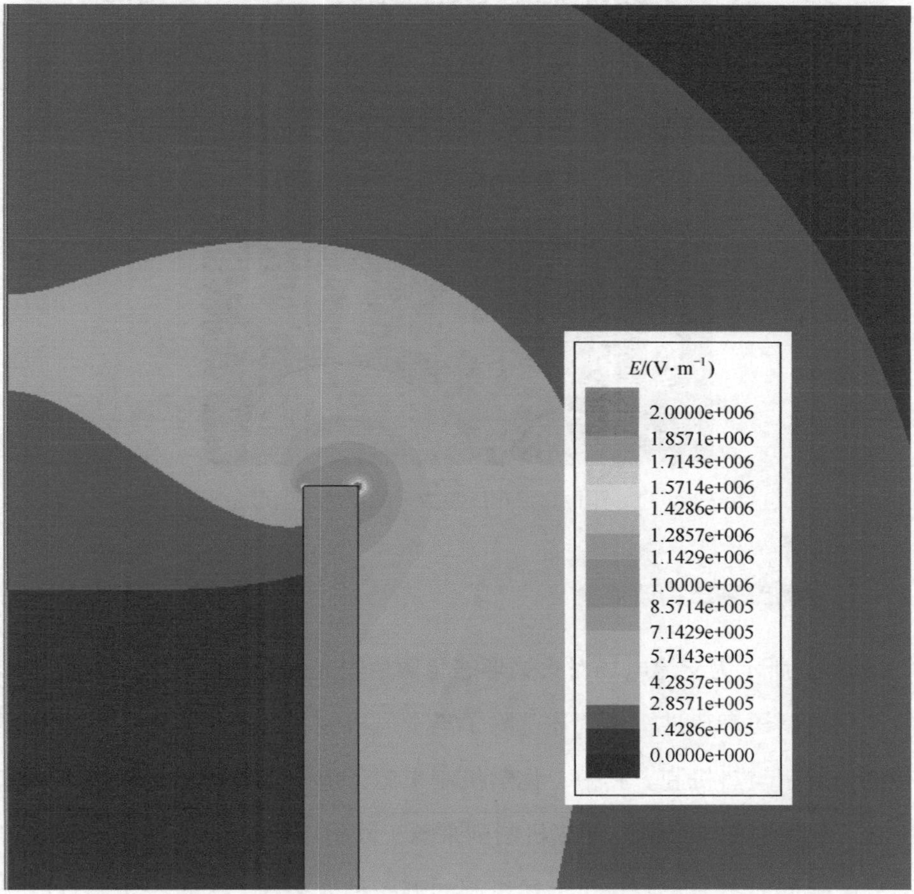

图 9　基于 Maxwell 软件模拟燃料喷管为高压电极时喷管附近的电场强度分布

进一步研究发现相较于直流电压，交流电压可以引入电场方向交变的特征时间尺度。对燃烧这种复杂的非线性系统，交流电场可触发更丰富的火焰响应因而从应用角度上更为灵活。以伴流火焰为例，喷管配合直流高压时火焰形态上无明显变化（见图 10）。而施加交流高压之后，可观察到随着电压或频率的增加，火焰底部黄色的部分（碳烟生成的浓度）会变弱

（见图 11），证实了交流电场对火焰的更强作用效果[9]。

图 10　直流电场作用下的伴流火焰形态

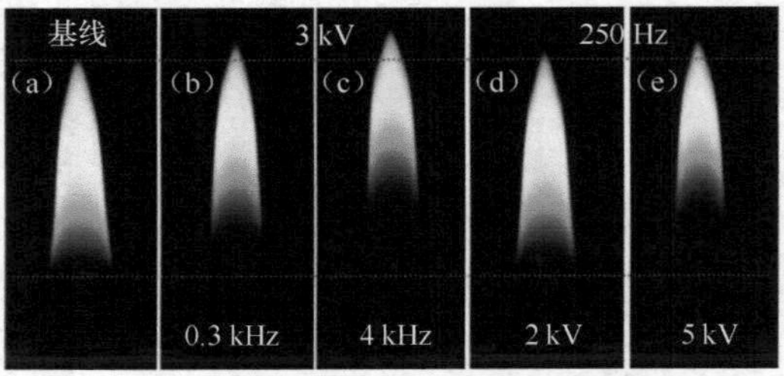

图 11　不同交流电压参数下的伴流火焰形态

1. 驱动流场结构改变

图 11 所示为交流电场对火焰形态（黄色炽光部分）的影响，但其具体的作用机制还有待进一步阐述。除了离子风机制，电场火焰作用的机理还有化学机制与热机制。其中，化学机制来源于电子在外部电场作用下加速所激发的新型化学反应，而热机制则来源于欧姆定律。图 11 中观测到的碳烟浓度降低尚不清楚源自于上述机制的哪一种或多种。为进一步解释电场火焰调控机理，我们通过先进的激光诊断技术揭示了电场作用前后伴流火焰内部的流场与化学组分分布（见图 12）[9]，具体包括了羟基（—OH）、碳烟前驱体（PAHs）的空间浓度分布与米散射揭示的流动结构。虽然火焰面外围的羟基浓度变化较小，但 PAHs 在环状涡内的浓度会极大增加。这是因为涡环内的弛豫时间趋向于无穷，热量在内聚集，使得小尺寸的 PAHs 能在涡环内生长与累积，从而极大增加了 PAHs 在涡环中的浓度。

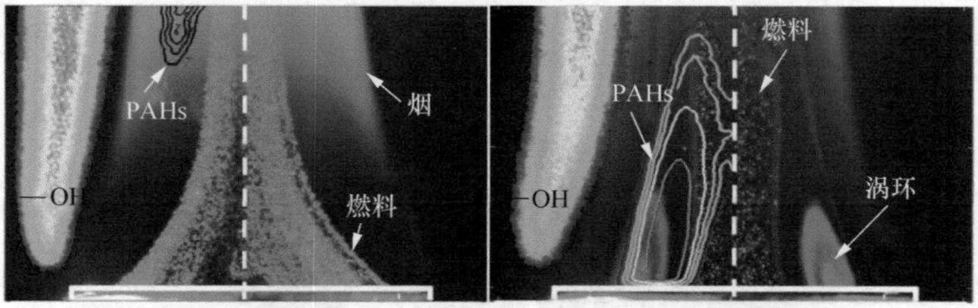

（a）施加电场前　（b）施加电场后

图 12　施加交流电场前后伴流火焰流动结构、—OH、PAHs 浓度变化

该环状涡结构从三维的角度观测的结果如图 13 所示 [9]。显然，离子风驱动了该涡结构的出现，极大改变了原本的流场结构。

图 13　三维环状涡空间结构

为进一步解释火焰碳烟浓度（黄色炽光）的降低，我们采用激光粒子测速方法测量了喷管附近的流速场，如图 14 所示 [9]。可见，随着涡环的形成，有效的喷管出口面积减小了，导致喷嘴附近的流速快速增加，从而减少了碳烟在喷管附近停留的弛豫时间。小的碳烟前驱体无法增长到可发出炽光的碳烟大小，解释了碳烟浓度的下降。显然，离子风所驱动的流场结构变化已经可以充分解释组分场和速度场的变化规律，证实了离子风效应在伴流火焰流场结构改变中的主导地位。

2. 控制燃烧不稳定性

前面讨论了利用离子风来驱动火焰流场结构的恒定变化，若要利用离子风来控制燃烧稳定性，还需要研究离子风对火焰动态扰动的规律。下面介绍利用离子风控制不同燃烧稳定性现象的研究。

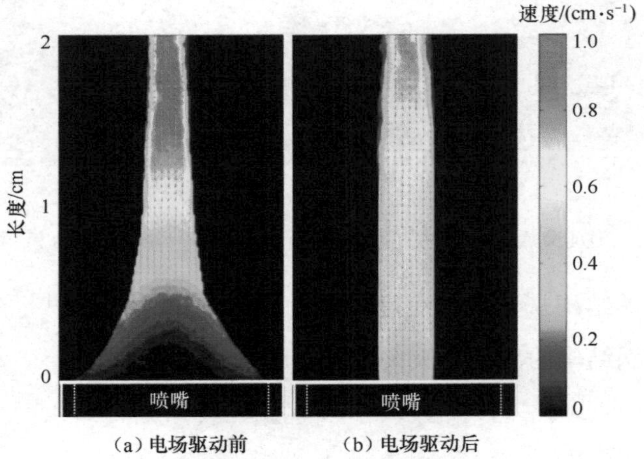

图 14　电场驱动环状涡结构前后的喷管火焰流场分布

（1）开尔文 - 亥姆霍兹不稳定性

日常经验告诉我们，蜡烛火焰时而平静，时而会出现振荡的情形，剧烈时还会造成火焰面的断裂。这种火焰不稳定性现象一般被称为火焰的掐断现象（Pinch-off）。相关研究已经证实，该振荡源于卡尔文 - 亥姆霍兹（K-H）不稳定性。这种不稳定性现象是由流体界面两侧速度不同、存在剪切而形成的。在图 10 所示的伴流扩散火焰工况下，K-H 不稳定性处于被抑制的状态。施加交流电场后，原本稳定的伴流火焰也可以触发出掐断强度的K-H不稳定性（见图15），显示了离子风对该类型不稳定性的控制能力[10]。

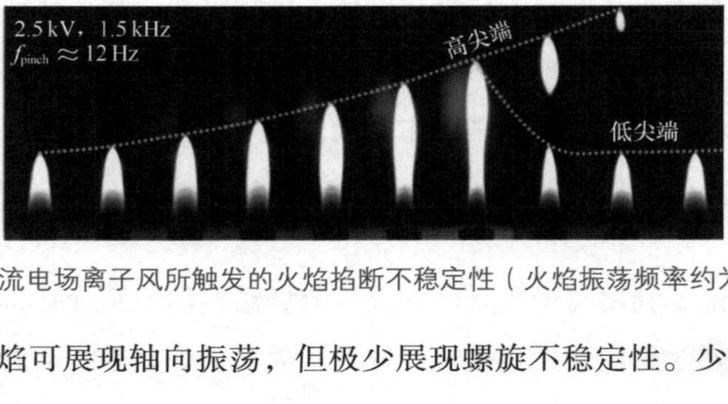

图 15　交流电场离子风所触发的火焰掐断不稳定性（火焰振荡频率约为 12 Hz）

扩散火焰可展现轴向振荡，但极少展现螺旋不稳定性。少数扩散火焰的旋转出现是通过将扩散火焰置于旋转边界条件来实现的[11]。我们研究发现仅通过施加外部交流电场，即便是在轴对称的电场强度分布下，依然可以触发扩散火焰独特的旋转不稳定性，其旋转频率约为 15 Hz(见图 16)[10]。离子风对该类型不稳定性的控制有助于利用其来应对燃烧室内燃烧旋转不稳定性。

图 16　伴流火焰在交流电场作用下产生的旋转不稳定性

（2）热声不稳定性

在前面提到，当火焰的热释放率振荡与压力脉动耦合且产生正反馈时，压力脉动便可以从热释放中获得能量从而放大其脉动。消除热声振荡的被动控制方法常采用声衬将压力脉动转化为脱落涡耗散掉。主动控制技术虽可采用扬声器直接控制压力脉动，但难以拓展到工业级燃烧室。另外的主动控制思路是直接控制火焰的热释放率。图 17 所示为低频交流电场扰动下伴流火焰的高度变化，即火焰热释放率的变化[12]。可见，在给定频率下，火焰热释放率可以被有效扰动。

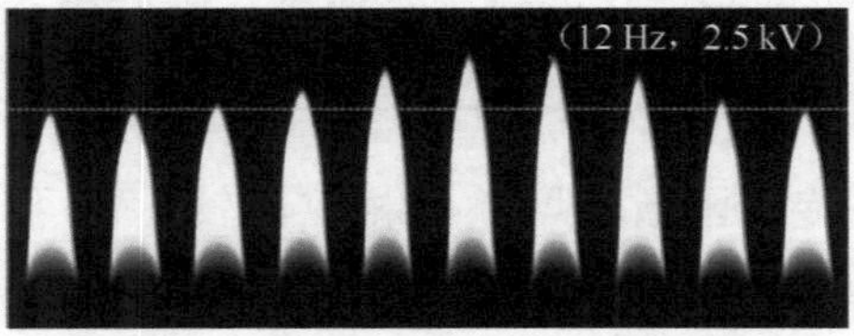

图 17　低频交流电场扰动下伴流火焰的高度变化

该火焰热释放率扰动来源于离子风效应，因此也会体现在速度场上。为了证实这点，我们采用激光粒子测速技术测量了喷管处的速度－时间轨迹，如图 18 所示。可见交流离子风所引发的交变速度场呈现正弦分布。随着频率的增加，速度振荡幅值也快速下降[12]。

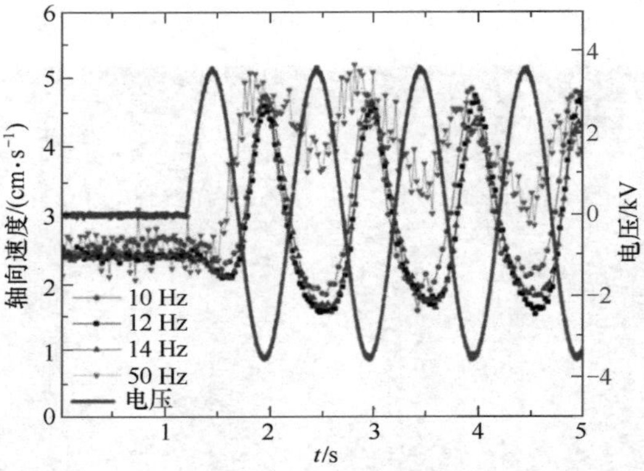

图 18　离子风对伴流火焰的出口速度调制特性

为了进一步刻画电场控制热声不稳定性的能力，需要研究相应的火焰传递函数。例如，火焰声学传递函数便是热声不稳定性研究中的核心概念之一，其定义为：

$$F(\omega)=\frac{\hat{\dot{Q}}(\omega)/\overline{\dot{Q}}}{\hat{u}(\omega)/\overline{u}}=G(\omega)e^{i\phi} \qquad (2)$$

式中，^ 代表脉动量，¯ 代表时均量，$\dot{Q}$ 代表火焰热释放率，u 代表速度，F 代表火焰传递函数，G 代表增益，ϕ 代表相位，ω 代表频率。火焰声学传递函数刻画了火焰热释放率对上游速度脉动扰动的依赖规律。如果能刻画类似的电场火焰传递函数、建立离子风扰动与火焰热释放率之间的关系，并进一步与火焰声学传递函数进行比较，则有望全面揭示电场离子风效应控制热声不稳定性的能力。为此，我们进行了相关实验，图 19 所示为不同扰动源火焰传递函数的增益与相位比较[13]。可见，电场火焰传递函数在极低频段的增益趋近于 0，即离子风对火焰热释放率的扰动极弱，在中高频率区间，电场火焰传递函数的增益能达到一个相当高的水平，可对火焰热释放率实现有效的周期性扰动，从而证实了电场在该频率区间控制热声不稳定性的可行性。

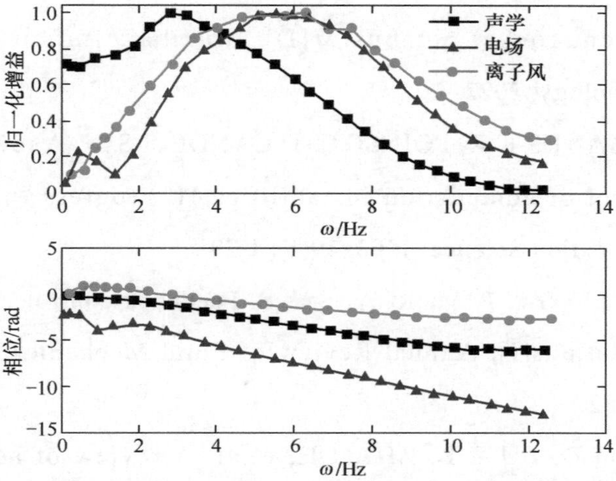

图 19　不同扰动源火焰传递函数的增益与相位比较

结语

未来高效的空天飞行器动力系统对燃烧系统的稳定性提出了新要求，增加了对燃烧过程在宽工况范围内进行精准调控的难度。利用火焰等离子体的离子风效应，可以成功实现在实验室级别的燃烧流动结构及多类型不稳定性的有效调控。但将其扩展到高功率的工业级燃烧室，还需要增加火焰离子风功率。目前，离子风效应能有效控制的实验室的火焰级别在百瓦级别，消耗功率在瓦级别，而实际空天推进系统燃烧室的功率在兆瓦级别，为此需要将离子风有效功率进行数量级的提高。另外，离子风调控主要改变的是流动动量方程，而燃烧伴随着复杂的化学反应，如何有效地同时结合动量控制与化学反应控制将成为该技术进一步发展应重点关注的方向。

参考文献

[1] PRAVEEN K. Dynamical systems and complex systems approach tostudy transition to thermoacoustic instability in amodel multi-element rocket combustor[D]. Mumbai: Indian Institute of Technology, 2022.

[2] MCMANUS K R, POINSOTI T, CANDELI S M. A review of active control of combustion instabilities[J]. Progress in Energy and Combustion Science, 1993, 19(1): 1-29.

[3] DOWLING A P, MORGANS A S. Feedback control of combustion oscillations[J]. Annual Review of Fluid Mechanics, 2005, 37(1): 151-182.

[4] ZHAO D, LU Z L, ZHAO H, et al. A review of active control approaches in stabilizing combustion systems in aerospace industry[J]. Progress in Aerospace Sciences, 2018(97): 35-60.

[5] PRAGER J, RIEDEL U, WARNATZ J. Modeling ion chemistry and charged species diffusion in lean methane-oxygen flames[J]. Proceedings of the Combustion Institute, 2007, 31(1): 1129-1137.

[6] WANG J, ZHU T, CAI Y X, et al. Review on the recent development of corona wind and its application in heat transfer enhancement[J]. International Journal of Heat and Mass Transfer, 2020(152). DOI: 10.1016/j.ijheatmasstransfer.2020.119545.

[7] CARLETON F B, WEINBERG F J. Electric field-induced flame convection in the absence of gravity[J]. Nature, 1987, 330(17): 635-636.

[8] PARK D G, CHUNG S H, CHA M S. Visualization of ionic wind in laminar jet flames[J]. Combust Flame, 2017(184): 246-248.

[9] XIONG Y, CHA M S, CHUNG S H. AC electric field induced vortex in laminar coflow diffusion flames[J]. Proceedings of the Combustion Institute, 2015, 35(3): 3513-3520.

[10] XIONG Y, CHUNG S H, CHA M S. Instability and electrical response of small laminar coflow diffusion flames under AC electric fields: Toroidal vortex formation and oscillating and spinning flames[J]. Proceedings of the Combustion Institute, 2017, 36(1): 1621-1628.

[11] NAYAGAM V, WILLIAMS F A. Rotating spiral edge flames in von Karman swirling flows[J]. Physical Review Letters, 2000, 84(3): 479-482.

[12] XIONG Y, PARK D G, CHA M S, et al. Effect of buoyancy on dynamical responses of coflow diffusion flame under low-frequency alternating current[J]. Combustion Science and Technology, 2018, 190(10): 1832-1849.

[13] LACOSTE D A, XIONG Y, MOECK J P, et al. Transfer functions of laminar premixed flames subjected to forcing by acoustic waves, AC electric fields, and non-thermal plasma discharges[J]. Proceedings of the Combustion Institute, 2017, 36(3): 4183-4192.

熊渊，北京航空航天大学航空科学与工程学院教授、博士生导师，国家级青年人才。2015年于沙特阿卜杜拉国王科技大学取得博士学位，随后作为实验室创立人员加入瑞士苏黎世联邦理工学院 CAPS 实验室继续从事博士后研究，2021 年 7 月回国入职北京航空航天大学。长期从事研究新型光学 / 激光流动诊断技术、燃烧控制、流动不稳定性等相关方面的工作，在燃烧与流动期刊 *Combustion and Flame*, *Proceedings of the Combustion Institute*, *Experiments in Fluids*, *Journal of Fluid Mechanics* 上发表了 20 余篇论文，受邀为 2019 年全球能源与推进大会的燃烧分会场主席。

“看得见”的机舱空气环境

北京航空航天大学航空科学与工程学院

曹晓东

随着民航运输业的快速发展，乘坐飞机出行已成为全球公众进行长途旅行时的主要方式之一。客机的环境控制系统（简称环控系统）将从大气环境引入的新鲜空气和过滤后的循环空气进行混合处理并送入机舱内，空气在扩散和混合过程中会带走人员和设备散发的余热和余湿，同时稀释和排除机舱内的空气污染物。高质量的机舱空气环境是保障广大乘客和机组人员安全、健康和舒适的关键。然而，机舱内的空气流动是看不见、摸不着的，且具有不稳定、高脉动等特性。如何“看见”机舱内的空气流动并准确描述其复杂特征，是提升机舱空气环境质量的基础和难点问题。下面将从研究机舱空气环境的重要性说起，重点介绍如何利用先进的粒子成像测速技术，对机舱内的空气流动进行可视化测量和分析。在此基础上，谈一谈对机舱内污染物随空气流动传播规律的数值模拟研究，以及传染性疾病在机舱空气环境中的传播规律和防控措施。

为什么要研究机舱空气环境

2010 年印发的《建设民航强国的战略构想》提出：到 2030 年，旅客运输量达到 15 亿人次，中国航空运输市场规模位居世界第一，国际客运周转量进入世界前两位。目前，我国完全自主研制的 C919 单通道大型干线客机已经成功交付运营。这标志着我国正在快速向航空强国迈进。国产大型客机和国外产品竞争形势分析报告指出，国家要求 C919 客机“确保安全性、提高经济性、改善舒适性、注重环保性”，这些特性都和客机座舱空气环境及其控制系统密切相关。

民航客机通常的巡航飞行高度为 8000 ～ 12 000 m，外界空气温度约为 -55 ℃，大气压力下降至 30 kPa。在这种恶劣的外界环境条件下，舱内乘客和机组人员的生命安全完全依赖于环控系统的正常运行。如图 1 所示，客机的环控系统将从发动机引入的外界新鲜空气和高效过滤后的循环空气进行混合，在经过臭氧转换器、空调单元处理后，通过机舱空气分配管路以及个人送风口送至机舱内。调节好的送风空气在机舱内不断扩散和混合，带走人员和各类设备散发的余热和余湿，并将机舱内的空气污染物（病菌、颗粒物、挥发性有机物、有害气体）稀释和排除。舱内环境气压及其在飞行过程中的变化速率则通过调压阀排气口控制，以满足人体生理健康和飞机结构安全的需要。在飞机巡航过程中，如果环控系统失效或座舱失密的话，那么机上人员仅能维持十几秒有意识的时间。著名的太阳神航空 522 号航班空难，就是加压系统处于手动模式而未能自动为机舱加压导致的。环控系统从发动机引气，这很容易导致泄漏的航空发动机油、液压油和润滑剂随送风进入机舱，严重危害机舱内的空气品质，导致乘客和机组人员的不适甚至中毒，相关报道已经屡见不鲜。特别是飞行员吸入有害气体后，极有可能造成其操纵飞机的能力下降。由此可见，机舱空气环境质量关乎客机飞行安全，是乘客和机组人员生命安全的“第一道防线”。

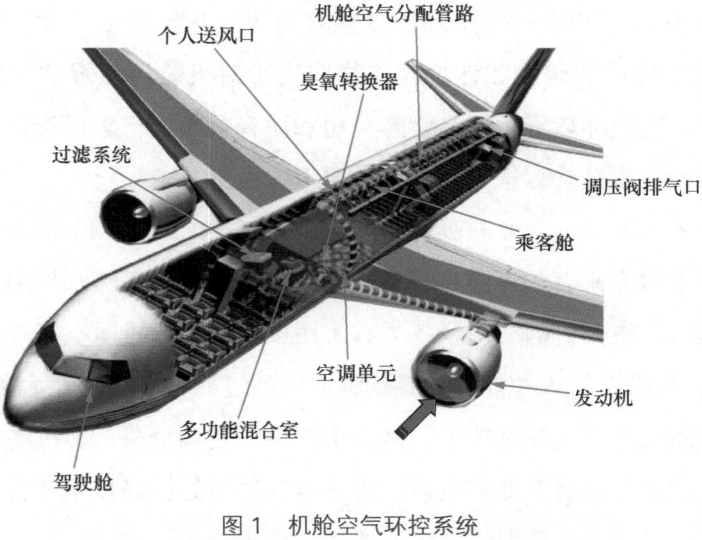

图 1　机舱空气环控系统

不同于一般的建筑环境，机舱是一种半封闭、狭小并且人员密集的特殊空间环境，极易造成各种污染物随空气流动的散发和传播。舱内为了工艺和美观需求使用新型合成材料，会散发大量有害的挥发性有机物，给人体健康带来危害。例如，女性空乘人员呼吸道炎症、肺部不适症状的发病率比其他职业的女性高 2 ～ 4 倍。同时，人员密集的机舱极易造成国际上传染性疾病的快速传播。世界卫生组织曾将 SARS 病毒传播到 5 大洲的 26 个国家的主要原因确定为客机充当了传染载体。例如，2003 年 3 月从我国香港飞往北京的 CA112 航班在飞行途中，有 22 名乘客不幸感染 SARS 病毒 [1]。2020 年 3 月从伦敦飞往河内的 VN54 航班商务舱中，有 12 名乘客被 1 名新型冠状病毒感染的乘客传染 [2]。因此，机舱空气环境质量对于抵御重大传染病威胁至关重要，直接关系到我国的公共健康安全。

相信大家平时在乘坐飞机的时候，或多或少会对机舱空气环境有一些不满意的地方，特别是关于热不舒适的感受会比较明显。例如，在飞行途中可能会感到身体各部分冷热不均匀；登机时感到闷热，起飞后却有吹冷风感；经常需要通过盖毛毯或者调整衣服来缓解热不舒适感。空客公司的调研结果表明，实际上约有 25% 的旅客对机舱热环境不满意。而乘客对客机和航空公司的印象和评价，往往取决于对机舱环境舒适性的主观感受。因此，机舱环境舒适性是空客公司和波音公司进行客机设计时的首要竞争性指标，也是乘客选择航司的重要考虑因素。

一个成年人每天需要呼吸约 10 m^3 的空气（0.12 L/s），但现代客机环境标准要求每个乘客的新鲜空气量不低于 3.75 L/s。之所以采用大量的新鲜空气送风，主要目的是稀释各类有害污染物，维持机舱空气环境的清洁度。然而，客机在引入和处理外界新鲜空气的过程中也会消耗大量的能源。若能通过高效的空气控制技术，减少引气量和空调负荷，客机的燃油消耗和碳排放量就会显著降低。所以，机舱空气环境的控制技术还会显著影响客机运行的经济性和环保性。综上所述，高质量的机舱空气环境是保障乘客和机组人员安全、健康和舒适并实现产业节能减排的关键，也是提升国产大飞机市场竞争力的重要保障。

那么怎样才能营造出高质量的机舱空气环境呢？这就要从机舱内的空

气流动说起。目前，客机普遍采用的是混合送风的气流组织形式。所谓混合送风，即是从机舱顶部或者侧壁送风口送冷空气射流进入机舱，射流带动舱内空气充分流动混合以稀释污染物和带走人员和设备的热负荷，最后从位于机舱底部的排风口排出。然而，为了维持这种混合送风形式，往往要采用较高的送风速度和较低的送风温度。由于机舱内空间狭小，送风口与乘客区域距离较短，因此送风射流容易导致乘客产生吹风感和冷感。笔者曾对 179 架次美国航班的机舱环境进行了实测研究[3]，发现很多航班的实际通风量低于设计标准。这导致机舱内的二氧化碳（CO_2）浓度为（1000 ～ 3000）$\times 10^{-6}$，远高于一般建筑房间内的浓度水平（低于 1000×10^{-6}）。暴露在此环境中会显著影响商业飞行员的飞行操作表现[4]。不佳的通风质量会造成舱内的空气难以有效混合，进一步导致热舒适性下降、污染物浓度升高、认知能力变差，以及疾病传染风险增加等问题。由此可见，目前机舱气流组织还存在很多值得改进和优化的地方。营造高质量机舱空气环境的关键在于研发高性能的气流组织，而首要任务是获取舱内的空气流动信息。

如何“看见”空气的流动

机舱内的空气流场是由环控系统射流产生的惯性力、人员和电子设备发热产生的热浮力以及机舱复杂几何边界共同作用形成的。如何“看见”和定量描述机舱内的复杂流动特征，优化气流组织性能，一直是国内外学者十分关注和亟待解决的问题。但是空气是看不见、摸不着的，那到底用什么方法才能观察到空气的流动呢？这就要提到现代流动测量领域的“杀手锏”技术——粒子图像测速（Particle Image Velocimetry，PIV）。PIV 是一种非接触式的全场测速技术，概念最早起源于 20 世纪 80 年代。随着激光技术和成像技术的快速发展，PIV 已逐渐发展为室内环境空气流场测量的重要技术手段[5]。

标准的 PIV 系统通常由激光器、一台或多台图像获取设备（CCD 相机）、同步控制器、计算机和示踪粒子组成。PIV 的测量范围和维度主要和相机数量有关。使用一台相机为 2D-PIV，用户测量平面内二维速度；使用两台相机为 2D-3C PIV，用于测量平面内三维速度。对于 3D-3C PIV（测量体积内三维速度），如全息成像 PIV，则需要 3 台及以上的相机。三维 PIV 实验系统十分复杂和昂贵，并且测量范围通常很小，一般用于缩尺模型实验研究。因此，目前室内流场测量基本以 2D-PIV 系统（见图 2）为主[6]。当然空气流动是无法直接被相机拍摄到的，所以要首先用发生装置向测量区域均匀播撒示踪粒子来跟随空气的流动。PIV 实际上就是通过测量示踪粒子的运动速度来代表真实气流的速度。所以粒子的直径必须足够小（一般约 1 μm），以保证好的流动跟随性。由于示踪粒子非常小，要用激光器产生高亮度的脉冲片光源来不断照亮测量区域内的粒子，并通过相机设备连续记录被照亮的粒子运动图像。同步控制器用于协调激光器脉冲和相机图像采集之间的时序关系。最后采用计算机对相邻时刻的粒子图像进行互相关算法分析，获得测量区域内的流场分布。因此，PIV 相比其他测速技术的最大优势在于可以获得每个时刻的全场流动信息，并且不会对流动造成干扰，确实可以形象地比喻为“看清楚”空气的流动了。

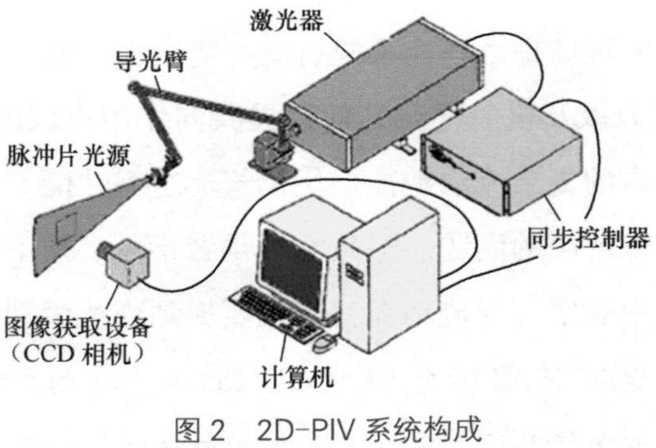

图 2　2D-PIV 系统构成

尽管 PIV 在空气流动测量中体现出很多优势，但实际应用中仍存在很多局限性。首先，PIV 的测量区域面积较小，对于机舱环境整体流场的测量，必须要进一步发展系统硬件或改进实验方法。同时，PIV 在实验过程中还必须保证测量区域光路的畅通。所以实验模型壁面要做高透明度处理，这使保证热边界条件变得困难。实验模型内部的物体（如机舱座椅）也会对光路形成遮挡，限制测量范围。并且 PIV 通常较为昂贵、笨重且操作复杂，较难应用于真实复杂空间环境中的流场研究。PIV 测量中应用了很多种不同的技术环节，各项参数设置对测量准确度影响很大[5]。因此，研究人员应根据不同的实验目的、实验对象和实验条件，制定合理的 PIV 实验方案和参数设置。具备了测量技术手段，就可以建立合理的实验系统和方法，开展机舱内空气流动的测量研究了。下面将简要介绍笔者曾开展的相关实验研究工作。

机舱内空气流动的可视化实验研究

为了实现真实巡航热边界条件下机舱流场的可视化测量，我们搭建了可模拟多种工况、热边界可调控的大型客机机舱环境仿真实验平台[7]，如图 3 所示。模拟舱被放置于一个大型恒温室中，以确保模拟舱环境条件的可调控性和稳定性。采用恒温室和模拟舱的两套空调系统，实现多样性的热边界调控与实验工况设置。恒温室采用高静压柜式空调，可以控制恒温室温度范围为 15 ℃～ 30 ℃（精度 ±1℃）。模拟舱空气处理单元采用组合式新风空调，可以控制舱内的送风温度范围为 15 ℃～ 35 ℃（精度 ± 0.5 ℃）。模拟舱是根据波音 737-200 的实测尺寸等比例搭建的，整体长度为 5.80 m、地板宽度为 3.25 m、走廊中央高度为 2.15 m、行李架底部高度为 1.60 m。中间部分和正面舱壁采用高透光性的亚克力板材以充分利用 PIV 开展实验测量；非透明舱壁采用镀锌铁板拼接而成。模拟舱内共计安装了 7 排 42 个真实飞机座椅，每个座椅上配备一个可发热的坐姿假人来模拟乘客。为了反映乘客的真实散热，假人表面按照人体各部位发热量缠绕着镍铬电阻丝，总显热发热量为 75 W。送风气流通过两侧送风管道上的条缝型风口送入舱内，每个小条缝长为 50 mm，宽为 3.5 mm。混合后的空气从地板两侧的排风口排出，最后通过管道直接排到室外。

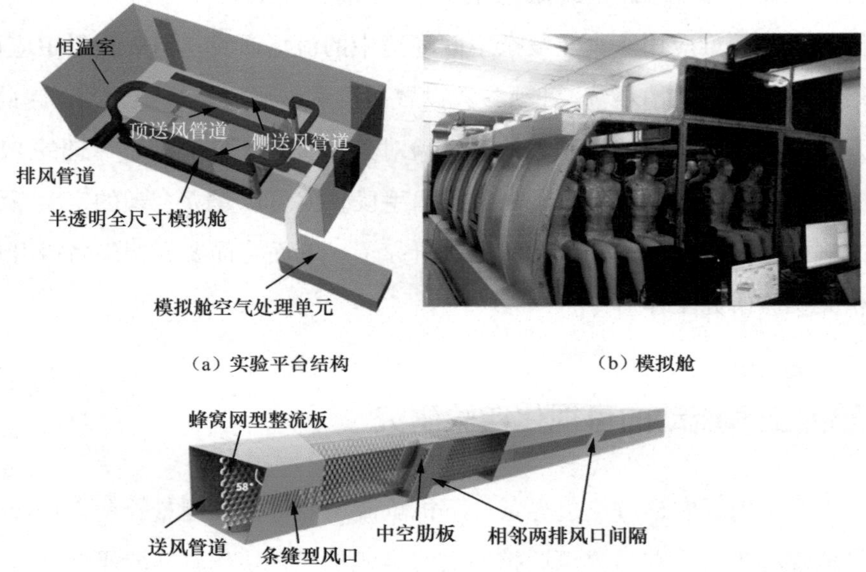

（a）实验平台结构

（b）模拟舱

（c）条缝型风口

图 3　大型客机机舱环境仿真实验平台

依托该实验平台，我们构建了机舱内空气流动大尺寸 PIV 系统 [8]，如图 4 所示。该系统利用坐标架进行 PIV 片光源截面定位（精度 0.01 mm）；滑轨进行相机测量位置定位（精度 0.01 m）；示踪粒子注入风管上游和送风空气充分混合后，直接随送风射流送入模拟舱。模拟舱的截面面积很大，但 PIV 测量范围有限。因此，为获得机舱全截面流场信息，我们提出了大尺寸 PIV 拼接测量方法 [8]：将测量区域划分为多个子区域，再将各局部截面交错拼接，获得整体时均流动信息。该测量方法的主要优势在于区域选择灵活（多尺寸、多截面区域测量），流场结构显示精细（空间分辨率高），实现了舱内空气流动特征多尺度精确测量。

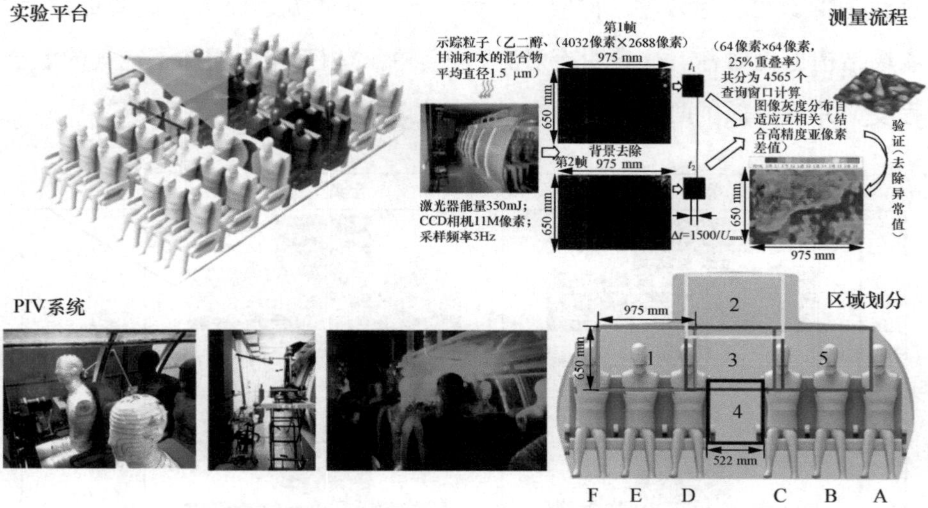

图 4　机舱内空气流动大尺寸 PIV 系统

基于上述建立的实验平台和 PIV 系统获得的机舱内高分辨率的可视化流场信息 [9]，如图 5 所示。等温工况下所有假人都关闭，使舱内送风温度等于恒温室内温度。此时舱壁温度为（19 ± 1）℃，相当于民航客机巡航飞行时的内壁面温度。在空调工况下，所有假人都稳定发热，用来模拟民机满舱巡航时的环境条件。总送风量则是依据国际标准推荐的每名乘客 9.4 L/s 来确定的。图 5 中每个截面上的实际速度数据为 18 749 个。只是为了显示更加清晰，一个方向上每 8 个矢量中仅显示了 1 个矢量，这表明实际流场结构分辨率是图中显示的 64 倍。如图 5 所示，中间三排横截面内的整体流场分布较为类似。两侧送风射流在进入舱内后迅速向行李架底部贴附。在离开行李架区域后，小部分气流向机舱顶部运动，形成一片低速区域。两侧大部分射流在走廊位置交汇碰撞，并相互混合向下运动。一部分混合气流仍受射流惯性影响再次分离，在两侧乘客区域形成循环气流。两种工况流场分布规律均受送风惯性力主导。但由于增加了热浮力的影响，空调工况下的射流轨迹向下偏移、流动覆盖范围明显增大。这表明射流可以通过混合作用卷吸更多的空气，在一定程度上增强了乘客区域余热和污染物的去除效率。同时，空调工况下整体流速提高、流动更稳定、流场结构也更对称。这表明冷射流和热羽流的相互作用增加了空气的混合程度，并且降低了两侧污染物交叉传播的概率。

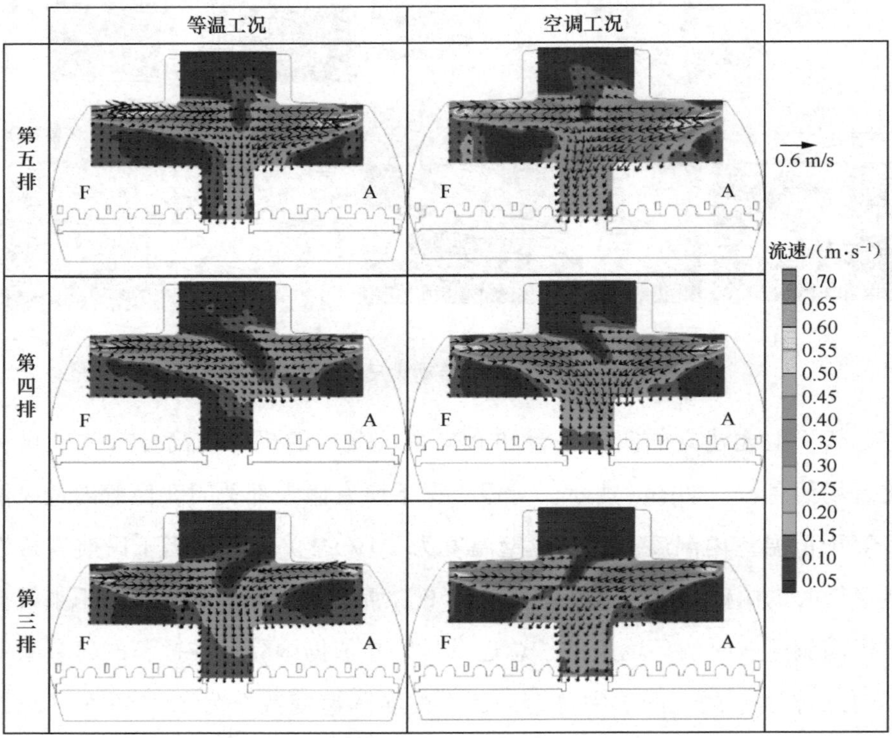

图 5　机舱内高分辨率的可视化流场信息

在获得了流场信息的基础上，还可以继续评价一下气流组织的性能怎么样，对乘客舒适性有什么影响。例如，大家坐飞机时经常会遇到头部吹风感较强的不适感。因此可以结合速度场和温度场数据，利用吹风感不满意率（Draught Risk，DR）来分析乘客区域的舒适性。如图 6 所示，DR 的分布主要受流场速度和分布形式的影响。室内标准规定 DR 应低于 20% 以避免强烈的吹风感。从图 6 中不难看出，较高的 DR 主要集中在射流主流区，且基本高于 30%，会在乘客头部及胸部区域造成较为明显的吹风感。

进一步考虑代谢率、服装热阻和辐射温度等对乘客热舒适的影响，还可以用预测平均评价（Predicted Mean Vote，PMV）来描述机舱空间热舒适分布。结果同样表明，舱内的热舒适性分布规律主要受速度场的影响。在夏季着装水平时，送风射流会使乘客产生明显的冷感。为提高舱内的舒适性水平，还需要进一步对气流组织进行优化设计。

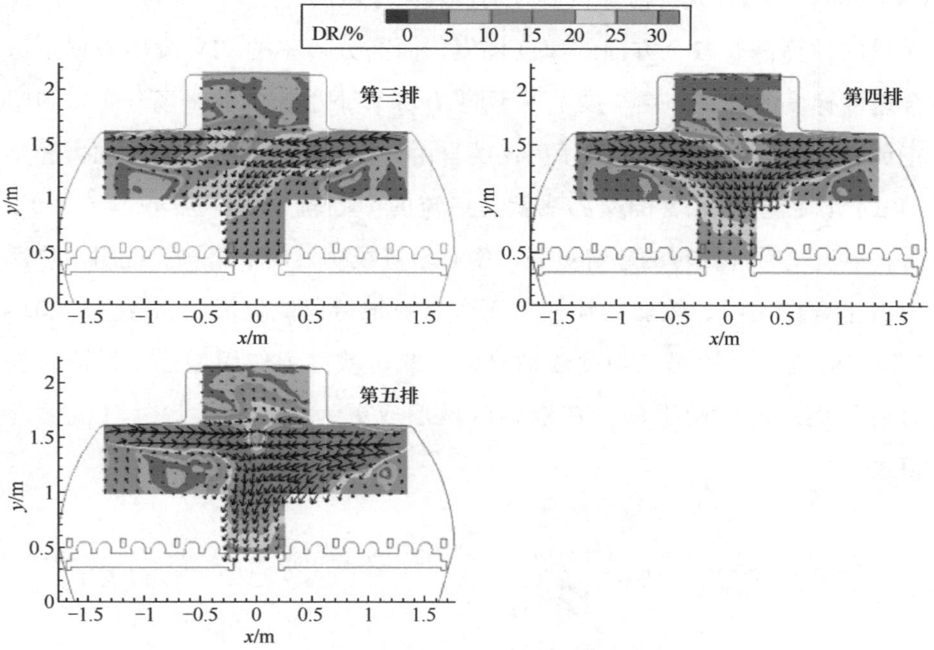

图 6　机舱内吹风感不满意率分布

从上述研究结果不难看出，影响机舱空气环境的主导因素是送风射流，同时乘客散发的热羽流也会对舱内的流动规律造成一定影响。由于惯性力和热浮力之间复杂的耦合作用，加上机舱狭小空间对流动发展的限制，使射流无法像在建筑室内一样充分流动。因此，经典射流理论无法准确描述机舱环境射流规律。为优化舱内的气流组织性能，还需细化研究关键区域流动特征，建立送风参数和整体流场特征之间的理论模型[10]。阿基米德数 *Ar* 是流体力学里常用的无量纲准则数，可以用来表征惯性力和热浮力之间相互作用的强弱。因此，射流的发展规律和 Ar 的大小直接相关。Ar 可以通过送风温差、送风速度、风口及空间尺寸计算得出，其数值越大，表明热浮力对流动的相对影响越强。另外影响射流发展规律的重要因素是涡旋结构。涡旋是流体内部动量和能量传递的主要途径，带动了流体间的掺混卷吸作用，推动了射流的发展。涡旋的强度可以用涡量（Vorticity）表示，其正值和负值分别代表流体微团的逆时针和顺时针旋转。涡量的计算需要各个方向的速度梯度，而高分辨率的 PIV 流场数据正适合速度梯度的计算。图 7 展示了不同 Ar 条件下射流的涡量场分布。图中正负涡量区域分别清晰刻画了射流的自由剪切层（逆时针旋转）和边界层（顺时针旋转）。二者的交界线就是射流的中心轨迹线。当 $Ar \geqslant 0.029\ 2$ 时，射流逆时针旋转的趋势更强，中心轨迹线明显向下偏斜。说明当热浮力占主导作用时，较弱的惯性力无法有效维持射流发展。当 $Ar \leqslant 0.013\ 5$ 时，射流逆时针涡旋强度逐渐降低。此时惯性力作用增强，射流转变为射程更远的贴附射流，在乘客区域形成更为合理的大尺寸气流循环模式。

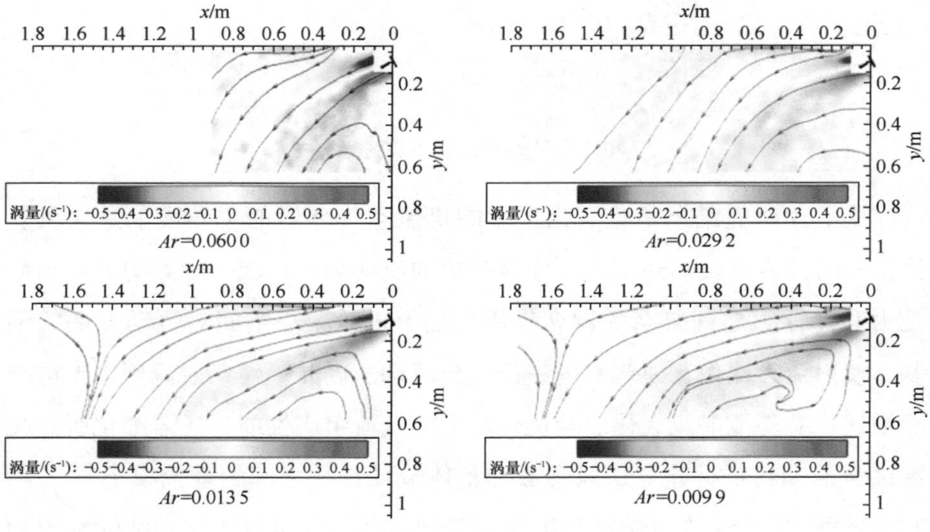

图 7　不同 Ar 条件下射流的涡量场分布

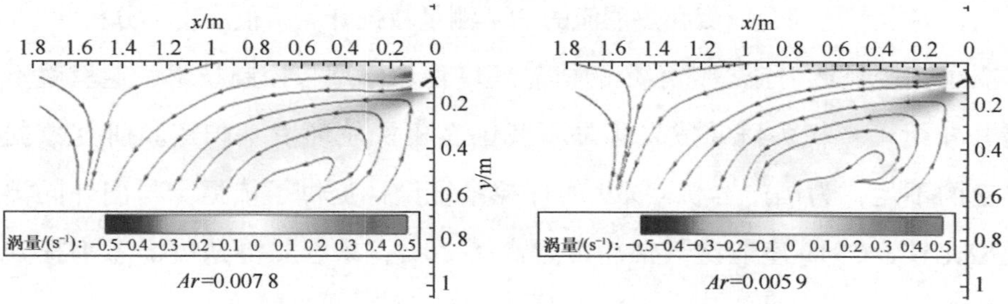

图 7　不同 *Ar* 条件下射流的涡量场分布（续）

上述分析表明，乘客散发的热羽流对射流发展有显著影响。那么大家肯定会好奇热羽流到底是什么样的呢？热羽流场具有低流速、高脉动的特性，难以用普通测速技术测量。这时又能体现出 PIV 可以连续测量复杂瞬时流场的优势了。图 8 所示为 PIV 测量的乘客微环境热羽流的瞬时速度场分布 [11]。从图 8 中可以看出，热羽流是由假人表面温度引起的热对流形成的，呈现出一股接一股的上升趋势。流速也逐渐上升，最大速度可以达到 0.24 m/s。在上升过程中，热羽流逐渐卷吸夹带周边空气形成小尺寸涡旋，而这些小尺寸涡旋不断汇聚，在头部上方形成了更大尺寸的涡旋结构。大量上升的羽流涡旋将能量向射流传递，促进了射流的发展。同时，这些涡旋还将乘客区域的污染物带入射流中，提高了污染物的排除效率。

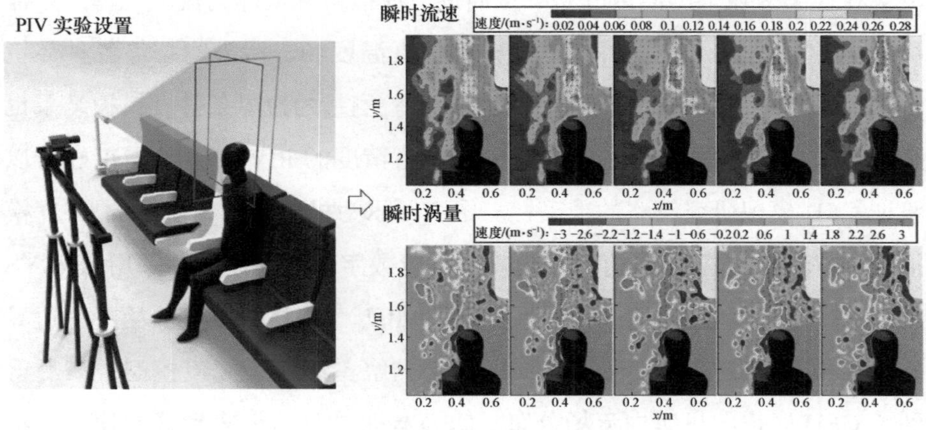

图 8　乘客微环境热羽流瞬时速度场分布

许多学者还综合射流和热羽流的 PIV 测量数据开展了很多理论分析[12-13]，建立了克服经典射流理论不足的机舱环境理论模型与控制技术，这里就不展开介绍了。相关研究成果弥补了我国客机机舱环境基础实验研究数据缺乏的不足，为国产客机 C919 的环控系统设计提供了依据。与国外同类机型比较，C919 座舱空气洁净度提高了 20%，乘客热舒适度满意率提升至 90%。

机舱内污染物传播的数值模拟研究

目前室内环境研究学界普遍认为，空气流动是造成室内污染物传播的主要途径。因此在空气流场研究的基础上，还可以进一步研究机舱内污染物的分布和传播规律。但是，直接通过实验观测污染物传播的难度和风险都较高。相较于实验测量，数值模拟技术可以直接通过软件获得完整详尽的机舱环境数据，非常适合开展有关机舱内污染物的研究。计算流体力学（Computational Fluid Dynamics，CFD）是目前最常用的机舱环境数值模拟技术。CFD 相当于“虚拟”地在计算机上做数值实验，模拟仿真实际的流体流动情况。其基本原理是数值求解控制流体流动的微分方程，得出流场在连续区域上的离散分布，从而近似模拟得到流体的流动规律。在流场模拟的基础上，CFD 可以继续模拟仿真温度场、污染物场等各种环境物理场。当然，数值模拟的输入依赖于实验测量的边界条件，模拟结果也必须经过实验数据验证才能令人信服。高精度的 PIV 实验数据正好可以验证 CFD 模拟研究策略的准确性。图 9 所示为机舱内空气流场的 CFD 模拟[14]：依据模拟舱的几何尺寸建立了机舱数字仿真模型，并采用 ANSYS ICEM 软件将模型内部空间离散划分为 900 万个网格，以实验测量的边界条件为模拟起始条件，通过 Fluent 软件求解雷诺时均湍流模型，最后得到了 CFD 模拟的机舱内流场分布，CFD 模拟的气流分布形式和速度大小均与 PIV 实验结果有较好的一致性。这说明 CFD 能够较准确地预测机舱内复杂气流分布。

有了实验验证过的 CFD 模型，就可以继续分析气态污染物在机舱内的传播规律[14]。如图 10 所示，通过 CFD 模拟技术可以直观显示出污染物浓度场分布与传播轨迹。当污染源位于不同气流涡旋结构中时，其散发污染物的传播轨迹与形成的浓度场分布有明显差异。当污染源位于一侧气流涡旋中间时(源 1 和源 3)，污染物的传播轨迹大部分被“锁定”在涡流中，导致该侧乘客区域的污染物平均浓度显著增加。而当污染源位于走廊中央时(源 2)，大部分污染物能够迅速被两侧的汇聚气流夹带从机舱底部排出。此外，该研究还发现人体热羽流的扰动有可能造成污染物在机舱纵向上运动，导致不同排之间的污染物传播。研究结果表明，机舱内污染物的浓度分布与传播规律主要受气流涡旋结构的影响。因此，优化气流组织设计对降低机舱内污染物浓度水平，减少污染物跨区域传播起到关键作用。

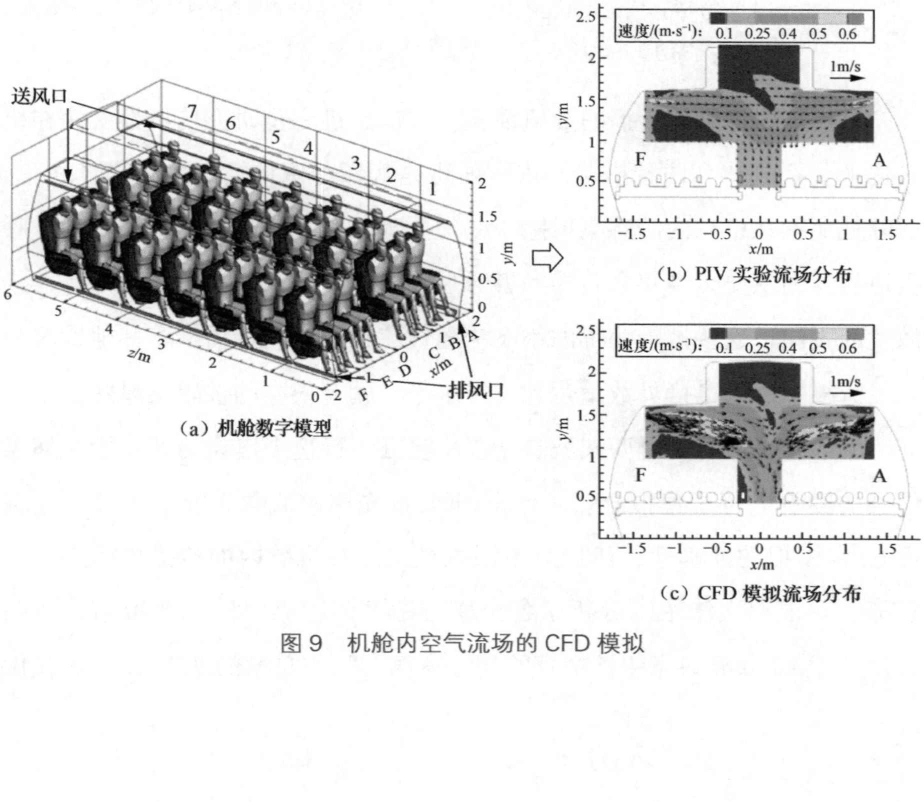

图 9　机舱内空气流场的 CFD 模拟

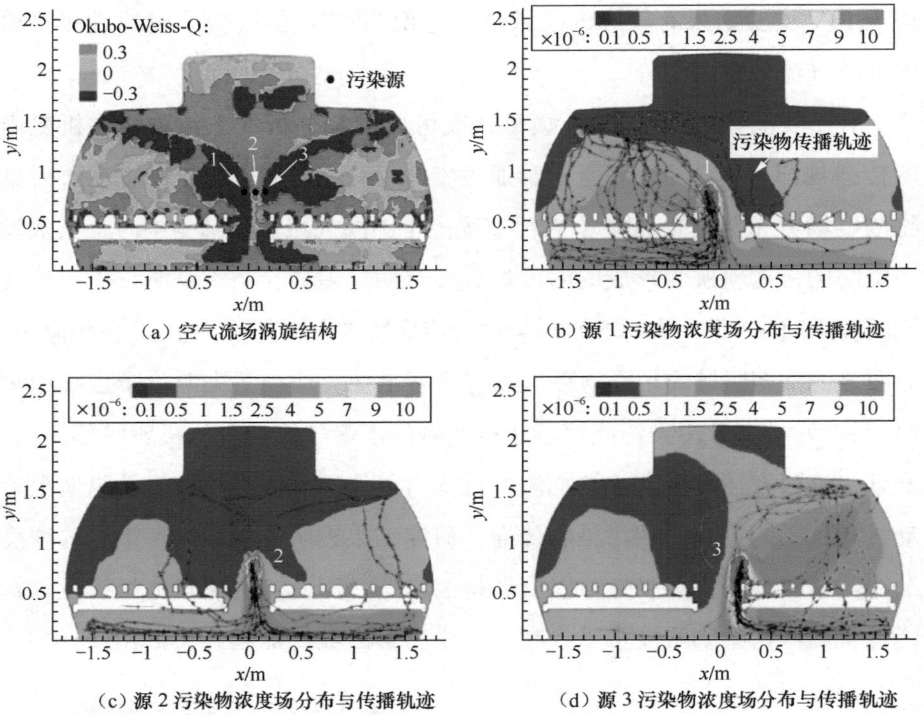

（a）空气流场涡旋结构　（b）源 1 污染物浓度场分布与传播轨迹

（c）源 2 污染物浓度场分布与传播轨迹　（d）源 3 污染物浓度场分布与传播轨迹

图 10　机舱内污染物浓度场分布与传播轨迹

对机舱内污染物传播的数值模拟，有助于进一步研究传染性疾病在机舱内的传播规律和防控措施。国际航班是病毒跨国传播的主要途径之一，要降低病毒在机舱内的感染风险，必须要理解其在机舱内的传播机理。呼吸道病毒的主要传染媒介是感染者通过呼吸、咳嗽、打喷嚏、说话等方式散发的飞沫，这些携带病毒的小飞沫随气流在机舱内传播，若其他乘客吸入飞沫核中的病毒拷贝数量达到一定水平，就有很高的被感染风险。

最近有一项研究对两架波音 787-9 航班飞行途中出现的新型冠状病毒传染的案例进行了模拟分析 [15]。该研究首先用实验数据验证了其气流组织 CFD 模拟的准确性，然后对不同粒径飞沫在机舱内的传播规律进行了模拟，并根据飞沫浓度分析了各个座位乘客的感染风险。模拟结果表明粒径小于 10 μm 的飞沫核携带的病毒占病毒吸入总量的 99% 以上。在伦敦至河内的 VN54 航班商务舱中 12 名乘客被 1 名乘客感染，感染风险主要是所有乘客均未佩戴口罩。进一步分析表明若染病乘客佩戴外科口罩的话，总感染人数会从 12 人锐减至 2 人；若所有乘客均佩戴外科口罩，则感染人数很可能降至 1 人。在新加坡至杭州的 TR188 航班经济舱中虽然有 4 名染病乘客，但飞行途中仅有 1 名乘客被感染。这主要得益于所有乘客都佩戴了口罩，因此单独呼吸和咳嗽产生的飞沫浓度不足以引起病毒感染。而为什么还有 1 名乘客不幸被感染呢？主要是其与旁边染病乘客交谈过程中产生大量飞沫所导致的。模拟分析表明交谈时间增长会大幅度提升感染风险，若假设 4 名染病乘客全程交谈的话，则预计会有多达 17 名乘客被感染。结合相关研究成果，这里给出一些能有效降低感染风险的个人防控措施：必须保持全程佩戴好口罩；尽量避免长时间交谈、进食、触碰屏幕等行为；勤用消毒湿巾、洗手液等清洁物品；在登机和离机时尽量和其他乘客保持 1 m 以上的安全距离。当然，设计高性能的气流组织能使乘客产生的飞沫快速被稀释和排除，从而大幅减少飞沫的传播范围，最终从根本上控制机舱内的病毒传染。

结语

本文简要介绍了客机机舱内空气环境控制研究领域的最新研究技术与进展。借助 PIV 实验技术与 CFD 数值模拟技术，可实现机舱内复杂空气流动与污染物传播规律的可视化研究。相关研究成果已为营造安全、健康和舒适的机舱空气环境提供了坚实的理论基础与数据支撑。在现有研究基础上，下一代的机舱环控系统还需要进一步融合局部送风、地板送风等新型气流组织形式，基于“数字客舱”实现乘客个性化舒适环境营造，并有效阻断空气污染物和病毒的传播。目前，我国自主研制的 C919 单通道干线客机已经成功交付并运营，而新一代 CR929 双通道远程宽体客机也已经在设计中。研发高性能的机舱环控系统将能有效提升国产大飞机的国际市场竞争力，助力我国民航事业达到世界先进水平。

参考文献

[1] OLSEN S, CHANG H L, CHEUNG T Y Y, et al. Transmission of the severe acute respiratory syndrome on aircraft[J]. New England Journal of Medicine, 2003, 349(25): 2416-2422.

[2] KHANH N C, THAI P Q, QUACH H L, et al. Transmission of SARS-CoV 2 during long-haul flight[J]. Emerging Infectious Diseases, 2020, 26(11): 2617-2624.

[3] CAO X D, ZEVITAS C D, SPENGLER J D, et al. The on-board carbon dioxide concentrations and ventilation performance in passenger cabins of US domestic flights[J]. Indoor and Built Environment, 2019, 28(6): 761-771.

[4] CAO X D, MACNAUGHTON P, CADET L R, et al. Heart rate variability and performance of commercial airline pilots during flight simulations[J]. International Journal of Environmental Research and Public Health, 2019, 16(2). DOI: 10.3390/ijerph16020237.

[5] CAO X D, LIU J J, JIANG N, et al. Particle image velocimetry measurement of indoor airflow field: A review of the technologies and applications[J]. Energy and Buildings, 2014(69): 367-380.

[6] LI A G, QIN E W, XIN B, et al. Experimental analysis on the air distribution of powerhouse of Hohhot hydropower station with 2D-PIV[J]. Energy Conversion and Management, 2010, 51(1): 33-41.

[7] 刘俊杰, 曹晓东, 陈元益, 等. 一种半透明大型客机座舱环境仿真实验平台: CN203455630U[P]. 2014-02-26.

[8] CAO X D, LIU J J, PEI J J, et al. 2D-PIV measurement of aircraft cabin air

distribution with a high spatial resolution[J]. Building and Environment, 2014(82): 9-19.

[9] LI J Y, CAO X D, LIU J J, et al. Global airflow field distribution in a cabin mock-up measured via large-scale 2D-PIV[J]. Building and Environment, 2015(93): 234-244.

[10] CAO X D, LI J Y, LIU J J, et al. 2D-PIV measurement of isothermal air jets from a multi-slot diffuser in aircraft cabin environment[J]. Building and Environment, 2016(99): 44-58.

[11] LI J Y, LIU J J, WANG C C, et al. PIV methods for quantifying human thermal plumes in a cabin environment without ventilation[J]. Journal of Visualization, 2017, 20(3): 535-548.

[12] LI J Y, LIU J J, CAO X D, et al. Experimental study of transient air distribution of a jet collision region in an aircraft cabin mock-up[J]. Energy and Buildings, 2016(127): 786-793.

[13] CHEN W H, LIU J J, LI F, et al. Ventilation similarity of an aircraft cabin mockup with a real MD-82 commercial airliner[J]. Building and Environment, 2017(111): 80-90.

[14] LI F, LIU J J, REN J L, et al. Numerical investigation of airborne contaminant transport under different vortex structures in the aircraft cabin[J]. International Journal of Heat and Mass Transfer, 2016(96): 287-295.

[15] WANG W S, WANG F, LAI D Y, et al. Evaluation of SARS-COV-2 transmission and infection in airliner cabins[J]. Indoor Air, 2022(32). DOI: 10.1111/ina.12979.

曹晓东，北京航空航天大学航空科学与工程学院教授，国家级海外高层次青年人才，北航青年拔尖人才。研究方向为人工环境控制与人因感受增强。在大型客机舱室与建筑室内环境控制、人因感受评价与增强以及绿色建筑节能减排等方面，取得了系列创新成果。研究成果应用于国产大型客机 C919 的座舱环境控制系统设计。主持海外高层次人才计划青年项目、国家自然科学基金青年项目、北航青拔人才项目、哈佛大学科研基金项目等；作为主研人参与国家重点基础研究发展计划、国家自然科学基金面上项目及多项校企横向项目（来自中国商飞、联合技术公司、波音公司等）。已发表学术论文 50 余篇，其中 SCI 论文 37 篇，在 Web of Science 核心合集中被引 1100 余次，H 指数为 16；第一作者论文单篇最高被引近 500 次，入选 ESI 高被引论文。发明专利获第二十一届中国专利优秀奖和 2018 年天津市专利金奖。

电磁波的“阀门”
——频率选择表面

北京航空航天大学航空科学与工程学院

李宇航　樊宣青

电磁波作为一种信息的有效载体，自1864年麦克斯韦电磁场理论建立以来得到了快速发展。电磁场包含电场和磁场两个方面，交变的电场和交变的磁场相互激励，紧密相依，以光速向前传递能量。电磁波是能量存在的一种特殊形式。发展至今，电磁波已经在通信、遥感、探测等领域发挥着不可替代的作用。对电磁波频率、幅值、相位、带宽、极化方式、传播方向等性质进行主动控制是电磁波应用的基础。

频率选择表面（Frequency Selective Surface，FSS）是由周期排列的金属单元构成的二维平面结构，是一种空间滤波器。我们可以通过主动调控使频率选择表面的滤波性能发生改变，从而使其适应电磁滤波需求多变的应用场景。本文介绍几种调控频率选择表面的方法及相关应用。

频率选择表面的应用例子

频率选择表面是一种人工电磁材料，是由完全相同的金属贴片或孔径单元周期排列构成的二维平面结构，对不同频率、入射角度和极化方式的电磁波具有滤波特性[1]。当频率选择表面处于谐振状态时，谐振的电磁波会被选择性地全反射或透射，这使得其广泛应用于吸收器[2]、天线罩[3]、电磁兼容[4]、多频反射面天线[5]、波导滤波器[6]、人工电磁材料[7]，下面举几个具体的例子说明。

1. 频率选择表面雷达天线罩

雷达天线是常见的通信设备，但对战机、舰船、导弹等亟需隐身的目标而言却是较大的电磁散射源，严重增大了这些武器装备的雷达反射截面（Radar Cross Section，RCS）。使用传统吸波材料的雷达天线罩，虽然可以减小电磁反射，但却会严重影响天线的正常通信功能。图1所示为安装频率选择表面雷达天线罩的战机和舰船：通带内的电磁波（也就是天线电磁波所在的波段），可以任意透射天线罩而不会发生能量衰减，这保证了战机、舰船等的通信和探测性能[8]；敌方雷达波也就是通带外电磁波，会被反射到其他方向，机身产生的回波十分微弱，这有利于目标的隐身。

图 1　安装频率选择表面雷达天线罩的战机和舰船

2. 频率选择表面双反射面天线

抛物面天线由抛物面反射器和位于焦点的馈源组成，这样无论发射还是接收电磁波都可以利用最大的能量。但是对于抛物面反射器来说，焦点只有一个，这不允许多频馈源共用一个抛物面反射器。卡塞格伦双反射面天线如图 2 所示 [8]，副反射器是一个频率选择表面：位于主反射面实焦点的 Ku/S 馈源电磁波透射副反射器；位于副反射器虚焦点的 Ka/X 馈源电磁波反射副反射器，这样实现了 4 个馈源共用一个主反射器，实现了紧凑的反射器天线系统，在提高效率的同时减小了系统尺寸。其中，S、X、Ku、Ka 为雷达频段名称，分别对应 2 ～ 4 GHz、8 ～ 12 GHz、12 ～ 18 GHz、27 ～ 40 GHz 雷达频段。

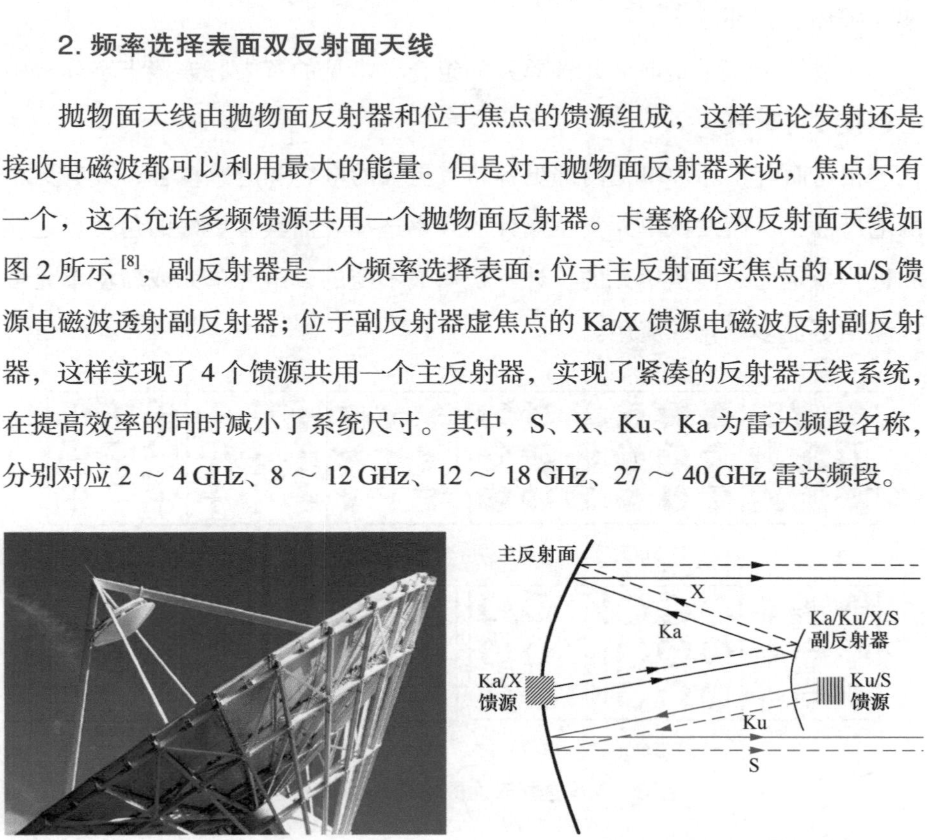

（a）卡塞格伦双反射面天线实物　　（b）卡塞格伦双反射面天线原理

图 2　卡塞格伦双反射面天线

频率选择表面的类型

频率选择表面的 4 个典型单元类型如图 3 所示 [9]。

① 实心单元：单元内部是实心金属或孔径，常见的有正方形、正六边形、圆形。

② 中心连接单元：单元为中心连接的条状结构，常见的有 Y 字形、十字形、万字形。

③ 环形单元：单元只有形状的边缘为金属或孔径，常见的有环形十字架、圆环、方环。

④ 组合单元：是前面几种单元的组合，常见的有中心连接十字环、中心连接 Y 字环等。

相比而言，环形单元内部更容易有更强的电容和电感耦合，具有更小的电尺寸，从而按该单元类型设计的频率选择表面具有更好的角度稳定性和极化稳定性。但是单元的设计不是一成不变的，组合单元或新型单元可以满足更加多元化的应用。

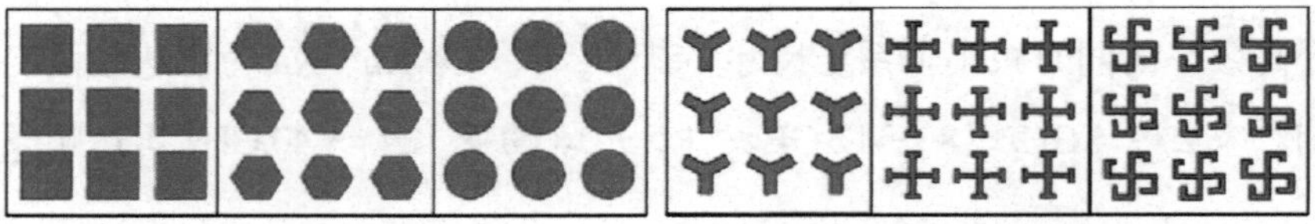

（a）实心单元　　（b）中心连接单元

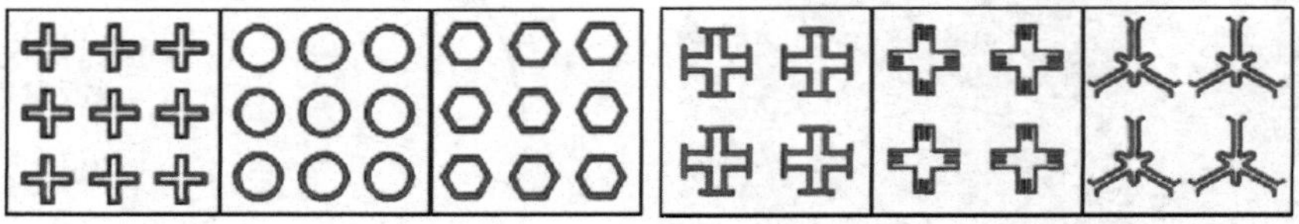

（c）环形单元　　（d）组合单元

图 3　频率选择表面的 4 个典型单元类型

根据滤波形式的不同，频率选择表面一般可以分为高通、低通、带阻和带通 4 种类型。这 4 种类型的结构形式也各有特点，其典型结构和透射率曲线如图 4 所示 [10]，其中黄色图像代表金属。对于金属贴片单元，频率选择特性表现为“带阻”，而金属孔径单元主要表现为“带通”频率选择。

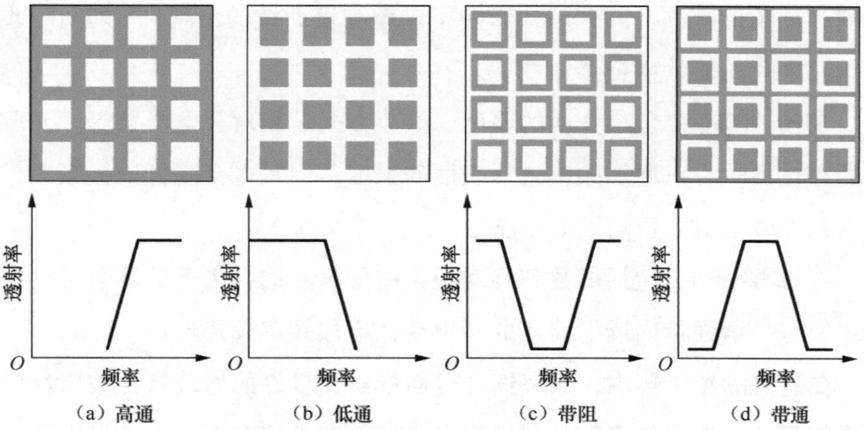

图 4　频率选择表面 4 个典型结构和透射率曲线

主动频率选择表面的研究意义

频率选择表面的性能影响着它在实际中的应用。常用来表征其性能的参数包括谐振频率、工作带宽、入射角稳定性、传输率、反射率以及栅瓣等。频率选择表面的工作带宽和谐振频率如图 5 所示。

频率选择表面的性能是由它本身的结构决定的，影响性能的因素包括结构单元、阵列参数、介质基底和多层特性。

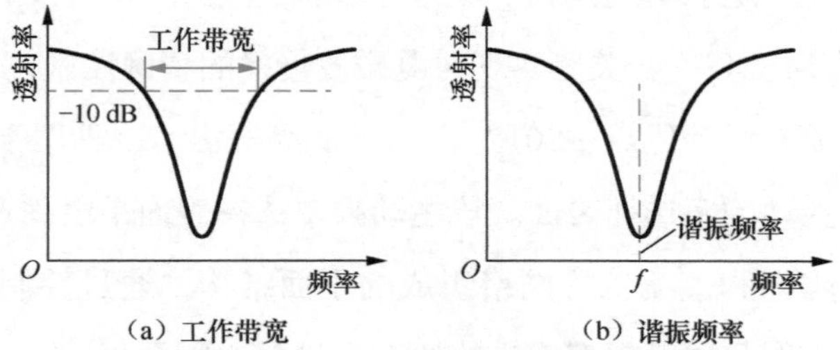

图 5　频率选择表面的工作带宽和谐振频率

① 结构单元：包括单元的结构形式和尺寸。频率选择表面的结构单元从本质上决定着它的性能，它对带宽、频率、入射角稳定性等性能参数有着决定性的影响，在设计频率选择表面时，应该根据实际需要选择合适的结构单元。

② 阵列参数：包括阵列形式和阵列间距。其中，阵列形式包括正方形

阵列和三角形阵列。阵列形式影响了栅瓣和表面波的出现；阵列间距改变了单元之间的能量耦合。

③ 介质基底：包括介质的厚度、叠放方式、相对介电常数等。介质基底的存在虽然可以增加频率选择表面的强度，但是也会降低谐振频率，增加损耗，减小对入射角度的敏感性。

④ 多层特性：包括屏数和屏间距，增加频率选择表面的屏数可以展宽工作带宽，增强带内透射曲线的平坦度，增加频率选择性。

在过去的数十年中，频率选择表面依靠其良好的滤波特性被广泛应用于诸多领域，然而大多数频率选择表面的可调性能存在一定的局限性，其电磁特性在制作成型后通常是不变的。随着多模、多频带和多功能系统的飞速发展，研究人员提出了主动频率选择表面 (Active Frequency Selective Surface，AFSS)，其可以控制外部激励，如直流电压、电场、磁场或光源等主动改变 FSS 的工作频带和相关电磁特性 [11]。

主动频率选择表面的研究开始于 20 世纪 80 年代。大多数 AFSS 设计都是基于简单的频率选择表面结构实现的，主动频率选择表面的种类主要包括电调型、光控型、电场 / 磁场调控型。

电调型主动频率选择表面通常采用二极管、变容器、微机电系统（MEMS）开关等实现对电磁波传播的精确控制，具有开关速度快、尺寸小、成本低等优点。2017 年，Deng 等提出了一种用于隐身天线罩的 PIN 二极管主动频率选择表面。该主动频率选择表面是由固定频率选择面、PIN 二极管阵列和直流偏置网络组成的平面结构，通过控制直流偏置网络，可以实现反射和透射频率响应的切换，如图 6 所示 [12]。

利用光学手段可主动调控频率选择表面，半导体硅材料在受到光照明后会产生电子 - 空穴对，从而产生等离子体，在低等离子体浓度下，复介电值变化不大，随着光照吸收的增强，等离子浓度增加，随后电导率大幅增加，半导体硅衬底体现出金属薄膜的性质。1996 年，Vardaxoglou 利用硅的可变介电性能实现了光开启与关闭频率选择表面的滤波响应[13]。

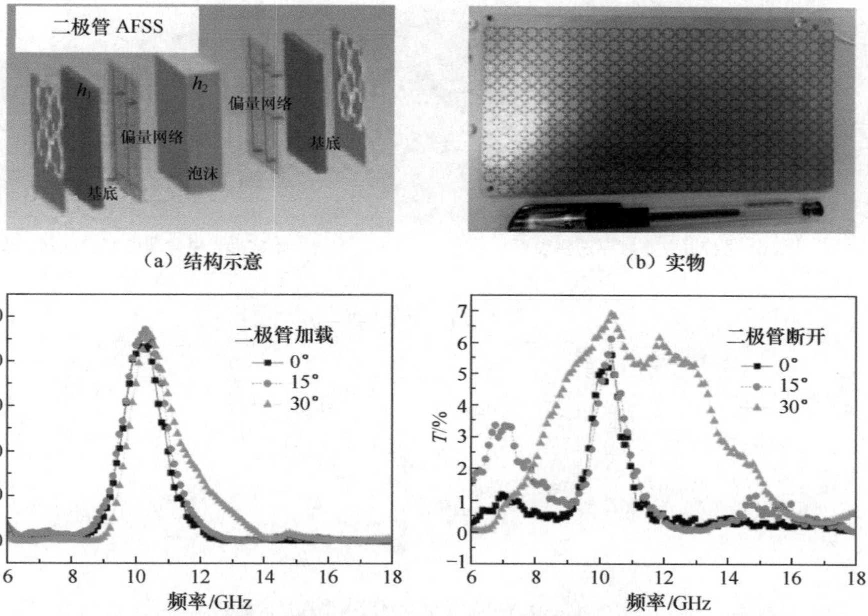

（a）结构示意　（b）实物

（c）二极管加载时电磁波透射率关于频率的响应　（d）二极管断开时电磁波透射率关于频率的响应

图 6　PIN 二极管主动频率选择表面[12]

2017 年，张强为了进一步拓展开关型频率选择表面的工作带宽，进行了光控开关型频率选择表面的研究，如图 7(a) 所示，其指出光控材料的工作原理是使用激光、强光照射频率选择表面，使得核外束缚电子吸收光谱，获得额外动能变成自由运动载流子，这种开关置于单胞间隙将会改变金属单胞的形状，在没有光照射时处于禁带，从而原频率选择表面的特性保持不变[14]；2019 年，王君采用硫化镉（CdS）、硒化镉（CdSe）为薄膜主材料，掺杂氯化镉（$CdCl_2$）、氯化铟（$InCl_3$）、氯化铜（$CuCl_2$），制备了光电导薄膜频率选择表面，利用电磁仿真和相关实验，验证了光电导薄膜用于频率选择表面主动控制的可行性，如图 7(b)、(c) 所示[15]。

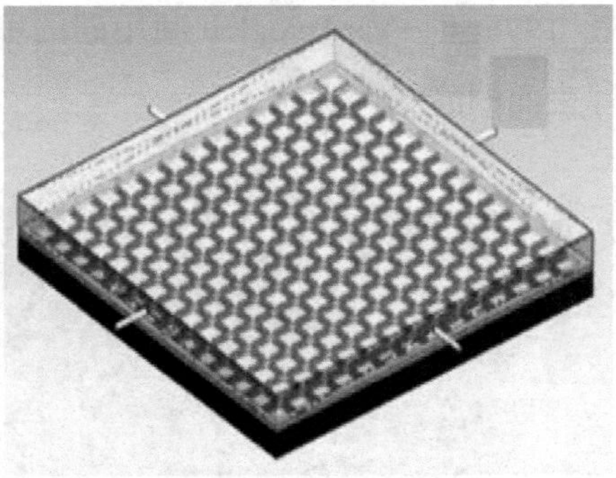

（a）光控开关型频率选择表面

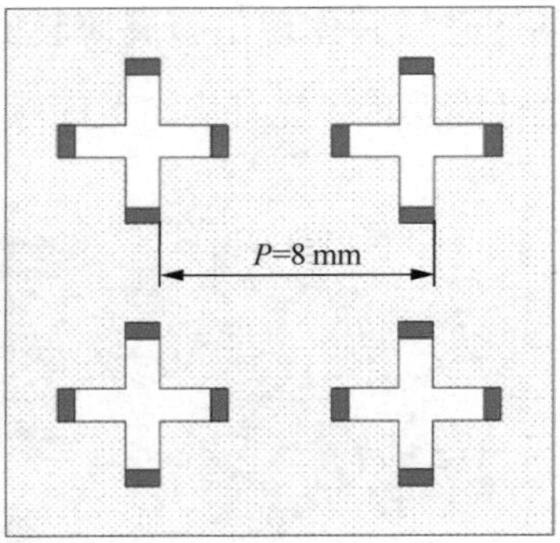

（b）十字形光电导薄膜频率选择表面

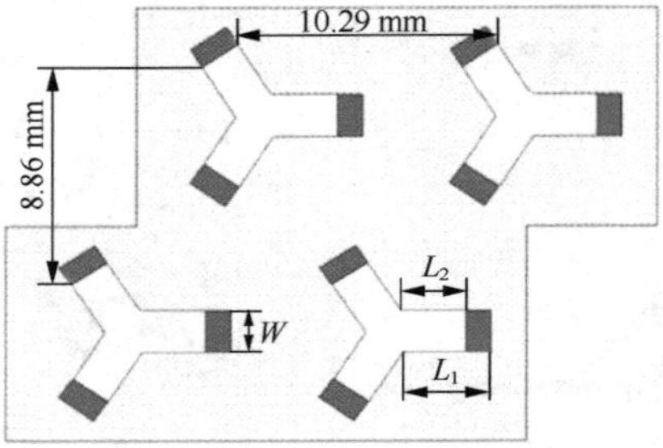

（c）Y字形光电导薄膜频率选择表面

图 7　光控开关型频率选择表面的研究

2020 年，Huang 等提出了一种可以在传输、吸收模式间切换并可对幅值进行动态调整的主动频率选择表面结构。该结构由装载 PIN 二极管的周期性金属结构层和石墨烯电容器层组成。周期性金属结构层通过调节负载 PIN 二极管的偏置状态，对传输 / 吸收模式的选择起到开关的作用，而通过静电场偏压改变石墨烯的有效薄片电阻，可以进一步调节相应的透射 / 吸收振幅 [16]。

总之，新型主动频率选择表面的可重构性或可调谐性可以通过机械、光学、磁性或电子手段获得，这些方法大多数通过主动控制手段使得主动频率选择表面具有自主切换几种不同金属几何形状的能力，同时将控制设备嵌入主动频率选择表面，最终实现传输率、工作频率和带宽等电磁性质的可重构性。

机械调控太赫兹波传输的频率选择超表面

太赫兹波是指频率在 0.1 ～ 10 THz 范围内的电磁波，位于微波和红外辐射之间。太赫兹波在许多领域有着广泛的应用，如太赫兹成像、生物传感、太赫兹通信、太赫兹光谱等。在这些应用中，实现太赫兹波的动态调制对于太赫兹器件的成功运行非常重要。为此，笔者所在课题组设计并制作了一个用于太赫兹波调制的独立式可拉伸自支撑超表面。

自支撑超薄的太赫兹波频率选择超表面如 8(a) 所示，该超表面被设计为网状结构，由周期性排列的蛇形单胞组成，可沿 x 和 y 方向拉伸。入射太赫兹波从 z 方向垂直照射到超表面。如图 8(b) 所示，由于极薄的厚度和蛇形单元构成的网状结构，超表面样品具有承受弯曲、扭转和拉伸变形的能力。超表面样品蛇形单胞的面内尺寸为 360 μm × 360 μm，是由厚度分别为 3.5 μm、0.2 μm 和 3.5 μm 的 PI/Al/PI 膜层压而成的三明治结构，如图 9 所示。在图 8 和图 9 中，黄色表示聚酰亚胺膜，而红色表示铝材料。应该注意的是，由聚酰亚胺层包裹的铝层由不连续的铝条形成，其宽度小于聚酰亚胺层（PI：d=17 μm，Al：w=10 μm）。

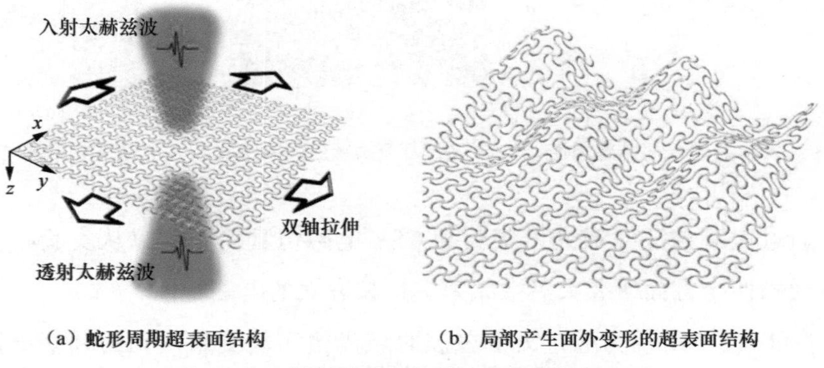

（a）蛇形周期超表面结构　　（b）局部产生面外变形的超表面结构

图 8　自支撑超薄的太赫兹波频率选择超表面

太赫兹频率选择超表面的实物样品如图 10 所示。图 10(a) 所示为样品在光学显微镜下的放大图，图 10(b) 所示为局部样品的实物照片，可以观察到样品具有光滑边缘的均匀蛇形布局，其中可以清楚地看到封装在PI膜（棕色）中的铝条（红色）的位置。另外，尽管超表面由不可拉伸材料制成（PI和Al的弹性模量分别为3 GPa和70 GPa），但由于采用蛇形布局的网格设计，而且无需额外基底，厚度仅约为7μm，这使得太赫兹频率选择超表面样品具有显著的柔性和可拉伸性。如图10（c）、（d）所示，太赫兹频率选择超表面能够任意变形，并可以附着到任何复杂曲面表面，如玻璃杯表面或起皱的软手套表面。

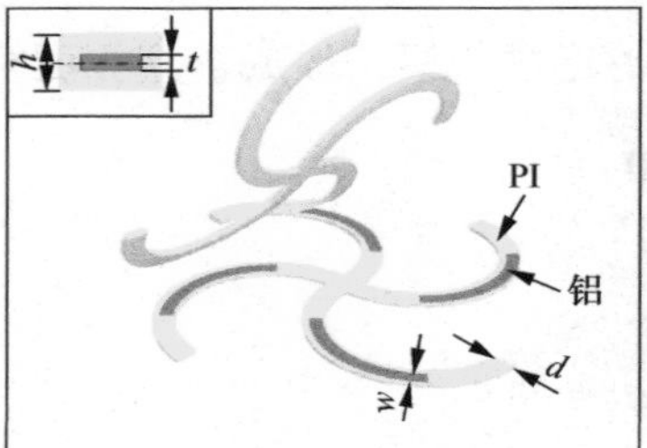

图9　太赫兹超表面结构单胞示意以及几何尺寸

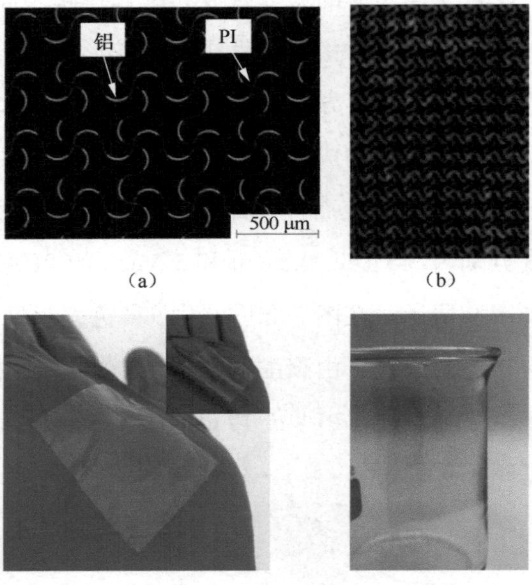

图10　太赫兹频率选择超表面的实物样品

通过太赫兹波时域光谱实验和CST电磁仿真模型可以从实验测量和仿真模拟两个方面研究太赫兹频率选择超表面的电磁特性。

图11（a）所示为通过太赫兹波时域光谱实验测量得到的频率选择超表面对0.6～1 THz波的透射率，超表面结构受到的双向拉伸应变范围为0%～28%。可以看到，在所施加的应变条件下，太赫兹频率选择超表面的电磁传输具有典型的带阻频率选择特性。当频率从0.6 THz增加

到谐振频率时，超表面的透射率迅速降低，但当频率从谐振频率持续增加时，透射率又急剧增加。

为了验证实验中的观察结果，我们还对太赫兹超表面电磁波传输的频率响应进行了数值分析以及 CST 电磁仿真。如图 11（b）所示，电磁仿真结果与实验结果相似，表明超表面在该频率范围内的带阻频率选择行为。虽然当外加双轴拉伸应变从 0% 增加到 28%，频率选择超表面的频率选择效应仍然是带阻效应，但在实验和仿真结果中都可以观察到频率选择效应对双向拉伸应变具有显著依赖性。

在实验和仿真结果中，当施加的双轴拉伸应变增加到 28% 时，测量到的样品表面的最小透射率从 0.15 急剧增加到 0.5，同时电磁仿真结果显示最小透射率从 0.04 增加到 0.5。

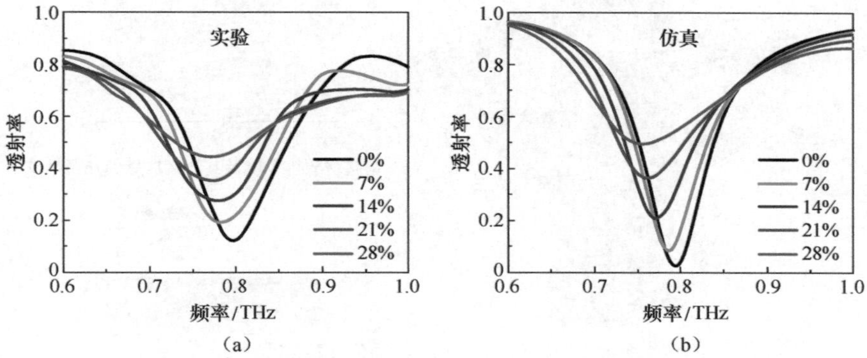

图 11　太赫兹频率选择超表面的电磁特性

稳定电磁传输性能的可拉伸三维屈曲频率选择表面

频率选择表面在实际工程应用中的载体绝大部分是曲面，且多为不可展开曲面。这要求频率选择表面图形阵列可以贴附在任意曲面基底上。柔性可拉伸的频率选择表面通过拉伸变形紧密贴附在非可展曲面上，不仅成本低廉，还可以随时贴附和取下来，十分方便使用。然而，二维平面结构的柔性频率选择表面被施加拉伸应变时，由于经历了拉伸变形或弯曲，与电磁特性密切相关的几何参数，如金属单胞形状、周期以及基底厚度等将会受到影响，这会使其谐振频率或带宽等电磁波传输特性参数发生显著改变，从而不利于其在贴附于非可展曲面上的应用。

我们通过机械导向三维组装设计制备了一个三维屈曲频率选择表面用于电磁波的调制，该结构在承受双轴拉伸应变时可以保持稳定的频率选择特性以及传输性能。

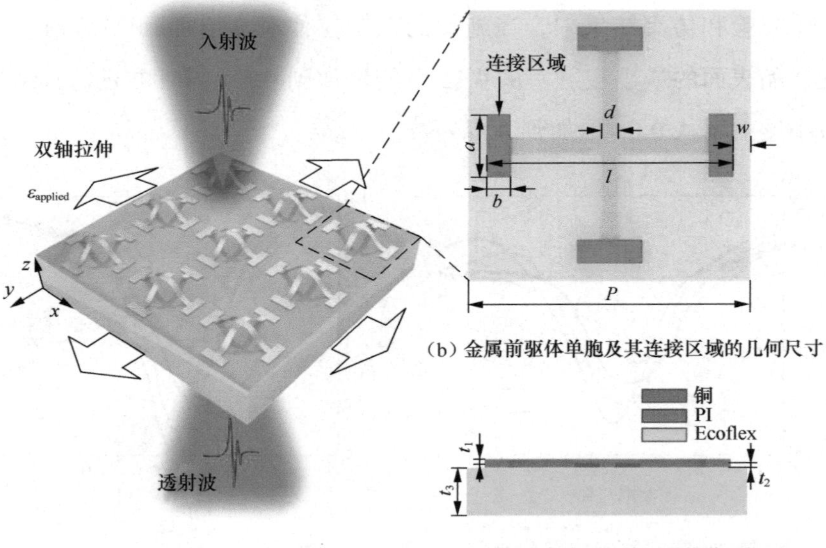

（a）三维屈曲频率选择表面结构

（b）金属前驱体单胞及其连接区域的几何尺寸

（c）三维屈曲频率选择表面的横截面剖面图

图 12　三维屈曲频率选择表面

如图 12（a）所示，三维屈曲频率选择表面由局部粘贴在柔性硅胶 Ecoflex 表面上被屈曲成双向拱桥形状的周期性排列的金属单胞组成。电磁波沿着 z 轴负方向被频率选择性透射。尚未屈曲的金属单胞前驱体采用十字交叉形状，如图 12（b）所示，由 PI 和 Cu 层叠而成。其在 4 个红色的小长方形所示的连接区域与 Ecoflex 基底粘接。十字交叉的几何尺寸描述如下：单胞周期 P =18 mm，Cu 臂的宽度 d =1 mm，长度 l =15 mm，连

接区域长度 a =4 mm，宽度 b =1.5 mm，金属间隔的一半 w =1.5 mm。三维屈曲频率选择表面的横截面剖面图如图 12(c）所示。Cu 厚度 t_1 =0.018 mm，PI 厚度 t_2 =0.0225 mm，Ecoflex 厚度 t_3 =1.87 mm。

由于采用柔性可拉伸基底和被三维屈曲的金属单胞，频率选择表面可以承受双轴拉伸应变以便于共形地粘贴在非可展曲面上。图 13 分别展示了三维屈曲频率选择表面平铺和弯曲的光学图片，它可以通过弯曲、拉伸与复杂表面（如圆柱）共形贴合。

（a）平铺　　（b）弯曲

图 13　三维屈曲频率选择表面光学图

为了研究三维屈曲频率选择表面对频率的选择特性，我们设计了自由空间法电磁实验测量三维屈曲频率选择表面对电磁波的透射率。图 14(a）所示为三维屈曲频率选择表面分别受到 0%、4.4%、10.5%、17.8% 双轴拉伸应变时实验测量的对应频率为 2 ～ 10 GHz 电磁波的透射率。可以看到，三维屈曲频率选择表面结构表现出带阻频率选择特性，最大透射率达到 -20 dB。随着被双轴拉伸，其对电磁波的透射性能几乎保持不变，谐振频率稳定在约 5.7 GHz，而 -10 dB 带宽改变量稳定在 0.94 GHz，这两项特性常用来评估频率选择表面的电磁特性。

为了验证实验测量的结果，使用 CST 电磁仿真软件对其进行电磁仿真。如图 14(b）所示，电磁仿真结果和实验测量结果相一致。为了进一步详细研究双轴拉伸应变对三维屈曲频率选择表面频率选择特性的影响，图 15 分别展示了三维屈曲频率选择表面的谐振频率和 -10 dB

带宽随双轴拉伸应变的变化趋势，实验数据带有标准差作为误差，它是由4个独立样品的测量实验结果计算得到的。实验和仿真结果一致地表明当三维屈曲频率选择表面被施加不大于17.8%的应变时，谐振频率偏移不会超过0.45 Hz，-10 dB带宽改变量不会超过0.32 GHz。样品承受双轴拉伸应变不会出现频率和带宽显著的漂移，这有助于其被拉伸贴附于复杂曲面时候保持稳定的频率选择特性。

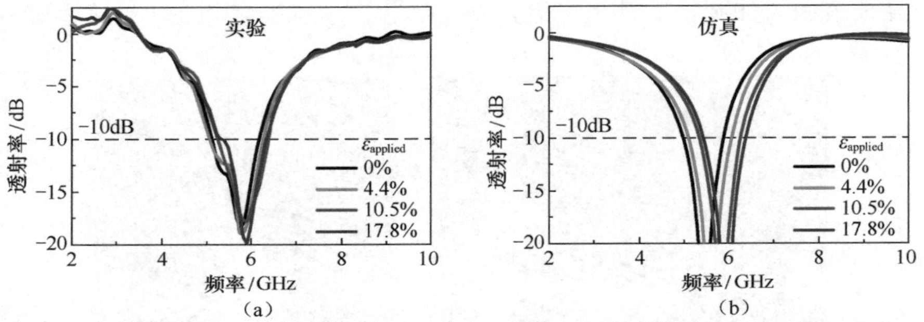

图14　三维屈曲频率选择表面分别受到0%、4.4%、10.5%、17.8%双轴拉伸应变时通过实验和电磁仿真得到的电磁波透射率

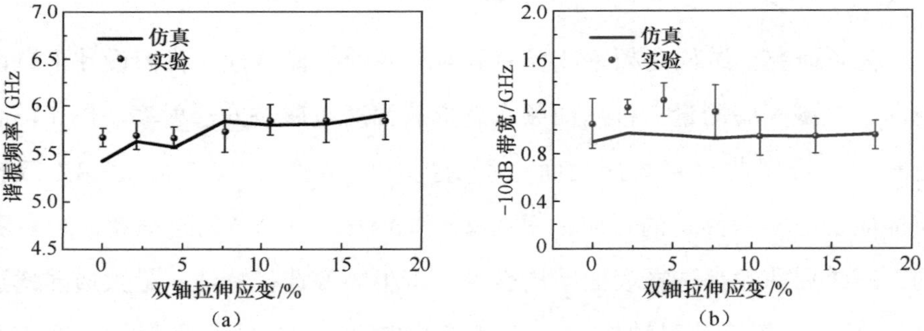

图15　通过实验和仿真结果得到的谐振频率和-10 dB带宽随双轴拉伸应变增加的变化趋势

结语

自1864年麦克斯韦电磁场理论建立以来，作为信息传播的载体，电磁

波在民用、军事领域取得了广泛的应用。尤其是在军事领域，电磁波在探测、制导、通信、遥感等领域发挥着不可替代的作用。在日益复杂的电磁对抗战场环境中，双方围绕着电磁干扰、侦察预警、雷达摧毁、电子压制、电磁隐身等多个领域展开激烈的对抗，日益强化对电磁环境控制主动权的争夺，对其重视程度丝毫不亚于制空权、制海权。频率选择表面提供了一种对电磁波的频率、幅值、相位、带宽、极化方式、传播方向等性质进行主动控制的方式，柔性频率选择表面在武器装备的复杂不可展开曲面上有着广阔的应用前景，对其进行主动调谐的研究，对我国武器装备的高质量发展有着重要意义。

参考文献

[1] MUNK B A. Frequency selective surfaces: theory and design [M]. New York: John Wiley & Sons, 2000.

[2] GHOSH S, SRIVASTAVA K V. Polarization-insensitive single-and broadband switchable absorber/reflector and its realization using a novel biasing technique[J]. IEEE Transactions on Antennas and Propagation, 2016, 64(8): 3665-3670.

[3] SHANG Y, SHEN Z, XIAO S. Frequency-selective rasorber based on square-loop and cross-dipole arrays[J]. IEEE Transactions on Antennas and Propagation, 2014, 62(11): 5581-5589.

[4] GUPTA S, NAVARAJ W T, LORENZELLI L, et al. Ultra-thin chips for high-performance flexible electronics[J]. NPJ Flexible Electronics, 2018, 2(1): 1-17.

[5] AGRAWAL V, IMBRIALE W. Design of a dichroic cassegrain subreflector[J]. IEEE Transactions on Antennas and Propagation,

1979, 27(4): 466-473.

[6] LANGLEY R. A dual-frequency band waveguide using FSS[J]. IEEE Microwave and Guided Wave Letters, 1993, 3(1): 9-10.

[7] ENGHETA N, ZIOLKOWSKI R W. Metamaterials: physics and engineering explorations [M]. New York: Wiley & Sons, 2006.

[8] 于正永. 高性能三维频率选择表面的设计及特性研究[D].南京: 南京师范大学, 2020.

[9] 张薇. 频率选择表面吸波及极化转换特性研究[D]. 西安: 西北工业大学, 2018.

[10] 王秀芝. 小型化频率选择表面研究[D]. 长春: 中国科学院长春光学精密机械与物理研究所, 2014.

[11] PAIVA S B, NETO V P S, D'ASSUNÇÃO A G. A new compact, stable, and dual-band active frequency selective surface with closely spaced resonances for wireless applications at 2.4 and 2.9 GHz[J]. IEEE Transactions on Electromagnetic Compatibility, 2019, 62(3): 691-697.

[12] DENG B, CHEN J. Design of double-layer active frequency-selective surface with PIN diodes for stealth radome[J]. Chinese Physics B, 2017, 26(9). DOI: 10.1088/1674-1056/26/9/094101.

[13] VARDAXOGLOU J. Optical switching of frequency selective surface bandpass response[J]. Electronics Letters, 1996, 32(25): 2345-2346.

[14] 张强. 新型开关型FSS天线罩技术进展[J]. 现代雷达, 2017, 39(6): 1-5.

[15] 王君. 光电导薄膜用于FSS主动控制技术研究[D].长春: 长春理工大学, 2019.

[16] HUANG C, ZHAO B, SONG J, et al. Active transmission/absorption

frequency selective surface with dynamical modulation of amplitude[J]. IEEE Transactions on Antennas and Propagation, 2020, 69(6): 3593-3598.

李宇航，北京航空航天大学航空科学与工程学院固体力学专业教授，入选教育部青年长江学者奖励计划、北航“卓越百人”计划和“青年拔尖人才”计划。主要从事航空航天柔性器件力学的研究。发表 SCI 论文 80 余篇，SCI 他引 2000 余次，以第一 / 通信作者在固体力学期刊 *JMPS*、传热学期刊 *IJHMT*、材料学期刊 *AFM* 等上发表论文 40 余篇，其中封面文章 4 篇。受邀多次在美国工程科学学会（SES）等国际重要学术会议上做邀请报告，入选中国力学学会软物质力学研究组成员。

樊宣青，2022 年 6 月于北京航空航天大学航空科学与工程学院固体力学专业取得工学博士学位，主要研究柔性电子力学、柔性频率选择表面和力学屈曲振动。

空间力学挑战赛
——小行星探测

北京航空航天大学航空科学与工程学院

于 洋 黄晨阳

1971 年，美国天文学家汤姆·格雷斯曾断言，“从现在起，我们进入了小行星研究的新纪元”。回顾过去的半个世纪，这句话听上去如同一个准确的预言。五十年的时间，小行星不仅成为天文学家寻古探微的宝藏，也成为各大航天实体竞相探访的胜地，甚至还成为科幻电影的热门题材。这一切的繁荣，得益于一代又一代研究者对太阳系的细致观察、对行星历史的不断追问、对航天技术的不断攻关，以及对未来产业的深入思考。本文主要讲述太阳系小行星发现、观测和探测的故事。行星研究是多学科融合的领域，本文仅从空间力学研究的视角展开，窥一斑而知全豹，试图还原小行星研究的前世今生。

太空奇石——小行星发现的历史与今天的认知

18 世纪中，天文学家提丢斯和波得发现太阳系的行星到太阳的距离满足一定的经验关系式，这个关系后来被称为波得定律（或提丢斯 - 波得定则）。波得定律的发现让当时的天文学家非常兴奋，大家认为可以用它预报和寻找太阳系其他可能存在的行星。然而按照波得定律计算，火星和木星轨道之间，应当还存在一个行星，这吸引了大批观测天文学的研究者投入其中，试图发现这颗遗落的行星，其中包括了 18 世纪末欧洲著名的观测组织“天警”。1801 年的新年，努力初见成效，意大利的天文学家皮亚齐发现了谷神星；在随后的 8 年中，智神星、婚神星和灶神星也相继被发现。与此同时，轨道摄动分析表明，这些新发现的“行星”都非常小（其中最大的谷神星的直径仅有 940 km），与已经发现的大行星并不相当，因此人们将其归为太阳系一类新的天体，称为小行星。随着观测技术的进步，在火星与木星轨道之间发现的天体数量越来越多，构成了大众熟知的小行星带。不断更新的观测设备和探测技术，不仅传回了太阳系外宇宙深处的风景，也帮助我们对太阳系自身进行更加细致的观察。小行星发现的历史，是这一进程的最佳指标：两个世纪以前，没有人知道太阳系小行星的存在；从 19 世纪早期开始，太阳系小行星逐渐被发现；19 世纪末到 20 世纪中叶，天文学家认识到了太阳系小行星的巨大数量，也推断出它们的部分理化性质；20 世纪 80 年代起，伴随着一系列小行星探测任务的提出和开展，人们对这一类特殊天体的探索兴趣再度兴起，并借助探测任务数据开展了更加全面深入的研究。

截至 2022 年 7 月，有正式编号的小行星数量已经超过 60 万颗，其中 95% 以上的小行星为近 20 年所发现。今天我们将小行星界定为所有围绕太阳运行的石质天体，其质量远小于八大行星，绝大多数分布于火星和木星轨道之间的主小行星带（称为主带小行星）。主带小行星是太阳系原行星盘时期形成的天体，受到原木星的引力摄动作用，不能继续聚集形成大行星。原行星在迁移过程中，引力摄动的长期作用导致小行星的轨道发生分化，轨道共振作用下不稳定的主带区域出现稀薄带，称为 Kirkwood 空隙 [1]，受到轨道共振影响的小行星的轨道偏心率增加，进入与地球交叉的椭圆轨道，形成近地小行星 [2]；也有部分小行星受到共振影响，稳定于大行星（如木星）的拉格朗日点 L4、L5 附近，构成了特洛伊族小行星 [3]（见图 1）。

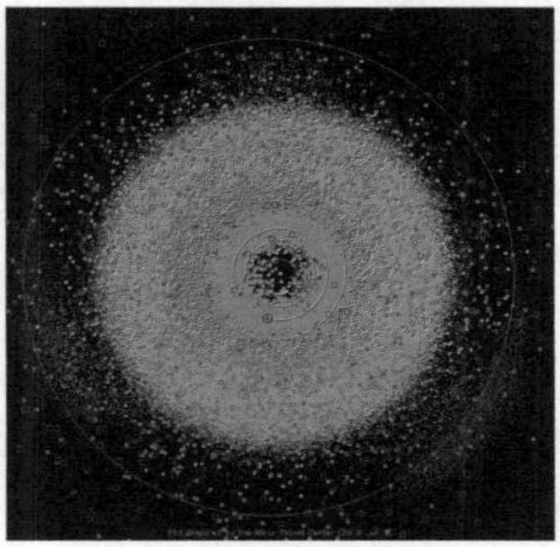

图 1　内太阳系天体分布

主带小行星的直径分布横跨数米到数百千米，由于自身引力非常微弱，小行星内部的地质形成过程相较于大行星比较简单，推测直径大于 100 km 的小行星仍保留着原始的内部结构，而直径小于 100 km 的小行星多为撞击后重新聚集的结果。小行星的力学结构是相关研究的基础，按照目前对小行星结构的有限认识，直径在 100 m 量级至 100 km 量级的小行星，绝大多数是原始天体经历撞击破碎和引力聚合过程的产物，具有碎石堆结构，即天体由大量固体碎块组成（碎块尺寸从几毫米至几十米不等），体积孔隙率较高，拉伸强度较低，主要由碎块之间的引力将其聚集束缚在一起。碎石堆结构这一认知的一个最重要证据来源于地面的光学观测，图2统计了约1.5万颗小行星的直径-自旋周期分布情况，其中直径来源于观测数据的估计，自旋周期来源于一段时间内光变曲线的统计[4]。如图2所示，几乎所有直径大于300 m的小行星的自旋周期均大于2 h，且大部分双小行星的主星旋转状态非常接近于2 h的临界旋转极限，临界值的存在暗示着小行星的普遍结构，即这些小行星很可能是在引力作用下聚合在一起的碎石堆，其松散的结构会因无法承受快速自旋时的离心力而变形或分裂。

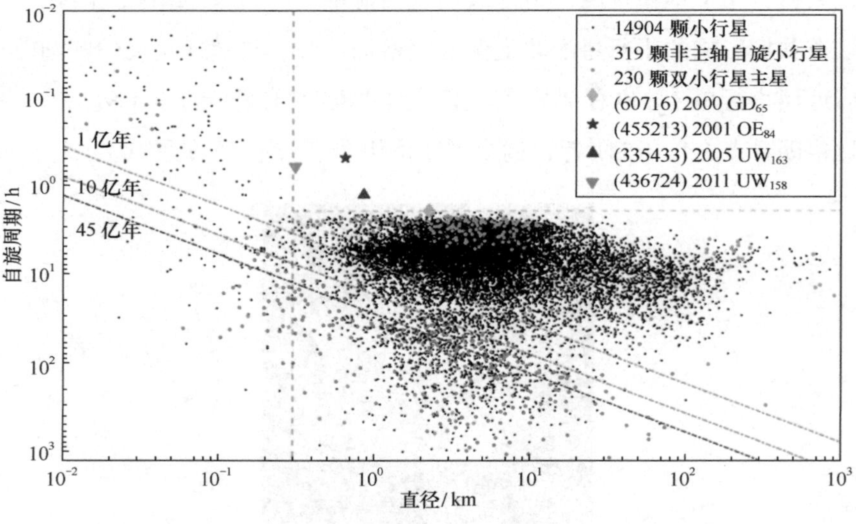

图2　14904 颗小行星直径-自旋周期分布

另一个直接的证据是1992年彗星D/Shoemaker-Levy 9碎片撞击木星事件。事件的全过程观测记录显示，彗星在近距飞越木星的过程中发生了解体，至1994年，解体产生的21块碎片依次进入木星大气层并形成一系列的红色耀斑[5]。分析解体开始瞬间的彗星体受力，作用其上的潮汐应力量级约为10 Pa[6]，即D/Shoemaker-Levy 9内部结构的拉伸强度低于10

Pa，远低于石质材料的固体拉伸强度，从而表明彗星体内部具有碎石堆结构，其在近距飞越大行星时受到大行星施加的潮汐力而发生撕裂。

过去几十年间类似的天文观测和航天探测活动，建立了对小行星内部结构特征的基本认识。小行星多为由几毫米至几十米的碎石颗粒在引力作用下的聚合体，表面覆盖一层被称为风化层的细致、疏松的颗粒物质。在星体表面的微重力环境下，风化层构成的无序颗粒体系处于液－固临界相，极小的扰动下就会表现出结构弛豫，呈现近似流体的特性；颗粒间的频繁碰撞导致能量耗散，又可促使体系快速恢复近固体刚性，这种固液相之间的频繁转换是小行星结构力学的独有特征，其中所包含的丰富信息，是探索行星演化机制的一个重要突破口。

深空接力——国内外小行星探测活动概述

人类最早获得较为清晰的小行星形貌信息要归功于 1971 年的火星尘暴，席卷火星表面的沙尘令初到火星轨道的 Mariner 9 号探测器暂时无法执行火星地表观测，于是临时转而执行新任务——拍摄火星卫星——火卫一和火卫二的照片，如图 3 所示。此后，在人类的视觉认知中，太阳系小行星这类太空奇石不再是地基天文望远镜中零星黯淡的像素点，而是具有形状大小与地形地貌的鲜活影像，这些被忽略已久的质量很小但数目巨大的小行星自此也重新激起了人类的探索热情。

太阳系小行星包含除行星和矮行星之外的全部绕太阳运转的天体，其中绝大多数是分布在行星轨道之间的小行星。随着深空探测技术的发展，人类对小行星的探测活动，从地基观测逐渐发展到其他天体探测任务途中远距离飞越的惊鸿一瞥、一次发射造访多颗的穷游模式、近距离环绕的高清观测，再到近二十年来各大航天机构竞相角逐的着陆、采样、撞击等接触探测。在人类视野与探测活动不断外延的过程中，小行星探测对解决诸多科学问题与工程问题的重要性、在空间国防力量竞赛中的战略地位也越发显现，美国《2013—2022 行星科学十年愿景》、欧洲航天局《宇宙愿景 2015—2025》、中国《2016 中国的航天》白皮书中纷纷将小行星探测设为关键环节，美国国家科学院更是在《2023—2032 行星科学与天体生物学十年战略》中强调了对小行星撞击与防御的重要性。

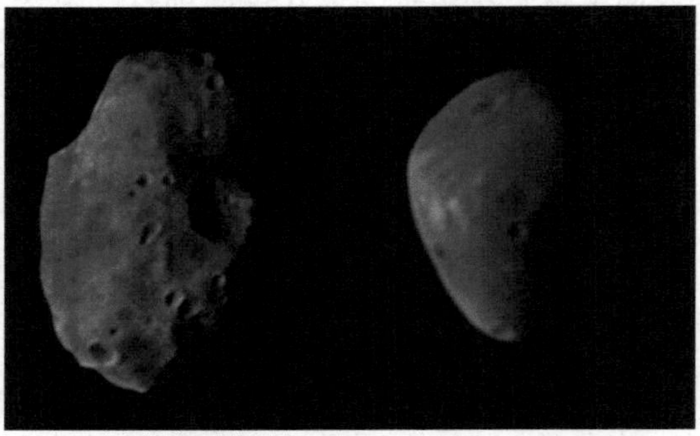

图 3　Mariner 9 号探测器拍摄的火卫一（左）和火卫二（右）

在人类对太空奇石不断追寻求索的浩瀚征途中，一波三折的过程扣人心弦，具有里程碑意义的记录不断刷新，更加雄心勃勃的计划也在孕育发芽。

20 世纪 90 年代，Galileo 号探测器飞往木星途中近距飞越了小行星 951 Gaspra 和 243 Ida（见图 4），首次回传了小行星的高清图像[7-8]。

1996 年，NASA 发射了 NEAR-Shoemaker 号，该探测器在 1997 年近距飞越小行星 253 Mathilde 后，于 2000 年与主目标星 433 Eros 交会进入环绕轨道，并于 2001 年着陆 433 Eros 表面[9-11]。

图 4　Galileo 号探测器拍摄的 243 Ida

日本宇宙航空研究开发机构主持的 Hayabusa 号探测任务完成了人类历史上首次小行星采样返回任务：2005 年，Hayabusa 号探测器着陆小行星 25 143 Itokawa 并完成了表层样品采集，2010 年样品返回地球 [12-13]。这一辉煌记录的完成经历了一系列事件：巡视器 MINERVA 未能成功着陆、采样头接触星壤后未能成功触发弹丸发射操作、探测器两次弹跳后倾倒；第二次采样流程较为顺利，但却在附着前误触发安全模式，难以确定是否成功采样，任务组只能寄希望于探测器本体着陆产生冲击激起部分尘埃进入样品收集舱 [14]。最终，Hayabusa 号探测器共将 1534 粒微米级的尘埃带回地球。这次探测任务是小行星探测史上浓墨重彩的一笔，证实了小行星的碎石堆结构，也为 Hayabusa 2 号探测任务积累了重要经验。图 5 所示为 Hayabusa 号探测器拍摄的 Itokawa 全貌与地表细节。

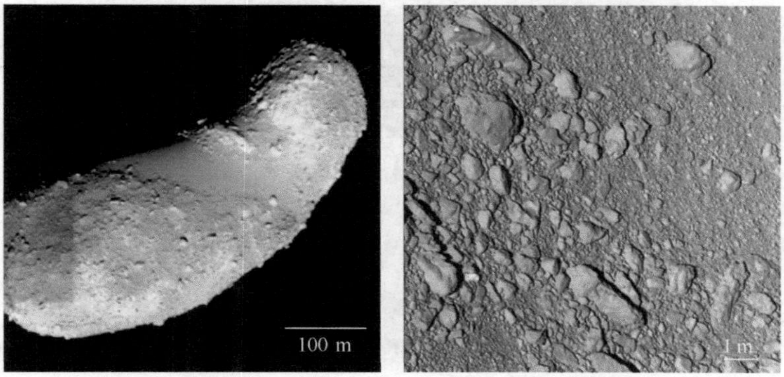

（a）　　　　（b）

图 5　Hayabusa 号探测器拍摄的 Itokawa 全貌与地表细节 [15]

Hayabusa 2 号探测器在小行星 162 173 Ryugu 附近成功释放了多个着陆器，进行了撞击实验，并于 2020 年成功将样本送回地球 [16-17]。Hayabusa 2 号探测器原计划采回 100 mg 样品，但实际的返回舱“开箱“称重结果显示共采回了 5.4 g，是计划采样量的 50 多倍；整个采样返回过程非常成功，全程没有发生样品污染事件。2022 年，Hayabusa 2 号探测任务团队公布了最新的样品分析结果——在 Ryugu 样品中发现了多种氨基酸，是人类首次在地外采回的样品中发现蛋白氨基酸。

与 Hayabusa 2 号探测器几乎同期进行的是美国国家航空航天局主导的 OSIRIS-REx 探测任务，其目标天体是与 Ryugu 类似的另一个陀螺型小行星 101 955 Bennu。OSIRIS-REx 号探测器于 2020 年成功完成 Bennu 表层采样，采样头与星壤的接触过程揭示了 Bennu 表层与次表层几乎为零的凝聚力和松散的碎石结构[18]，样品于 2023 年送回地球。绕飞期间，OSIRIS-REx 号探测器还首次近距离观察到了小行星上的颗粒喷发事件（见图 6）。

图 6　OSIRIS-REx 号探测器拍摄的 Bennu 表面颗粒喷发

以小行星动能撞击防御为背景，美国国家航空航天局、欧洲航天局计划联合进行人类首次行星防御演习。2021 年年底，美国国家航空航天局的双小行星重定向测试任务（DART）探测器搭乘 SpaceX 公司的猎鹰 9 号火箭发射升空，计划对小行星 65 803 Didymos 的从星 Dimorphos 进行撞击[19]；2024 年，欧洲航天局的 Hera 号探测器将启程奔赴 Didymos 双星系统，开展全方位深入探测，以此全面评估 DART 探测器的撞击效果。

我国的小行星探测虽起步较晚，却发展迅速。2012 年 12 月，我国的嫦娥二号月球探测器在圆满完成探月任务后，成功近距飞越了近地小行星 4179 Toutatis，在国际上首次获取了 Toutatis 的地形地貌（见图 7），实现了我国在小行星探测领域零的突破[20]。前赴后继，在 2021 年的中国航天大会上，叶培建院士在报告中公布了我国小行星探测的宏伟蓝图：我国拟通过一次发射，实现对近地小行星 469 219 Kamo'oalewa(临时编号 2016HO3)的探测与采样返回、主带彗星 133P/Elst-Pizarro 的绕飞探测，实现探测领域和核心技术的全面性突破，也将使我国小行星探测位列国际先进水平。

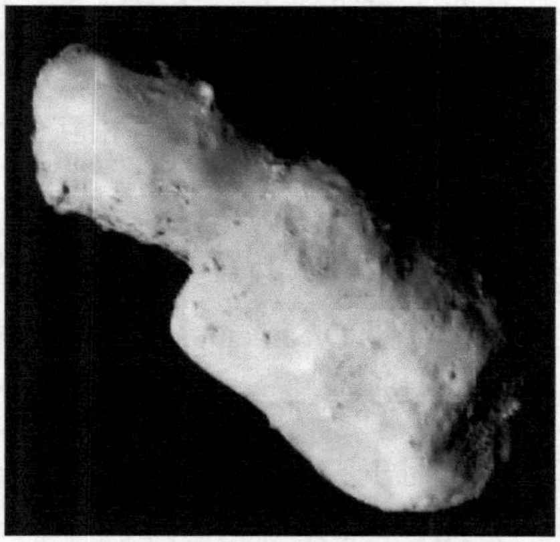

图 7　嫦娥二号月球探测器拍摄的 Toutatis

行星化石——来自小行星的重大科学发现

随着观测、探测数据的日益丰富，人类了解到小行星在近 46 亿年的演化进程中主要经历了撞击、潮汐作用、行星引力摄动、太阳光压摄动、热力循环、空间电磁作用等多种形式的空间作用力和物理场的耦合作用[21]。如此复杂的空间环境、如此漫长的时间跨越，塑造了小行星多种多样的结构形态与地质地貌，而这些特征也恰恰成为小行星乃至太阳系亿万年尺度演化的史诗级线索。若干研究者从力学的视角出发，回溯小行星的演化历史，分析其形貌的形成机制，预测其未来的演化路径。

在人类尝试逐步破译小行星自然密码的道路上，碎石堆结构的提出无疑是里程碑意义的进展，即多数小行星很可能是几毫米至几十米的碎石颗粒在引力作用下的聚合体，这个发现得到了动力学理论和模型的有力支撑。

其一，小行星撞击动力学中通常采用临界破碎比能（能使小行星 50% 的结构产生损伤的撞击者动能与撞击者与目标天体总质量之比）来评价通过撞击破碎小行星的难易程度。相关研究 [22-24] 表明临界破碎比能与小行星半径成反比：对于半径小于 100 m 的小行星，临界破碎比能较大，结构难以被破碎；而对于较大的小行星，虽然该值较小，但由于引力束缚能较大，结构难以被破坏。因此，半径大于 100 m 的小行星容易被撞碎但其碎片并不容易逃逸，从而能够发展成为主要以相互引力作用维持平衡的碎石堆小行星。

其二，部分小行星在近距飞越大行星时被潮汐撕裂也是其为碎石堆结构的证据，除了前文列举的彗星 D/Shoemaker-Levy 9 在近距飞越木星的过程中的撕裂事件，相似的潮汐分裂事件在太阳系里屡见不鲜 [25]。通过对“碎石堆”型结构的合理假设，对于天体演化历史推测的合理性也被观测结果证明。2017 年，Pan-STARRS 1 号望远镜首次观测到太阳系外的过路天体 1I/2017 U1，Zhang 等 [26] 通过假设碎石堆结构母体，成功模拟了该长条形星际天体在其母星与宿主星近距交会时通过潮汐分裂大量产生的过程。

其三，小行星物理性质的观测结果也直接或间接指向碎石堆结构这一可能性。多数小行星体积密度较低，如小行星 Itokawa 的体积密度约为 1.9 g/cm^3，远不及其构成材料的密度，印证了其内部大量空隙的存在 [27]；而且大部分直径大于 300 m 的小行星被观测到的自转速度不超过相应的碎石堆结构的临界旋转速度（离心力导致结构变形或破坏的旋转速度）；此外，一般陨石材料在遭受高速撞击时会产生裂痕或完全破碎，而一些小行星表面形貌呈现出的巨型撞击坑表明其内部为疏松多孔的结构，撞击能量可被撞击压实过程吸收，避免了对整体结构的破坏 [28]；近些年探测任务拍摄的高清图像、采样头与小行星的接触过程也进一步证实了小行星疏松多孔的碎石堆结构。

小行星碎石堆结构认知的建立，启发了研究者提出新的力学模型、发展新的计算方法来研究这类固体碎块自引力聚集体的前世今生。从物质形态的角度来看，空间颗粒材料即为碎石堆结构小行星的物理本质。颗粒物质作为一种不同于固液气体的新的物质聚集状态，尚无统一的本构理论来描述其性质，而空间微重力环境则又令颗粒材料力学特性、动力学响应的复杂性大大增加。

近年来计算机软硬件技术的高速发展使得数值模拟成为小行星演化动力学的重要研究手段，学界提出了诸多基于连续介质理论和基于离散介质理论的数值模型。当研究问题的尺度远远超过碎石颗粒尺寸（如研究整星结构应力分布）时，可以忽略颗粒体系内部的物理过程与变形机制，将颗粒体系等效处理为连续介质，采用有限元方法、光滑粒子流体动力学方法、物质点法等方法进行计算。伟大问题的答案常蕴含于微小之中，连续介质模型的平均化处理很可能抹杀碎石颗粒之间强耗散的碰撞接触摩擦所引起的宏观动力学响应[12]，故基于离散介质理论的离散单元法成为探索小行星演化行为的强有力工具并大放异彩。

诸多研究者致力于通过结合颗粒介质力学与若干空间作用的作用机制来揭示碎石堆小行星的形貌成因，许多精彩的研究为我们生动重现了各种小行星的演化历史，将主要作用机制与形貌特征的因果关系娓娓道来。以近来备受关注的陀螺型小行星为例，这类小行星通常拥有鼓起的赤道脊，外表形似旋转的陀螺，如图 8 所示。如此多小行星具有这样独特的形貌暗示着某一普遍机制的存在。带着这样的疑问，日本的 Hayabusa 2 号探测器与美国的 OSIRIS-REx 号探测器分别近距离探访了小行星 Ryugu 和 Bennu，人们惊讶于相距百万千米的两颗小行星竟如此相似。二者表面都覆盖一层松散的碎屑，其上散布诸多尺寸超几十米的巨石，呈现出典型的碎石堆地貌。除了独特的整体陀螺形态之外，表面散落的巨石似乎也有着普遍的规律：极地巨石排布散乱，且存在上百米的稳定巨石；中纬度巨石均有一定程度倾斜，陷入风化层若干米；而赤道区域的巨石丰度远少于其他纬度。由于这些巨石的尺寸远远超出在小行星后续演化过程中撞击所能产生的溅射物，因此它们很可能自小行星形成以来就随之共同演化并伴随一生，其构成的地质遗迹必定记录了小行星地质演化乃至起源的线索。

图 8　太阳系已知的陀螺型小行星

Cheng 等[29]沿着小行星表面巨石分布的线索，发现 YORP 效应（由小行星不规则外形造成的对太阳光的非对称反射和再辐射产生的净热力矩，能够改变小行星的自旋周期和自转轴[30]）可能是诸多小行星最终演化为陀螺型的幕后推手。该研究使用基于引力 N 体－软球离散元方法开发的小行星颗粒动力学软件 DEMBody，建立了千万量级颗粒精度的小行星地表模型，模拟了在 YORP 效应作用下小行星在亿万年尺度上缓慢加速旋转的过程。随着小行星转速逐渐增大，离心力使得中纬度附近的颗粒层逐渐不稳定，最终向下滑移并沉积于赤道区域，形成鼓起的赤道脊；而在这一表面重塑过程中，地表巨石也随之蠕变移动，中纬度的巨石下陷入“流沙”中，赤道区域的巨石被来自中纬度的滑移物完全掩埋，而位于高纬度的巨石则维持稳定。这一风化层－巨石耦合演化机制的提出、数值验证及观测对照，使 Ryugu、Bennu 等类似小行星主要形貌特征的形成演化过程跃然纸上。

守卫地球——空间力学助力行星防御

太阳系小行星的分布从来都不是静态的平衡，星体之间的撞击、大行星飞越引起的撕裂，都可能创造新的小行星；而行星际空间的微小扰动（如 Yarkovsky 效应、大行星的引力摄动）则不断驱使小行星的轨道发生迁移，离开主带，形成与地球、火星轨道相交的近地 / 近火小行星族。近地小行星预示着潜在的撞击风险，与地表的其他地质灾害和气象灾害不同，来自小行星的撞击是目前唯一有可能在短期之内对全球各个地区造成致命威胁的自然灾害。

受到一系列相关事件的影响，全球各航天实体对于小行星撞击的警惕意识逐年提升。撞击事件展现了惊人破坏程度，如 20 世纪初（1908 年）的 Tunguska 爆炸事件、1994 年的 D/Shoemaker-Levy 9 彗星碎块撞击木星事件；对人类生命安全产生巨大威胁，例如，2013 年发生在俄罗斯 Chelyabinsk 的陨石爆炸伤人事件（见图 9），以及 2016 年初发生在印度南部 Tamil Nadu 的陨石撞击碎片杀人案件。其中，Chelyabinsk 事件导致 1500 人受伤以及上千幢建筑受损，是近年来波及范围最广的小行星撞击事件，这也对目前的撞击预警技术和撞击防御技术提出了严峻的考验：一方面，基于地面观测网络针对 10 m 以下的小行星进行监视和评估，有助于预报撞击风险；另一方面，基于在轨观测卫星的天基监视系统，在小行星进入大气前几天到几星期之内给出陨星撞击的准确预报，将有助于提升该类事件的短期预警能力。

图 9　Chelyabinsk 陨石爆炸产生的尾迹（左）和碎片在冰封湖面产生的撞击坑（右）

与小行星撞击预警技术同样紧迫的，是小行星防御技术的研发，而防御任务的设计和实现，依赖于对小行星物理性质的准确把握和对撞击动力学响应过程的深入理解。对存在撞击威胁的小行星进行处置的方案基本有两个：一是偏转其轨道，二是破坏其结构。针对这两个方案，具体任务概念已经提出十余种，包括核爆破坏、动能撞击、引力拖曳、离子束冲击、太阳光压推进、激光消蚀、质量抛射等。受到现有技术能力限制，目前具有较高技术成熟度与可行性、能够在较短的预警期限内起效的只有动能撞击方法。即便如此，对于直径 4 km 以上的近地小行星，目前还没有可行的处置方案。而幸运的是，在未来 100 年内，目前所有已经发现的千米级小行星都不存在撞击地球的风险。

顾名思义，动能撞击是指采用重型航天器在目标小行星进入地球大气之前对其实施撞击。按照目前的深空探测器发射能力计算，质量为吨级的探测器，借助行星轨道之间极高的相对速度（采用逆向撞击方式，探测器与近地小行星的相对速度可达每秒数十千米）撞击小行星，可以使百米级的小行星轨道在预警期限内发生明显偏转，从而解除其对地球的撞击威胁。然而原理上的可行性并不代表技术上容易实现，各航天大国在小行星防御技术上的角逐开始于 2000 年前后。2005 年初，美国国家航空航天局的 Deep Impact 任务撞击器发射，用近 400 kg 的撞击器撞击了彗星 Temp1 的彗核，撞击释放了大量溅射物并在彗星表面形成了巨大的冲击坑，这也是目前为止仅有的大规模深空动能撞击实验[31]。2006 年，欧洲航天局首先资助了 Don Quijote 计划，目标是在环绕探测器的监视下，用撞击器撞击一颗小行星并测量其响应。但是 Don Quijote 并未转入任务阶段，受到它的启发，欧洲航天局在 2010 年发起了与美国国家航空航天局联合的 AIDA（Asteroid Impact & Deflection Assessment）计划，目标是用撞击器撞击双小行星系统 Didymos 的从星，并派遣环绕探测器全面评估撞击响应。

对于一个深空撞击任务，对撞击效果进行准确评估是任务成功的前提和保障。目前，在撞击效果评估上最大的不确定性来源于小行星未知的结构力学特性：一方面，撞击的效果依赖于天体内部结构，而小行星的个体差异巨大，不同星体往往具有不同的结构特征，以小行星 253 Mathilde 为例，其表面的巨大撞击坑几乎占据了直径的 1/2，而成坑的撞击过程却没有使星体分解，表明其内部具有多孔结构和良好的吸能特性 [9]；另一方面，目前的研究对于空间颗粒系统的动力学行为认知仍然不足，2020 年 10 月 20 日，OSIRIS-REx 探测器的采样头在压入小行星 Bennu 表层的过程中，发现星壤出乎意料的疏松，几乎导致采样头嵌入过深的状况发生 [19]。上述两方面因素共同构成了撞击防御任务设计的理论与技术瓶颈，要突破瓶颈，其中的一个关键是对小行星构成物质的结构形态、响应特征进行深入的研究，把握其内在的力学规律。

结语

“伟大问题的答案常存于微小之间”，与大行星相比，小行星细如微尘，却隐藏了太阳系 46 亿年间沧桑变化的线索。而想要获取远古的秘密，接近和探测这些“星际微尘”，则需要外科手术般的操作，这无疑是一场深空探测技术的挑战赛。取胜的关键之一，在作者看来，恰是对空间环境下物质结构的不懈探索和力学机理的深刻洞察，唯有不断超越，才能走向现代航天的新纪元，实现真正意义上对空间灾害的防御控制和行星资源的开发利用。

参考文献

[1] KIRKWOOD D. Meteoric astronomy: a treatise on shooting-stars, fireballs, and aerolites[M]. Philadelphia: J. B. Lippincott & Company, 1867.

[2] BOTTKE W F, VOKROUHLICKÝ D, NESVORNÝ D. An asteroid breakup 160 Myr ago as the probable source of the K/T impactor[J].

Nature, 2007, 449(7158): 48-53.

[3] BOTTKE W F. Asteroids III[M]. Tucson: University of Arizona Press, 2002.

[4] 张韵. 碎石堆小行星结构演化机理研究[D]. 北京: 清华大学, 2017.

[5] MARTIN T Z, ORTON G S, TRAVIS L D, et al. Observation of Shoemaker-Levy impacts by the Galileo photopolarimeter radiometer[J]. Science, 1995, 268(5219): 1875-1879.

[6] SCOTTI J V, MELOSH H J. Estimate of the size of comet Shoemaker-Levy 9 from a tidal breakup model[J]. Nature, 1993, 365(6448): 733-735.

[7] BELTON M J S, VEVERKA J, THOMAS P, et al. Galileo encounter with 951 Gaspra: first pictures of an asteroid[J]. Science, 1992, 257(5077): 1647-1652.

[8] BELTON M J S, CHAPMAN C R, VEVERKA J, et al. First images of asteroid 243 Ida[J]. Science, 1994, 265(5178): 1543-1547.

[9] VEVERKA J, THOMAS P, HARCH A, et al. NEAR' s flyby of 253 Mathilde: images of a C asteroid[J]. Science, 1997, 278(5346): 2109-2114.

[10] VEVERKA J, ROBINSON M, THOMAS P, et al. NEAR at Eros: imaging and spectral results[J]. Science, 2000, 289(5487): 2088-2097.

[11] VEVERKA J, FARQUHAR B, ROBINSON M, et al. The landing of the NEAR-Shoemaker spacecraft on asteroid 433 Eros[J]. Nature, 2001, 413(6854): 390-393.

[12] FUJIWARA A, KAWAGUCHI J, YEOMANS D K, et al. The rubble-pile asteroid Itokawa as observed by hayabusa[J]. Science, 2006, 312(5778): 1330-1334.

[13] TSUCHIYAMA A, UESUGI M, MATSUSHIMA T, et al. Three-dimensional structure of hayabusa samples: origin and evolution of Itokawa regolith[J]. Science, 2011, 333(6046): 1125-1128.

[14] YANO H, KUBOTA T, MIYAMOTO H, et al. Touchdown of the hayabusa spacecraft at the muses sea on Itokawa[J]. Science, 2006, 312(5778): 1350-1353.

[15] ENGRAND C. Meteorites and cosmic dust: Interstellar heritage and nebular processes in the early solar system[J]. EPJ Web of Conferences, 2011(18). DOI：10.1051/epjconf/20111805001.

[16] WATANABE S, HIRABAYASHI M, HIRATA N, et al. Hayabusa 2 arrives at the carbonaceous asteroid 162173 Ryugua spinning top-shaped rubble pile[J]. Science, 2019, 364(6437): 268-272.

[17] ARAKAWA M, SAIKI T, WADA K, et al. An artificial impact on the asteroid (162173) Ryugu formed a crater in the gravity-dominated regime[J]. Science, 2020, 368(6486): 67-71.

[18] WALSH K J, BALLOUZ R L, JAWIN E R, et al. Near-zero cohesion and loose packing of Bennu's near subsurface revealed by spacecraft contact[J]. Science Advances, 2022, 8(27). DOI:10.1126/sciadv.abm6229.

[19] CHENG A F, MICHEL P, JUTZI M, et al. Asteroid impact & deflection assessment mission: kinetic impactor[J]. Planetary and Space Science, 2016(121): 27-35.

[20] HUANG J C, JI J H, YE P J, et al. The ginger-shaped asteroid 4179 toutatis: new observations from a successful flyby of Chang' e-2[J]. Scientific Reports, 2013, 3(1). DOI: 10.1038/srep03411.

[21] 张韵，李俊峰. 小行星的物理性质与结构演化研究进展[J]. 中国科学：物理学 力学 天文学, 2019, 49(8): 3-17.

[22] HOLSAPPLE K A. Catastrophic disruptions and cratering of solar

system bodies: a review and new results[J]. Planetary and Space Science, 1994, 42(12): 1067-1078.

[23] MELOSH H J, RYAN E V. Asteroids: shattered but not dispersed[J]. Icarus, 1997, 129(2): 562-564.

[24] DURDA D D, GREENBERG R, JEDICKE R. Collisional models and scaling laws: a new interpretation of the shape of the main-belt asteroid size distribution[J]. Icarus, 1998, 135(2): 431-440.

[25] WEAVER H A, SEKANINA Z, TOTH I, et al. HST and VLT investigations of the fragments of comet C/1999 S4 (LINEAR)[J]. Science, 2001, 292(5520): 1329-1333.

[26] ZHANG Y, LIN D N C. Tidal fragmentation as the origin of 1I/2017 U1 ('Oumuamua)[J]. Nature Astronomy, 2020, 4(9): 852-860.

[27] FUJIWARA A, KAWAGUCHI J, YEOMANS D K, et al. The rubble-pile asteroid itokawa as observed by hayabusa[J]. Science, 2006, 312(5778): 1330-1334.

[28] BRITT D. Modeling the structure of high porosity asteroids[J]. Icarus, 2001, 152(1): 134-139.

[29] CHENG B, YU Y, ASPHAUG E, et al. Reconstructing the formation history of top-shaped asteroids from the surface boulder distribution[J]. Nature Astronomy, 2021, 5(2): 134-138.

[30] BOTTKE W F, VOKROUHLICKÝ D, RUBINCAM D P, et al. The yarkovsky and yorp effects: implications for asteroid dynamics[J]. Annual Review of Earth and Planetary Sciences, 2006, 34(1): 157-191.

[31] BLUME W H. Deep Impact Mission Design[J]. Space Science Reviews, 2005, 117(1): 23-42.

于洋，北京航空航天大学航空科学与工程学院教授，2020 年国家优秀青年科学基金获得者。主要从事深空探测动力学与控制、空间力学环境下颗粒系统动力学、行星表面探测机器人动力学与控制等方向的研究。

黄晨阳，北京航空航天大学航空科学与工程学院博士研究生，研究方向为小天体表面颗粒介质的临界动力学行为，关注小行星风化层蠕变、滑坡等表面过程的颗粒动力学机制以及风化层力学特性、表面采样机制等具体问题。